ABITUR

Prüfungsaufgaben mit Lösungen **2009**

Physik

Grund- und Leistungskurs
Gymnasium • Gesamtschule
Hessen
2007–2008

STARK

ISBN 978-3-89449-911-2

3. ergänzte Auflage
www.stark-verlag.de

Inhalt

Fortsetzung nächste Seite

Übungsaufgaben

Original-Abituraufgaben

Jeweils zu Beginn des neuen Schuljahres erscheinen
die neuen Ausgaben der Abitur-Prüfungsaufgaben mit Lösungen.

Autoren

Burkhard Apell, Frank Nordheim

Vorwort

Liebe Schülerinnen und Schüler,

Sie haben Physik in Hessen als Grund- oder Leistungsfach belegt und möchten in diesem Fach ihr Abitur ablegen.

Für die schriftliche Abiturprüfung werden im **Landesabitur in Hessen** seit 2007 landesweit einheitliche Abituraufgaben gestellt, d. h. es wird ein Zentralabitur durchgeführt.

Mit diesem Buch helfen wir Ihnen einerseits, sich effektiv auf dieses Zentralabitur vorzubereiten. Zum anderen eignet sich der Band hervorragend dazu, sich gezielt auf Klausuren oder Tests in Physik im Laufe Ihrer Oberstufenlaufbahn vorzubereiten. Dazu geben wir Ihnen zunächst ausführliche **Hinweise** zu den Rahmenbedingungen der Prüfungen, zu Inhalten, Methoden und Prüfungskriterien.

Der Hauptteil des Bandes enthält

- die offiziellen, vom hessischen Kultusministerium gestellten schriftlichen **Abiturprüfungsaufgaben 2007 und 2008**,
- die **offiziellen Beispielaufgaben** des hessischen Kultusministeriums und
- **Übungsaufgaben für den Grund- und Leistungskurs**, die in Inhalt, Art der Fragestellung und Lösungsanforderung vergleichbar mit den Prüfungsaufgaben sind, die im Abitur auf Sie zukommen.

Zu allen Aufgaben finden Sie von uns ausgearbeitete **vollständige, kommentierte Lösungsvorschläge** sowie separate **Tipps zum Lösungsansatz**, die Ihnen das selbstständige Lösen der Aufgaben erleichtern.

In jedem Fall wünschen wir Ihnen schon an dieser Stelle viel Erfolg und hoffen, Sie mit diesem Buch ein Stück ihres Weges begleiten zu dürfen.

Burkhard Apell
Frank Nordheim

Stichwortverzeichnis

Hinweise und Tipps zum Landesabitur

Allgemeine Hinweise

1 Das Landesabitur in Hessen

Seit Frühjahr 2007 legen alle hessischen Schülerinnen und Schüler der gymnasialen Oberstufe und des beruflichen Gymnasiums das Landesabitur ab. Dies bedeutet, dass die *schriftlichen* Prüfungen (d. h. Prüfungen in den beiden Leistungskursfächern und dem dritten, schriftlichen Prüfungsfach) *zentral* gestellt werden; die Aufgabenstellungen erfolgen also landesweit einheitlich. Die mündlichen Prüfungen werden weiterhin dezentral organisiert, d. h. dieses Verfahren läuft so ab wie bisher.

Mit der Einführung des zentralen schriftlichen Landesabiturs in Hessen verfolgt das Kultusministerium vor allem folgende Ziele:

- Es soll eine größtmögliche Objektivität durch Vergleichbarkeit von Leistungen und der damit einhergehenden Aufwertung des Abschlusses geschaffen werden.
- Die Unterrichtsinhalte sollen landesweit vereinheitlicht werden.
- Es soll eine Erhöhung der Transparenz der Anforderungen im schriftlichen Abitur dadurch erreicht werden, dass die bereits geschriebenen Aufgaben veröffentlicht werden.

Die Prüfungsaufgaben orientieren sich dabei an drei vom Kultusministerium herausgegebenen Vorgaben (www.kultusministerium.hessen.de):

- an den Lehrplänen des Faches Physik (Grund- und Leistungskurs). Diese Lehrpläne können Sie im Internet auf den Seiten des Hessischen Kultusministeriums nachlesen. Sie sind noch einmal in den Handreichungen zum Lehrplan Physik konkretisiert worden. Dort werden zu jedem Thema, d. h. zu jedem verbindlichen Unterrichtsinhalt, Stichworte genannt, die die Grundlage für die Aufgaben des zentralen Landesabiturs bilden. Diese Handreichungen können ebenfalls im Internet angesehen werden, Sie finden sie aber auch in diesem Buch abgedruckt.
- an den Einheitlichen Prüfungsanforderungen in den Abiturprüfungen des Landes Hessen (EPA).
- an der Verordnung über die Bildungsgänge und die Abiturprüfung in der gymnasialen Oberstufe (VOGO).

Die EPA und die VOGO sind weniger für Sie wichtig als für Ihre Lehrerin oder Ihren Lehrer. Alle für Sie wichtigen Aspekte werden wir Ihnen in diesem Buch erläutern.
Die Bewertung der Abiturarbeiten erfolgt nach wie vor durch die Lehrkräfte der eigenen Schule. Für die Korrektur der Arbeiten erhalten die Lehrerinnen und Lehrer Lösungs- und Bewertungshinweise, anhand derer die Beurteilung vorgenommen wird.

2 Durchführung der schriftlichen Abiturprüfung

Weiterhin wird in Grund- und Leistungskurse unterschieden. Die **Bearbeitungszeit** für die Abituraufgaben ist abhängig vom gewählten Kurs: Bei Grundkursarbeiten beträgt sie 180 Minuten und bei Leistungskursarbeiten 240 Minuten.

Zu Beginn der Vorbereitungszeit (am Tag des schriftlichen Abiturs in Physik) erhalten Sie drei Aufgabensätze A, B und C, die den drei Kurshalbjahren zugeordnet sind (jeweils für den Leistungs- und den Grundkurs):

A Elektrische und magnetische Felder
B Mechanische und elektromagnetische Schwingungen und Wellen
C Quanten- und Atomphysik

Jeder Aufgabensatz enthält zwei Aufgaben, von denen Sie jeweils eine auswählen und bearbeiten. Sie dürfen also keine Halbjahre ausschließen. Für die Auswahlentscheidung wird Ihnen eine Lesezeit von 30 Minuten gewährt, die nicht auf die Bearbeitungszeit (180 Minuten Grundkurs bzw. 240 Minuten Leistungskurs) angerechnet wird.

Sie dürfen folgende **Hilfsmittel** zu Ihrer schriftlichen Abiturprüfung in Physik verwenden: Wörterbuch der deutschen Rechtschreibung; eingeführter Taschenrechner (bei grafikfähigen Rechnern und Computeralgebrasystemen ist ein Reset durchzuführen) sowie eine Formelsammlung. Die Formelsammlung soll alle üblichen Formeln, aber keine Herleitungen und weitergehenden physikalischen Erklärungen enthalten und kann komplett die drei Naturwissenschaften, Mathematik und Informatik abdecken. Bei Verwendung einer rein physikalischen Formelsammlung ist zudem eine mathematische Formelsammlung zugelassen.

3 Inhaltliche Vorgaben für die schriftliche Abiturprüfung

Grundlage der schriftlichen Abiturprüfung in Physik sind die verpflichtend zu behandelnden Inhalte des Lehrplans. Zur Orientierung der Lehrkraft wurden durch das Kultusministerium „Handreichungen zum Lehrplan Physik" veröffentlicht. In der dort vorgenommenen Präzisierung werden Inhalte (Gesetze, Verfahren, Versuche) und Kenntnisse beschrieben, über die Sie für die Aufgabenstellung im schriftlichen Abitur verfügen können müssen. Diese Handreichungen sind auf den folgenden Seiten aufgelistet.

Grundkurs 12.1: Elektrische und magnetische Felder

Thema: Elektrisches Feld

Verbindliche Unterrichtsinhalte	Konkretisierungen
Homogenes und inhomogenes Feld, Influenz	Feldlinienbilder; speziell: radialsymmetrisches Feld einer Punktladung und homogenes Feld eines Plattenkondensators; Influenz bei Leitern und Polarisation bei Nichtleiter; elektrische Ladung und ihre Einheit als abgeleitete Größe der konstanten Stromstärke $I = \frac{\Delta Q}{\Delta t}$; Ladung als Erhaltungsgröße
Quantisierung der Ladung	Millikan-Versuch im Schwebefall
Coulombkraft	Coulomb'sches Gesetz, Superpositionsprinzip (nur parallele Kräfte)
Feldstärke	$E = \frac{F}{q}$, Feldstärke in homogenen Feldern und im radialsymmetrischen Feld
Spannung, Stromstärke	Energieumwandlung im homogenen elektrischen Feld, $U = \frac{W}{q}$; $E = \frac{U}{d}$ im homogenen Feld des Plattenkondensators; Gesetze des Gleichstromkreises (Widerstandsdefinition $R = \frac{U}{I}$; 1. und 2. Kirchhoff'sches Gesetz).
Kapazität, Feldenergie	$C = \frac{Q}{U} = \text{konst.}$, Herleitung von $C = \frac{\varepsilon_r \varepsilon_0 A}{d}$ für den Plattenkondensator, ε_r als Materialkonstante; Kondensator als Energiespeicher $W_{el} = \frac{1}{2} CU^2$

Thema: Magnetisches Feld

Verbindliche Unterrichtsinhalte	Konkretisierungen
Feldstärke (B), Feldenergie	Feldlinienbilder magnetischer Felder von stromdurchflossenen geraden Leitern und Spulen $B = \frac{F}{I \cdot \ell} = \text{konst.}$ Bewegung von Ladungen als Ursache von Magnetfeldern, Richtungszusammenhang von Strom-, Feld- und Kraftrichtung (senkrechte Fälle). Magnetfeld im Innern einer langen Spule, $B = \frac{\mu_0 \mu_r N I}{\ell}$
Lorentzkraft	Bewegungen geladener Teilchen im Fall v_0 parallel und senkrecht zum magnetischen Feld

Thema: Ladungsträger in elektrischen und magnetischen Feldern

Verbindliche Unterrichtsinhalte	Konkretisierungen
Bewegung von Ladungsträgern in den Feldern	Aufbau, Wirkungsweise und Anwendung der Braun'schen Röhre; Einheit Elektronenvolt; nichtrelativistische quantitative Betrachtung der Bewegung geladener Teilchen in elektrischen Feldern; Bewegung geladener Teilchen parallel und senkrecht zum magnetischen Feld, quantitative Betrachtungen; Überlagerung homogener elektrischer und magnetischer Felder in einfachen Fällen, Geschwindigkeitsfilter
Induktion	Induktionsspannung aufgrund einer zeitlichen Änderung des magnetischen Flusses, Induktionsgesetz in Formulierung $U_i(t) = -n \cdot \frac{\Delta\Phi}{\Delta t}$, quantitativ nur für stückweise lineare Veränderung von A und B und nur in den Fällen $\vec{A}$ senkrecht $\vec{B}$; Lenz'sche Regel und Energieerhaltung; Selbstinduktion und Induktivität L einer langen Spule; Energie des Magnetfeldes der Spule (Analogie zum elektrischen Feld des Kondensators), $W_{mag} = \frac{1}{2} LI^2$

Grundkurs 12.2: Mechanische und elektromagnetische Schwingungen und Wellen

Thema: Mechanische und elektromagnetische Schwingungen

Verbindliche Unterrichtsinhalte	Konkretisierungen
Harmonische Schwingungen	Grundlage: lineare Rückstellkraft bei mechanischen Schwingungen; Fadenpendel, Federpendel, elektromagnetischer Schwingkreis
charakteristische Größen (Schwingungsdauer, Frequenz, Kreisfrequenz)	Schwingungsgleichung $A(t) = A_0 \sin(\omega t)$, Formeln für Schwingungsdauer, Energieerhaltung
Resonanzphänomene (Probleme und Anwendung)	Erzwungene mechanische und elektromagnetische Schwingungen, nur qualitative Behandlung von Eigenfrequenz und Dämpfung

Thema: Mechanische und elektromagnetische Wellen

Verbindliche Unterrichtsinhalte	Konkretisierungen
Eigenschaften, charakteristische Größen (Ausbreitungsgeschwindigkeit, Wellenlänge, Frequenz)	Wellenwanne, Seilwellen, Schallwellen, elektromagnetische Wellen (elektromagnetisches Spektrum); $c = f\lambda$, Welle als räumlich und zeitlich periodischer Vorgang; t-A- und x-A-Diagramme; Transversal-, Longitudinalwellen, Polarisation

Thema: Überlagerung von Wellen

Verbindliche Unterrichtsinhalte	Konkretisierungen
Stehende Wellen	Stehende Welle durch Reflexion; Wellenlängenbestimmung (z. B. Kundt'sches Rohr) (ohne Behandlung von Phasensprüngen).
Beugung und Interferenz (Doppelspalt, Gitter)	Interferenzbedingungen herleiten können (keine Zeigerdiagramme); Interferenzen von weißem und monochromatischem Licht am Gitter (im Vakuum); Maxima- und Minimabedingungen am Doppelspalt, Maxima am Gitter.
Reflexion, Brechung	Reflexions- und Brechungsgesetz $\frac{\sin\alpha}{\sin\beta} = \frac{c_1}{c_2} = \frac{n_2}{n_1}$

Grundkurs 13.1: Quanten- und Atomphysik

Thema: Vorstellungen vom Licht

Verbindliche Unterrichtsinhalte	Konkretisierungen
Linienspektren	Quantenhafte Absorption und Emission; empirische Balmer-Formel; Resonanzabsorption, Franck-Hertz-Versuch
Fotoeffekt/Einstein'sche Deutung	Einstein'sche Deutung und Widersprüche zur Wellentheorie; Messung der kinetischen Energie der Fotoelektronen mit der Gegenfeldmethode; Grenzfrequenz, Austrittsenergie; Planck'sches Wirkungsquantum; Energie eines Photons; Energie-Masse-Äquivalenz: $E = mc^2$

Thema: Quantenobjekte

Verbindliche Unterrichtsinhalte	Konkretisierungen
Quanteneffekte	Photonen als Quantenobjekte; Impuls eines Photons
stochastische Deutung	Welleneigenschaften von Elektronen; de-Broglie-Wellen, de-Broglie-Gleichung; Photonen-Elektronenverteilung hinter dem Doppelspalt
Erarbeitung einer quantenmechanischen Atomvorstellung	Das Atommodell der Quantenphysik am Beispiel des linearen Potentialtopfs mit unendlich hohen Wänden

Thema: Überblick über die klassischen Atommodelle

Verbindliche Unterrichtsinhalte	Konkretisierungen
	Berechung der Energiezustände im Bohr'schen Atommodell
Grenzen dieser Modelle	

Leistungskurs 12.1: Quanten- und Atomphysik

Thema: Elektrische und magnetische Felder

Verbindliche Unterrichtsinhalte	Konkretisierungen
Homogenes und inhomogenes Feld, Influenz	Feldlinienbilder, speziell: radialsymmetrisches Feld einer Punktladung und homogenes Feld eines Plattenkondensators; Influenz bei Leitern und Polarisation bei Nichtleitern; Elektrische Ladung und ihre Einheit als abgeleitete Größe der Stromstärke $I = \dot{Q} = \frac{dQ}{dt}$ bzw. $Q = \int I dt$; Ladung als Erhaltungsgröße
Quantisierung der Ladung	Millikan-Versuch im Schwebefall
Coulombkraft	Coulomb'sches Gesetz $F = \frac{1}{4\pi\varepsilon_0} \cdot \frac{Q_1 Q_2}{r^2}$; Superpositionsprinzip
Feldstärke	$\vec{E} = \frac{\vec{F}}{q}$; Feldstärke in homogenen Feldern und im radialsymmetrischen Feld
Potenzial, Spannung, Stromstärke	Entwicklung des Potenzialbegriffes: $V_{01} = \frac{W_{01}}{q}$; potenzielle Energie im elektrischen Feld, Äquipotenziallinien, $U := \Delta V$;

	$U = \vec{E} \cdot \vec{s}$ bzw. $E = \frac{U}{d}$ im homogenen Feld des Plattenkondensators; Potenzial im Radialfeld; Gesetze des Gleichstromkreises (Widerstandsdefinition $R = \frac{U}{I}$; 1. und 2. Kirchhoff'sches Gesetz).
Kapazität, Feldenergie	$C = \frac{Q}{U}$ = konst., Herleitung von $C = \frac{\varepsilon_0 A}{d}$ für den luftgefüllten Plattenkondensator; die Naturkonstante ε_0 als Proportionalitätskonstante von $\frac{Q}{A}$ und E oder C_P und $\frac{A}{d}$; Parallel- und Reihenschaltung von Kondensatoren; Materie im elektrischen Feld, Dielektrikum, Dielektrizitätszahl $\varepsilon_r = \frac{C_r}{C_0}$; Kondensator als Energiespeicher, $W_{el} = \frac{1}{2} CU^2$ Energieinhalt des elektrischen Feldes: $W_{el} = \frac{1}{2} V \varepsilon_r \varepsilon_0 E^2$; Betrachtung des Auf- und Entladevorgangs beim Kondensator, Entladung auch mit Differenzialgleichungen, Lösung mithilfe eines Lösungsansatzes

Thema: Magnetisches Feld

Verbindliche Unterrichtsinhalte	Konkretisierungen
Feldstärke	Feldlinienbilder magnetischer Felder von stromdurchflossenen geraden Leitern und Spulen, $B = \frac{F}{I \cdot \ell}$ = konst. Bewegung von Ladungen als Ursache von Magnetfeldern; Richtungszusammenhang von Strom-, Feld- und Kraftrichtung (alle Fälle); Materie im magnetischen Feld, Permeabilitätszahl $\mu_r = \frac{B_r}{B_0}$; Magnetfeld im Innern einer langen Spule $B = \frac{\mu_0 \mu_r N I}{\ell}$;
Lorentzkraft	Quantitative Betrachtung der Bewegung geladener Teilchen in allen Richtungen zum magnetischen Feld

Thema: Ladungsträger in elektrischen und magnetischen Feldern

Verbindliche Unterrichtsinhalte	Konkretisierungen
Bewegung von Ladungsträgern in den Feldern (Hall-Effekt, $\frac{e}{m_e}$-Bestimmung)	Aufbau, Wirkungsweise und Anwendung der Braun'schen Röhre; Einheit Elektronenvolt; nichtrelativistische ($v < 0{,}1c$) quantitative Betrachtung der Bewegung geladener Teilchen in elektrischen Feldern; c als Grenzgeschwindigkeit, relativistische Massenzunahme; Hall-Effekt, $U_H = b \cdot v_D \cdot B$ (B Streifenbreite, v_D Driftgeschwindigkeit) und in der atomistischen Darstellung $U_H = \frac{1}{ne} \cdot \frac{IB}{d}$ (n: Ladungsträgerkonzentration, d: Streifendicke); Bestimmung von $\frac{e}{m_e}$ mit dem Fadenstrahlrohr; Überlagerung homogener elektrischer und magnetischer Felder in einfachen Fällen, Geschwindigkeitsfilter
Induktion, Selbstinduktion	Induktionsspannung aufgrund einer zeitlichen Änderung des magnetischen Flusses, Induktionsgesetz in der Formulierung $U_i = -n \cdot \dot{\Phi}$, quantitative Betrachtung von $\dot{A} \neq 0$ und $\dot{B} = 0$ bzw. $\dot{A} = 0$ und $\dot{B} \neq 0$, auch in nichtlinearen Fällen; Lenz'sche Regel und Energieerhaltung; elektrische Wirbelfelder und Ringströme; Selbstinduktion und Induktivität L einer langen Spule; Betrachtung des Ein- bzw. Ausschaltvorganges in einem Stromkreis mit Spule, Ausschaltvorgang auch mit Differenzialgleichung, Lösung mithilfe eines Lösungsansatzes; Energie des Magnetfeldes der Spule (Analogie zum elektrischen Feld des Kondensators), $W_{mag} = \frac{1}{2} LI^2$

Leistungskurs 12.2: Mechanische und elektromagnetische Schwingungen und Wellen

Thema: Mechanische und elektromagnetische Schwingungen

Verbindliche Unterrichtsinhalte	Konkretisierungen
Harmonische Schwingungen	Grundlage: lineare Rückstellkraft bei mechanischen Schwingungen; Fadenpendel, Federpendel, Beispiele wie U-Rohr
Charakteristische Größen (Schwingungsdauer, Frequenz, Kreisfrequenz)	Schwingungsgleichung $A(t) = A_0 \sin(\omega t)$, Formeln für Schwingungsdauer; Energieerhaltung
Elektromagnetischer Schwingkreis	Analogien zwischen mechanischen und elektromagnetischen Schwingungen; Phasendifferenz zwischen U und I
Eindimensionale Schwingungsgleichung	Differenzialgleichungen für ungedämpfte mechanische und elektromagnetische Schwingungen; Lösen der zugeordneten Differenzialgleichungen mittels Lösungsansatzes; Dämpfungsverhalten der Form $e^{-kt}\sin(\omega t)$, (ohne Herleitung; $\omega \approx \omega_0$)
Erzwungene Schwingungen und Resonanzphänomene (Probleme und Anwendungen)	Erzwungene Schwingungen: mechanisch und im L-C-Kreis; Resonanzkurven und Phasenverschiebungen für verschiedene Dämpfungen.

Thema: Mechanische und elektromagnetische Wellen

Verbindliche Unterrichtsinhalte	Konkretisierungen
Erzeugung, harmonische Transversalwellen, eindimensionale Wellengleichung	Wellenwanne, Seilwellen, Schallwellen, elektromagnetische Wellen, $c = f\lambda$; Welle als räumlich und zeitlich periodischer Vorgang, t-A- und x-A-Diagramme; eindimensionale Wellengleichung $A(x, t) = A_0 \sin\left(2\pi(\frac{t}{T} - \frac{x}{\lambda})\right)$ zur Beschreibung der Wellenausbreitung
Polarisation	Transversal-, Longitudinalwellen

Thema: Überlagerung von Wellen

Verbindliche Unterrichtsinhalte	Konkretisierungen
Stehende Wellen	Stehende Welle durch Reflexion, Wellenlängenbestimmung (z. B. Kundt'sches Rohr), festes und loses Ende; Phasensprünge (phänomenologisch); Hertzdipol (Zusammenhang von λ und Dipollänge)
Huygens'sches Prinzip, Reflexion, Brechung	Reflexions- und Brechungsgesetz als Anwendungen des Huygens'schen Prinzips $\frac{\sin\alpha}{\sin\beta} = \frac{c_1}{c_2} = \frac{n_2}{n_1}$; akustischer Dopplereffekt
Beugung und Interferenz (Einfachspalt, Doppelspalt, Gitter), Spektren, Kohärenz	Interferenzbedingungen an Spalt, Doppelspalt und Gitter (auch Reflexionsgitter) herleiten können; Interferenzen von weißem und monochromatischem Licht; Maxima- und Minimabedingungen am Doppelspalt; Maxima am Gitter (auch in Materie); Interferenz durch Reflexion von Röntgenstrahlung an Kristallstrukturen (Bragg-Reflexion); Vergleich von Gitter- und Prismenspektren; elektromagnetisches Spektrum

Leistungskurs 13.1: Quanten- und Atomphysik

Thema: Quanteneffekte

Verbindliche Unterrichtsinhalte	Konkretisierungen
Anregung von Atomen (Linienspektren, Resonanzabsorption)	Quantenhafte Absorption und Emission, empirische Balmer-Formel Franck-Hertz-Versuch
Fotoeffekt (Einstein'sche Deutung)	Einstein'sche Deutung und Widersprüche zur Wellentheorie; Messung der kinetischen Energie der Fotoelektronen mit der Gegenfeldmethode, Grenzfrequenz, Austrittsenergie; Planck'sches Wirkungsquantum; Energie, Masse und Impuls eines Photons; Erzeugung von Röntgenstrahlung charakteristische und kontinuierliche Röntgenspektren; kurzwellige Grenze des kontinuierlichen Röntgenspektrums; Bragg-Reflexion

Comptoneffekt	Comptonwellenlänge (Formel ohne Herleitung)
De-Broglie-Beziehung, Beugung von Elektronen	De-Broglie-Wellenlänge, Elektronenbeugung an Kristallen

Thema: Stochastische Deutung von Quantenobjekten

Verbindliche Unterrichtsinhalte	Konkretisierungen
Doppelspaltversuch mit Elektronen und Photonen	Verteilung der Photonen und Elektronen hinter dem Doppelspalt, insbesondere bei geringer Intensität; Amplitudenquadrat der ψ-Funktion als Maß für die Aufenthaltswahrscheinlichkeit
Unschärferelation	Orts-Impuls-Unschärfe; Energie-Zeit-Unschärfe; Verbreiterung von Spektrallinien.
Erarbeitung einer quantenmechanischen Atomvorstellung	Das Atommodell der Quantenphysik am Beispiel des linearen Potenzialtopfs mit unendlich hohen Wänden; Termschema eines einfachen Lasers, metastabile Niveaus, Inversion, stimulierte Emission

Thema: Überblick über die klassischen Atommodelle

Verbindliche Unterrichtsinhalte	Konkretisierungen
	Berechnung der Energiezustände mit dem Bohr'schen Atommodell, Moseley-Formel
Grenzen dieser Modelle	Bohr'sches Modell und Heisenberg'sches Unschärfeprinzip

Thema: Philosophische Fragestellungen (nicht weiter spezifiziert)

4 Struktur und Anforderungen der Prüfungsaufgaben

Vorgesehen ist, dass alle landesweit gestellten Prüfungsaufgaben in Physik im Abitur ohne Experiment auskommen. Dennoch kann es vorkommen, dass in den Aufgaben ein Experiment verbal beschrieben und eventuell mit Skizze oder Foto veranschaulicht wird. Eine Auswertung und Deutung eines Experiments ist also durchaus vorstellbar; was wegfällt, ist eine reine Beschreibung des Versuchsaufbaus und dessen Durchführung.

Die Aufgaben der Abiturprüfung sollen Qualifikationen in möglichst großer Breite überprüfen, vor allem die im Unterricht entwickelten Kompetenzen wie Sach-, Orientierungs-, Methoden- oder Darstellungskompetenz. Da die Aufgaben in drei Aufgabensätzen A, B und C unterteilt sind, die den Kurshalbjahren entsprechen, sind halbjahresverbindende Aufgaben vom Kultusministerium als nicht sinnvoll eingeschätzt worden. Dennoch könnte es im Transferbereich zu solchen Fragestellungen kommen.

Die folgende Tabelle verbindet die Anforderungsbereiche (AFB) mit den konkreten Kenntnissen und Fähigkeiten, die Sie beherrschen sollten. Zusätzlich wird jeder AFB mit einem Beispiel verdeutlicht. Zudem dient diese Tabelle dazu, die in Abschnitt 7 dargestellten Operatoren besser und sinnvoller einschätzen zu können.

AFB	Lernzielstufe	Kenntnisse und Fähigkeiten	Beispiel
I	Reproduktion	Wiedergabe einzelner Sachverhalte in einer im Unterricht behandelnden Weise	Nennen Sie mindestens zwei experimentelle Ergebnisse …
II	Reorganisation	Zusammenhängende Darstellung bekannter Sachverhalte unter Anwendung eingeübter Methoden	Untersuchen Sie die Abhängigkeit der Schwingungsdauer von …
III	Transfer und problemorientiertes Denken	Übertragung eines gelernten physikalischen Sachverhaltes auf einen ähnlichen Sachverhalt. Anwendung bekannter Begriffe und Methoden auf ein neuartiges Problem.	Beurteilen Sie das experimentelle Ergebnis im Hinblick auf …

Der wesentliche Teil der schriftlichen Abituraufgaben in Physik in Hessen lässt sich in den AFBen I und II einordnen. Nur ein geringer Teil (10 bis 20 %) der Aufgaben ist Transfer oder problemlösendes Denken. Wenn Sie in der Abiturprüfung nur Aufgaben des Typs AFB I lösen, so werden sie kein ausreichendes Ergebnis erzielen können.

5 Bewertung der Abiturarbeiten

Das bisherige Korrektur- und Bewertungsverfahren wird nicht verändert. Jede Abiturarbeit wird zunächst von Ihrer Fachlehrerin bzw. Ihrem Fachlehrer (Erstkorrektor) und anschließend von einer weiteren Fachlehrerin oder einem weiteren Fachlehrer korrigiert und bewertet (Zweitkorrektor). Dieser Zweitkorrektor stammt in der Regel von der gleichen Schule. Für die Korrektur der Arbeiten erhalten die Lehrerinnen und Lehrer Lösungs- und Bewertungshinweise, anhand derer die Beurteilung vorgenommen wird. Die Berechnung des Gesamtergebnisses aus den im Leistungskurs, Grundkurs und Abiturbereich erreichten Punkten wird mit der Einführung des Landesabiturs nicht verändert.

Insgesamt können Sie in der Abiturprüfung Physik in Hessen maximal 90/120 Verrechnungspunkte erreichen; 30/40 Punkte pro Aufgabe (GK/LK). Die Umrechnung in Notenpunkte erfolgt nach der bekannten und schon während der Qualifikationsphase verwendeten Tabelle:

Prozent	< 20	ab 20	ab 27	ab 34	ab 41	ab 46	ab 51
Notenpunkte	0	1	2	3	4	5	6
Notenstufe	ungenügend	mangelhaft			ausreichend		

Prozent	ab 56	ab 61	ab 66	ab 71	ab 76	ab 81	ab 86	ab 91	ab 96
Notenpunkte	7	8	9	10	11	12	13	14	15
Notenstufe	befriedigend			gut			sehr gut		

Methodische Hinweise

6 Ablauf der schriftlichen Abiturprüfung

Am Morgen Ihrer Abiturprüfung haben Sie 30 Minuten Zeit, um sich von den 6 Prüfungsaufgaben der Themensätze A, B und C jeweils für eine aus A, eine aus B und eine aus C zu entscheiden. Insgesamt haben Sie also drei Aufgaben auszuwählen. Gehen Sie dabei überlegt vor:

- Üben Sie schon während Ihrer Prüfungsvorbereitung, in etwa 10 Minuten das Wesentliche einer Aufgabe – also Aufbau, thematische Inhalte, empfundener Schwierigkeitsgrad usw. – zu erfassen.
- Betrachten Sie am besten die Themensätze getrennt voneinander und entscheiden Sie jeweils nur zwischen den beiden Aufgaben eines Themensatzes. Verfahren Sie mit den beiden anderen Themensätzen analog.
- Wählen Sie nach Ihren persönlichen Stärken (inhaltlich und methodisch) aus, z. B.: Sollte die Aufgabe eher beschreibenden und interpretatorischen Charakter haben oder liegt Ihnen eher ein beschriebener Versuchsaufbau und deren Auswertung?
- Überprüfen Sie alle Teilaufgaben und eventuell ausgegebenes Material genau. Sind eventuell solche Fragestellungen schon einmal im Unterricht behandelt worden?
- Treffen Sie erst nach gründlicher Durchsicht und Überlegungen Ihre Entscheidung!

7 Operatoren

In der nachfolgend angeführten Liste finden Sie eine Zusammenstellung derjenigen charakteristischen Verben, die für die Formulierung der Prüfungsaufgaben in Physik verwendet werden. Diese so genannten Operatoren geben an, was genau in der jeweiligen Teilaufgabe von Ihnen verlangt wird. Ihre Bedeutung ist bundesweit einheitlich festgelegt (siehe zweite Tabellenspalte).

Mit den meisten der aufgeführten Operatoren und den zugehörigen Definitionen werden Sie sicher vertraut sein. Zur Veranschaulichung finden Sie in der dritten Tabellenspalte jeweils eine konkrete Beispielformulierung. Zudem ist in der vierten Spalte angegeben, welchem Anforderungsbereich (AFB) die Aufgabe, die den entsprechenden Operator verwendet, zugeordnet ist (vgl. hierzu die Erläuterungen in Abschnitt 4).

Operator	Definition	Beispiel(e)	AFB
angeben/ nennen/ beschriften	Sachverhalte, Begriffe oder Daten ohne nähere Erläuterungen und Begründungen, ohne Lösungsweg aufzählen	Nennen Sie mindestens zwei experimentelle Ergebnisse …	I
berechnen	Ergebnisse von einem Ansatz ausgehend durch Rechenoperationen gewinnen	Berechnen Sie den Bahnradius.	I – II
beschreiben	Strukturen, Sachverhalte, Zusammenhänge oder Verfahren in Textform unter Verwendung der Fachsprache in vollständigen Sätzen in eigenen Worten wiedergeben (hier sind auch Einschränkungen möglich: „Beschreiben Sie in Stichworten …“)	Beschreiben Sie zwei Möglichkeiten, wie sich eine Induktionsspannung erzeugen lässt. Beschreiben Sie den Ablauf des Experimentes.	I – II
skizzieren	die wesentlichen Eigenschaften eines Objektes, eines Sachverhaltes oder einer Struktur grafisch darstellen (auch Freihandskizze möglich)	1. Skizzieren Sie den zeitlichen Verlauf der Induktionsspannung. 2. Skizzieren Sie den Versuchsaufbau.	I – II
zeichnen/grafisch darstellen	eine hinreichend exakte grafische Darstellung anfertigen	Zeichnen Sie die Momentaufnahme der Welle zum Zeitpunkt $t = \ldots$	I – II
abschätzen	durch begründete Überlegungen Größenordnungen physikalischer Größen angeben	Schätzen Sie die auftretenden Messfehler ab.	II – III
anwenden/ übertragen	einen bekannten Sachverhalt, eine bekannte Methode auf eine neue Problemstellung beziehen	Übertragen Sie die Versuchsergebnisse auf die Anwendungen in …	II – III
auswerten	Daten, Einzelergebnisse oder sonstige Sachverhalte zu einer abschließenden Gesamtaussage zusammenführen	Werten Sie die vorgegebene Messreihe aus.	II – III
begründen	einen angegebenen Sachverhalt auf Gesetzmäßigkeiten bzw. kausale Zusammenhänge zurückführen, hierbei sind Regeln und mathematische Beziehungen zu nutzen	Begründen Sie die Form der Bahnkurve der Elektronen im Magnetfeld.	II – III

Operatoren	Definition	Beispiel(e)	AFB
bestimmen/ ermitteln	einen Zusammenhang oder einen möglichen Lösungsweg aufzeigen und das Ergebnis formulieren (die Wahl der Mittel kann unter Umständen eingeschränkt sein)	Bestimmen Sie die Richtung des Magnetfeldes.	II – III
darstellen	Sachverhalte, Zusammenhänge, Methoden, Bezüge oder Modellvorstellungen strukturiert und fachsprachlich einwandfrei wiedergeben	Stellen Sie Ihren Lösungsweg dar.	II – III
erklären	Methode, Verfahren, Vorgehensweise oder Zusammenhang in Textform unter Verwendung der Fachsprache auf fachliche Grundprinzipien zurückführen oder begründen	Erklären Sie das Zustandekommen des Beugungsbildes auf dem Schirm.	II – III
erläutern	einen Sachverhalt auf der Grundlage von Vorkommnissen so darlegen und veranschaulichen, dass er verständlich wird	Erläutern Sie den Einfluss der Gitterkonstante auf das Spektrum.	II
herleiten	die Entstehung oder Ableitung eines gegebenen oder beschriebenen Sachverhalts oder einer Gleichung aus anderen oder aus allgemeineren Sachverhalten darstellen	Leiten Sie die Formel für die Schwingungsdauer in Abhängigkeit von … her.	II – III
interpretieren/ deuten	Phänomene, Strukturen, Sachverhalte oder Ergebnisse auf Erklärungsmöglichkeiten untersuchen und diese gegeneinander abwägen und auf das ursprüngliche Problem beziehen	Interpretieren Sie die Versuchsbeobachtung.	II – III
überprüfen/ bestätigen/ widerlegen	die Gültigkeit einer Aussage, z. B. einer Hypothese oder einer Modellvorstellung verifizieren, falsifizieren	Bestätigen Sie die Vermutung durch eine Rechnung.	II – III
untersuchen	Sachverhalte nach bestimmten, fachlich üblichen bzw. sinnvollen Kriterien darstellen	Untersuchen Sie die Abhängigkeit der Schwingungsdauer von …	II

Operatoren	Definition	Beispiel(e)	AFB
vergleichen/ gegenüberstellen	nach vorgegebenen oder selbst gewählten Gesichtspunkten Gemeinsamkeiten, Ähnlichkeiten und Unterschiede ermitteln und darstellen	Vergleichen Sie die Bahnkurven geladener Teilchen im elektrischen und magnetischen Feld.	II – III
zeigen/ nachweisen	eine Aussage, einen Sachverhalt nach gültigen Schlussregeln, Berechnungen, Herleitungen oder logischen Begründungen bestätigen	Zeigen Sie, dass die folgende Abhängigkeit gilt: …	II – III
beurteilen/ bewerten	zu einem Sachverhalt ein eigenständiges Urteil unter Verwendung von Fachwissen und Fachmethoden formulieren und begründen	Beurteilen Sie das experimentelle Ergebnis im Hinblick auf …	III

8 Das Arbeiten mit Formelsammlung und Taschenrechner

Ein Kenner im Umgang mit der Formelsammlung in dem Sinne, dass Ihnen eine Formel gegeben wird und Sie sofort die Seitenzahl nennen, auf der sie steht, müssen Sie nicht werden. Dennoch sollten Sie den sicheren Umgang mit der Formelsammlung bereits während der Vorbereitung auf die Abiturprüfung ausgiebig trainieren, um sie in der Prüfung gezielt und effektiv einsetzen zu können.
Natürlich dürfen keine eigenen Anmerkungen in der Formelsammlung auftauchen. Aber Sie sollten sich überlegen, wie Sie schnell zu einer bestimmten Formel gelangen: Gibt es ein Stichwortverzeichnis? Hilft das Inhaltsverzeichnis?

Der für die Abiturarbeit erlaubte Taschenrechner kann eine große Hilfe sein, wenn er gut bedient und eingesetzt wird. Sie sollten „Ihren" Taschenrechner also spätestens in der Zeit der Vorbereitung kennen lernen. Einige Hinweise und Tipps hierzu:

- Taschenrechner benutzen neben der reinen Dezimaldarstellung von Zahlen im Display die so genannte Fließkommadarstellung, um sehr große oder sehr kleine Zahlen anzeigen zu können. Da in der Physik die Spannweite der Werte, die physikalische Größen annehmen können, sehr groß ist, tritt diese Zahldarstellung sehr häufig auf (z. B. wird die Masse eines Elektrons als „9.1 E–31" angezeigt; gemeint ist die wissenschaftliche Schreibweise „$9{,}1 \cdot 10^{-31}$").
- Bei der Auswertung einer vorgegebenen Messwerttabelle kann es günstig sein, wenn Sie in die letzte Eingabezeile des Taschenrechners gelangen können, um einzelne Zahlen zu ändern. Das geht relativ schnell und in der Regel fehlerlos, da die Gefahr von Tippfehlern kleiner ist als bei der Eingabe der gesamten Zeile.
- Im Bereich der Aufgaben B (Schwingungen und Wellen) werden häufig die trigonometrischen Funktionen (z. B. Sinus und Tangens) benutzt. Beachten Sie, dass dann in aller Regel der Modus des Rechners auf „RAD" (Bogenmaß) eingestellt werden muss.

- Lassen Sie sich nicht dazu verleiten, Rechenergebnisse mit übermäßig vielen Nachkommastellen anzugeben, nur weil diese vom Taschenrechner so ausgegeben werden. Die physikalisch sinnvolle Genauigkeit – die so genannte „Anzahl der gültigen Ziffern“ – eines Ergebnisses hängt allein von der Genauigkeit der Eingangsgrößen ab, und zwar von derjenigen mit der geringsten Genauigkeit. Sind etwa von zwei Größen, die in die Rechnung eingehen, die eine auf zwei Nachkommastellen, die andere auf eine Nachkommastelle genau bekannt, dann darf auch das Ergebnis nur auf eine Nachkommastelle genau angegeben werden.

9 Das Lösen einer physikalischen Aufgabe

Das Lösen einer physikalischen Aufgabe lässt sich in der Regel in drei Phasen unterteilen.

1. Lesen Sie zuerst die gesamte Aufgabe konzentriert durch:
   - Haben Sie Text und Aufgabenstellung verstanden?
   - Ist Ihnen der Zusammenhang zwischen dem Text und dem eventuell gegebenem Material (Skizzen, Abbildungen, Fotos, Tabellen, etc.) klar geworden?
   - Was ist gegeben? Was ist gesucht?

2. Finden und Durchführen einer Lösungsstrategie

   Wir wollen an dieser Stelle auf vier häufig geforderte Typen von Aufgabenstellungen eingehen und Tipps für die entsprechende Lösungsstrategie und deren Umsetzung geben.

   Typ: Auswertung
   - Übernehmen Sie vorgegebene Tabellen in Ihre Aufzeichnungen.
   - Erläutern Sie an einem Beispiel oder allgemein Ihr Vorgehen und geben Sie für die restlichen Werte nur noch das Ergebnis an.
   - Lässt sich eine eventuell vorgegebene Tabelle sinnvoll durch Spalten oder Zeilen erweitern, sodass Ihre Rechenergebnisse dort übersichtlich Platz finden?
   - Wenn von Fehlerabschätzung die Rede ist, so ist immer der relative Fehler von Bedeutung. Zum Beispiel: Sie haben einen Wert aus einem Diagramm von 1,9 eV ermittelt. Der Literaturwert (Formelsammlung) beträgt 1,95 eV. Die relative Abweichung berechnet sich dann zu

     $$\frac{1{,}95-1{,}9}{1{,}95} \approx 0{,}026 = 2{,}6\ \%.$$

     Die Angabe der absoluten Abweichung (hier: 0,05 eV) ist fast immer wenig sinnvoll.

   Typ: Herleitung

   Immer wieder tauchen in den Abituraufgaben Formulierungen auf wie „Leiten Sie folgende Gleichung für … her …“.

   Keine Angst! In aller Regel müssen Sie nichts Ihnen bis dahin völlig Unbekanntes herausfinden und herleiten. Viele der geforderten Herleitungen umkreisen physikalische Themen, die Sie im Unterricht gut behandelt haben.

Daher es ist es zur Vorbereitung hilfreich, wenn Sie in Ihren Aufzeichnungen aus den zurückliegenden drei Halbjahren nachschlagen und Sie eventuell auch Ihre Fachlehrerin bzw. Ihren Fachlehrer befragen:

- Welche Herleitungen waren wichtig für den Gang im Unterrichtsgeschehen?
- Welche Herleitungen sind ausführlich besprochen worden?
- Welche Herleitungen sind in den Klausuren abgefragt worden?

Eine Reihe von Formeln sollte in jedem Fall zu Ihrem „Repertoire" gehören. Versuchen Sie diese, Ihnen wichtig erscheinenden Gleichungen herzuleiten.

Wichtige Beispiele sind

- die Formeln für die Interferenz von Licht am Gitter (GK, LK),
- Formeln zur Bestimmung der relativen Elektronenmasse $\frac{e}{m}$ oder der Elektronenmasse m (GK, LK),
- Differenzialgleichungen für die harmonische Schwingung (LK).

Häufig führt der Ansatz einer Herleitung über den Vergleich von Kräften, z. B.

- $F_{elektrisch} = F_G$ beim Schwebefall des Millikan-Versuchs,
- $F_{Lorentz} = F_{zentral}$ bei der Kreisbahn von Elektronen im homogenen Magnetfeld,

oder über den Vergleich der beteiligten Energieformen, z. B.

- $E_{elektrisch} = E_{kinetisch}$ bei der Beschleunigung von Elektronen im elektrischen Feld einer Elektronenkanone.

Denken Sie auch daran, dass in aller Regel eine Skizze oft „mehr sagt als 1 000 Worte".

Typ: Einsetzaufgabe

Suchen Sie die passenden Formeln. Stellen Sie die Formeln wenn nötig um. Geben Sie auf jeden Fall zuerst die allgemeine Formel an und setzen Sie danach die einzelnen Werte ein.

Beachten Sie, dass eine physikalische Rechenaufgabe immer Zahlenwerte mit den entsprechenden Einheiten benutzt. Kontrollieren Sie die Korrektheit von umfangreicheren Umformungen anhand der Einheiten; eine „unsinnige" Einheit beim Ergebnis (etwa $\frac{m}{s^2}$ für eine Geschwindigkeit) zeigt Ihnen sofort, dass ein Fehler in Ihrer Rechnung vorliegt.

Typ: Begründung und Interpretieren

Versuchen Sie, ausgehend von dem in der Aufgabenstellung dargestellten Sachverhalt, auf allgemeine Zusammenhänge oder gar Gesetzmäßigkeiten zu schließen. Beziehen Sie in Ihre Argumentationskette möglichst physikalische Zusammenhänge (z. B. Formeln) oder mathematische Regeln mit ein. Verwenden Sie eine fachgerechte Sprache.

Manchmal lassen sich die betrachteten Strukturen eher qualitativ und manchmal auch quantitativ beschreiben, z. B.: „Beim Vergrößern des Plattenabstands sinkt die elektrische Feldstärke im Kondensator" (qualitativ) oder „Vergrößert man den Plattenabstand um das Dreifache, so sinkt die Feldstärke im Kondensator auf ein Drittel" (quantitativ). Achten Sie hierbei genau darauf, was in der konkreten Fragestellung verlangt ist.

3. Kontrolle und Rückschau

   Überprüfen Sie, ob Ihre Lösung mit der Forderung in der Aufgabenstellung übereinstimmen kann. Sollte Ihnen auffallen, dass Ihr Ergebnis mit Sicherheit falsch ist, Sie aber den Fehler nicht finden, so kommentieren Sie das. Ein Beispiel:
   Es war die Geschwindigkeit von Elektronen zu bestimmen. Ihr Ergebnis ist $4{,}7 \cdot 10^8\,\frac{\text{m}}{\text{s}}$. Sie finden keinen Fehler in der Rechnung, erkennen aber, dass der Wert größer als die Lichtgeschwindigkeit ist.
   Notieren Sie dies auf Ihrem Lösungsblatt, es zeigt Ihr physikalisches Verständnis!

Zum Umgang mit diesem Buch

Dieses Buch bietet Ihnen zu jedem im schriftlichen Abitur relevanten Teilbereiche der Oberstufenphysik Übungsaufgaben an.

Der erste Teil umfasst die offiziellen **Beispielaufgaben** des Hessischen Kultusministeriums zum neuen Landesabitur in Physik sowie zusätzliche **Übungsaufgaben**, die speziell auf die Anforderungen im Abitur zugeschnitten sind. Der zweite Teil enthält die vollständigen schriftlichen **Abituraufgaben** ab 2007.

Jeder Aufgabe sind zunächst eine kurze **Einschätzung** zu Inhalt und Umfang sowie unter dem Stichwort „Bezug" eine inhaltliche Einordnung gemäß der „Handreichungen zum Lehrplan Physik" (siehe Abschnitt 3) vorangestellt. Sie werden so über die zugrunde liegenden Lernvoraussetzungen informiert und erhalten Anregungen, wie Sie sich gezielt auf die Aufgabe vorbereiten können.

Unmittelbar auf die Aufgabenstellung folgen separate **Tipps und Hinweise** zu jeder Teilaufgabe sowie im Anschluss daran komplett ausgearbeitete **Musterlösungen** mit Kommentar zum Lösungsweg und konkreten Hinweisen zur Lösungsstrategie (die Hinweise sind durch eine Raute ✐ am linken Textrand gekennzeichnet).

Für die eigene Übung ist es wichtig, zunächst zu versuchen, allein mit der Aufgabenstellung zu Recht zu kommen. Nutzen Sie daher immer **zuerst** die Tipps, wenn Sie bei der Lösung einer Teilaufgabe ins Stocken geraten – sie erhalten dann einen Denkanstoß, der Ihnen weiterhilft. Gehen Sie dabei schrittweise vor, d. h., lesen Sie den zweiten Tipp, wenn Sie mit dem ersten allein nicht weiterkommen usw.

Die Musterlösung dient zum einen zur **Kontrolle**, ob Sie die Aufgabe richtig und vollständig gelöst haben, zum anderen gibt Sie Ihnen eine **ausführliche Hilfestellung**, wenn Sie trotz der Tipps Schwierigkeiten bei der Bearbeitung haben.

Statt der einzelnen Aufgaben können Sie auch einen Set bestehend aus jeweils einer Aufgabe Typ A, B, C auswählen. Auf diese Weise können Sie – unter Beachtung der zeitlichen Rahmenbedingungen – eine Abiturprüfung simulieren.

Aufgaben

Abiturprüfung Physik (Hessen) – Grundkurs
Beispielaufgabe A1: Elektrisches und magnetisches Feld

Induktionsspule

Die Aufgabe basiert auf einem modellhaft beschriebenen Experiment zur Induktion. Gefordert werden in den ersten Aufgabenteilen Berechnungen mit bekannten Formeln und die graphische Darstellung der Ergebnisse. Im Aufgabenteil 4 soll man sich von den Rechnungen lösen und qualitativ argumentieren.
Die Aufgabe entspricht einem Drittel eines Abiturvorschlags (eine von drei gleichgewichteten Aufgaben eines Vorschlags).

Bezug: Handreichungen zum Lehrplan Physik GK 12.1, Elektrisches und magnetisches Feld
Thema: Kapazität, elektrische Feldenergie, magnetische Feldstärke B, magnetische Feldenergie, Induktion
Konkretisierung: Kondensator als Energiespeicher, $W_{el} = \frac{1}{2} \cdot C \cdot U^2$, Magnetfeld im Inneren einer langen Spule $B = \mu_0 \cdot \mu_r \cdot \frac{I \cdot n}{\ell}$, Induktionsspannung aufgrund einer zeitlichen Änderung des magnetischen Flusses, Induktionsgesetz in der Formulierung $U_{ind} = -n \cdot \frac{\Delta\Theta}{\Delta t}$, quantitativ nur für stückweise lineare Veränderung von A und B und nur in den Fällen $\vec{A}$ senkrecht $\vec{B}$

Mit dem folgenden Aufbau sollen Induktionsspannungen in einer Induktionsspule untersucht werden.

Hierzu befindet sich im Innern einer langen stromdurchflossenen Zylinderspule Z (1 000 Windungen, Länge 55 cm) eine Induktionsspule S (Querschnittsfläche $A = 25{,}0\ cm^2$, 10 Windungen) (siehe Skizze).

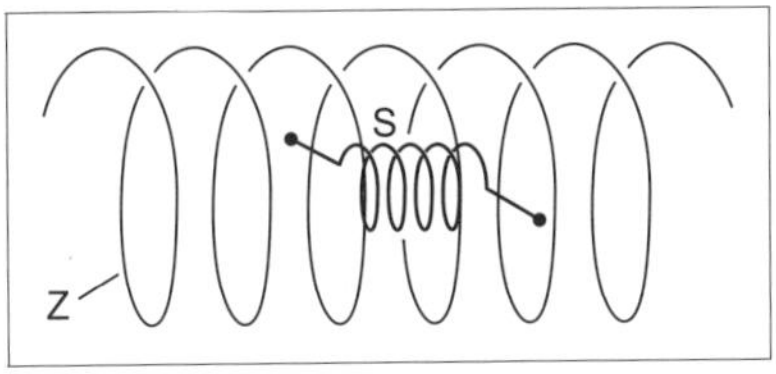

Abb. 1

1. Berechnen Sie die Stärke des B-Feldes im Inneren der Zylinderspule, wenn diese von einem Strom der Stärke 1,00 A durchflossen wird. (6 BE)

2. Beschreiben Sie zwei Möglichkeiten, wie sich mit dem Aufbau in der Spule S eine Induktionsspannung erzeugen lässt, und begründen Sie deren Entstehung. (5 BE)

3. Nun sollen die beiden Spulenachsen zusammenfallen und fixiert sein. Der Verlauf des Stroms durch die Spule Z ist in der Abbildung dargestellt. Stellen Sie die an den Spulenenden von S induzierte Spannung in einem Diagramm quantitativ in Abhängigkeit von der Zeit dar.

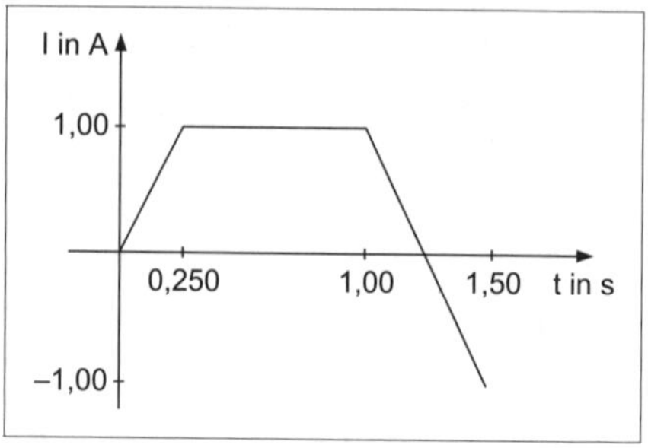

Abb. 2

(11 BE)

4. Nun wird der ganze Aufbau um 90° in die Vertikale gedreht. Die Spule S wird losgelassen, sodass sie entlang der gemeinsamen Mittelachse beider Spulen aus der Spule Z herausfällt. Skizzieren und begründen Sie den Verlauf der dabei an den Enden der Spule S induzierten Spannung qualitativ. (8 BE)

Tipps und Hinweise zur Lösung von Beispielaufgabe A1

Tipp zu Teilaufgabe 1

- Die Formel für die Stärke des Magnetfeldes B steht in Ihrer Formelsammlung.

Tipps zu Teilaufgabe 2

- Für die Erzeugung einer Induktionsspannung ist die *Änderung des magnetischen Flusses* ausschlaggebend.
- Der magnetische Fluss ist durch das Produkt aus Magnetfeld B und Fläche A definiert. Sehen Sie jetzt zwei Möglichkeiten?

Tipps zu Teilaufgabe 3

- Spannungen werden nur in den Zeitintervallen induziert, in denen sich die Stromstärke und damit auch die magnetische Feldstärke im Innern der Spule verändern.
- Interpretieren Sie das Diagramm: In welchen Intervallen ändert sich die Stromstärke? Berechnen Sie aus den Diagrammwerten mithilfe der in Teilaufgabe 1 verwendeten Formel die Feldstärkeänderung und daraus mit dem Induktionsgesetz die induzierte Spannung.
- Beachten Sie die Vorzeichen der „Änderungen“! Was bedeutet das für die Vorzeichen der gesuchten Induktionsspannung?

Tipps zu Teilaufgabe 4

- Stellen Sie sich den gedrehten Aufbau vor. Eine kleine Skizze ist hilfreich.
- Lassen Sie jetzt in Gedanken („Zeitlupe“) die Spule fallen. Was können Sie bezüglich der Änderung des magnetischen Flusses sagen? Überlegen Sie dabei, zu welchen Zeitpunkten er sich ändert und wie stark er sich ändert.

Lösungen zu Beispielaufgabe A1

1. **Stärke des Magnetfeldes**
Für die Stärke des Magnetfeldes B in einer langen zylinderförmigen Luftspule gilt der Zusammenhang:

$$B = \mu_0 \cdot \frac{I \cdot n}{\ell} \qquad (*)$$

Setzt man die im Vorspann der Aufgabenstellung gegeben Werte für n, ℓ sowie I und μ_0 (aus der Formelsammlung) ein, so ergibt sich:

$$B = 1{,}26 \cdot 10^{-6} \frac{\text{Tm}}{\text{A}} \cdot \frac{1{,}00\ \text{A} \cdot 1\,000}{0{,}55\ \text{m}} \approx \underline{\underline{2{,}28 \cdot 10^{-3}\ \text{T}}}$$

2. **Erzeugung einer Induktionsspannung**
In der inneren Spule wird eine Spannung induziert, wenn sich der magnetische Fluss $B \cdot A$ durch diese Spule ändert. Anschaulich und modellhaft lässt sich dieser magnetische Fluss durch „die Zahl der Feldlinien", die durch die innere Spule greifen, verstehen.

Möglichkeit 1: Die Änderung des magnetischen Flusses $B \cdot A$ lässt sich durch eine Änderung der vom Feld durchsetzten Fläche A erreichen. Dafür kann man die innere Spule z. B. um ihre Querachse innerhalb der äußeren Spule drehen.

Möglichkeit 2: Die Änderung des magnetischen Flusses $B \cdot A$ lässt sich durch eine Änderung der Magnetfeldstärke erreichen. Dafür kann man die Stromstärke – und damit die Feldstärke B (vgl. Formel (*) in Teilaufgabe 1) – in der äußeren Spule verändern.

3. **Berechnung der Induktionsspannung**
Spannungen werden nur in den Zeitintervallen induziert, in denen sich die Stromstärke und damit auch die magnetische Feldstärke im Innern der Spule verändern. Wichtig ist dabei, dass die Polung der entstehenden Induktionsspannung beim Ansteigen und beim Abfallen des Stroms durch die (äußere) Feldspule umgekehrt ist.

Nach dem Induktionsgesetz gilt bei konstanter Fläche A:

$$U_{ind} = -n \cdot \frac{A \cdot \Delta B}{\Delta t}$$

Dem Diagramm entnimmt man für folgende Zeitintervalle die benötigten Daten:
- 0…0,250 s:

$$\Delta t = 0{,}250\ \text{s},\ \Delta I = 1{,}00\ \text{A} \overset{(*)\ \text{aus 1}}{\Rightarrow} \Delta B = 2{,}28 \cdot 10^{-3}\ \text{T}$$

$$\Rightarrow \quad U_{ind} = -n \cdot \frac{A \cdot \Delta B}{\Delta t} = -10 \cdot \frac{25{,}0 \cdot 10^{-4}\ \text{m}^2 \cdot 2{,}28 \cdot 10^{-3}\ \text{T}}{0{,}250\ \text{s}}$$

$$= -2{,}28 \cdot 10^{-4}\ \text{V}$$

- 0,250 s … 1,00 s:

  $\Delta I = 0\ \text{A} \ \Rightarrow\ \Delta B = 0\ \text{T} \ \Rightarrow\ U_{ind} = 0\ \text{V}$

- 1,00 s … 1,50 s:

  $\Delta t = 0{,}500\ \text{s},\ \Delta I = -2{,}00\ \text{A} \ \Rightarrow\ \Delta B = -(-2 \cdot 2{,}28 \cdot 10^{-3}\ \text{T}) = +4{,}56 \cdot 10^{-3}\ \text{T}$

Da sich I um 2 A ändert, muss sich B auch um den doppelten Wert ändern. Das negative Vorzeichen ergibt sich durch Abnahme von I bzw. B. Also:

$$U_{ind} = -n \cdot \frac{A \cdot \Delta B}{\Delta t} = -10 \cdot \frac{25{,}0 \cdot 10^{-4}\ \text{m}^2 \cdot 4{,}56 \cdot 10^{-3}\ \text{T}}{0{,}500\ \text{s}} = +2{,}28 \cdot 10^{-4}\ \text{V}$$

Das Ergebnis bestätigt, dass die Polung beim Ansteigen und beim Abfallen des Stroms entgegengesetzt ist.

Diagramm

Es ergibt sich das nebenstehende t-U_{ind}-Diagramm.

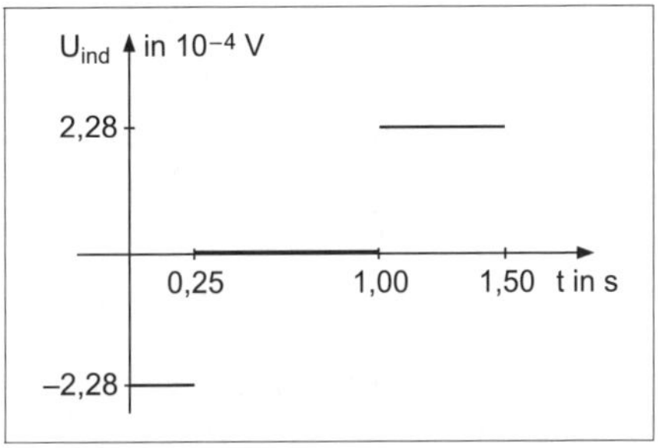

Abb. 3

Sollten Sie in Ihrem Ansatz das Induktionsgesetz ohne das negative Vorzeichen benutzt haben,

$$U_{ind} = n \cdot \frac{A \cdot \Delta B}{\Delta t},$$

so ergibt sich das Diagramm rechts, bei dem die Vorzeichen der Induktionsspannung vertauscht sind. Beide Möglichkeiten würden als richtig bewertet werden.

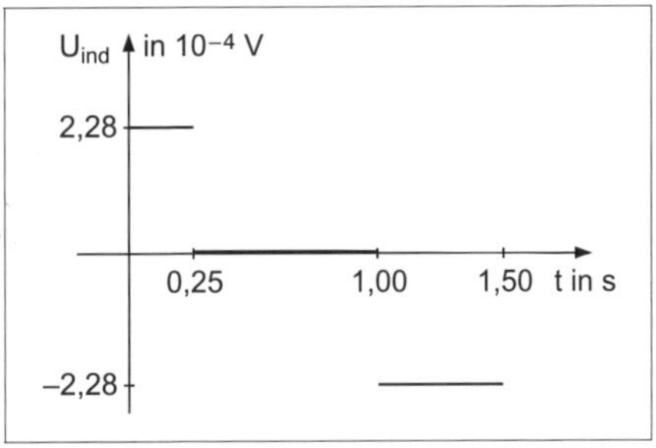

Abb. 4

4. **Der Verlauf der Induktionsspannung**

   Durch die beschriebene Drehung sieht die gegebene Anordnung wie in der Abbildung dargestellt aus.

   Zunächst fällt die Spule S durch einen Raum, der von einem homogenen Magnetfeld erfüllt ist. Es wird keine Spannung induziert, da sich das Magnetfeld nicht ändert ($\Delta B = 0$). Beim Verlassen der Spule Z wird die magnetische Feldstärke und damit der magnetische Fluss („Zahl der Feldlinien“, siehe oben) durch die Induktionsspule immer geringer. ΔB ist also ungleich null; es wird eine (positive) Spannung induziert. Wenn sich die Spule S weiter von der Spule Z entfernt, geht die Stärke des Magnetfeldes gegen null. Auch die zeitliche Änderung wird sehr klein und demnach wird auch die induzierte Spannung nahezu null.

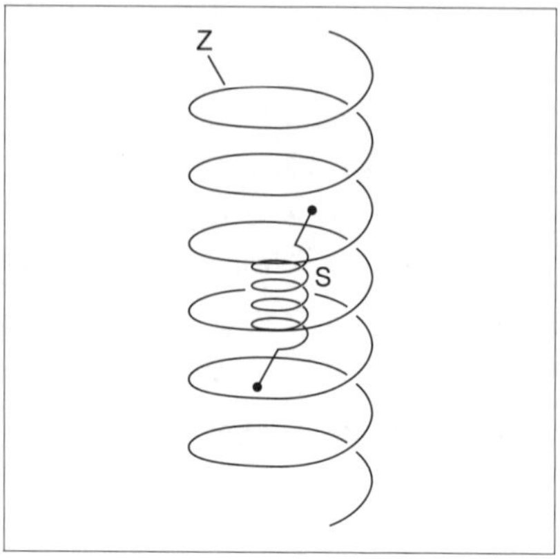

Abb. 5

Das Diagramm gibt den qualitativen Verlauf der induzierten Spannung wieder.

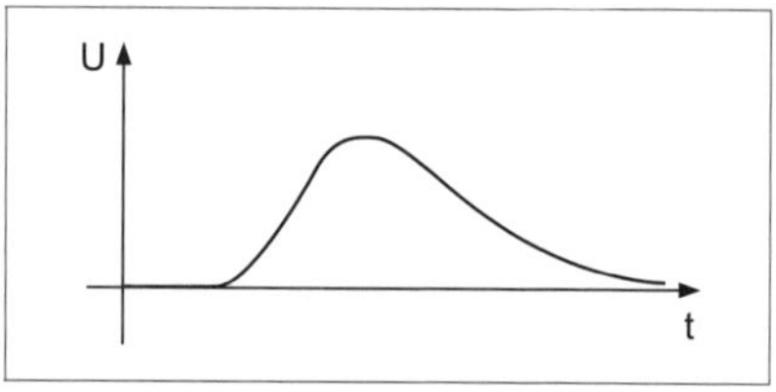

Abb. 6

Qualitativ bedeutet hier, dass keine Zahlenwerte zu berechnen sind, sondern dass nur der prinzipielle Verlauf, der sich aus der obigen Argumentation ergibt, dargestellt wird.

Abiturprüfung Physik (Hessen) – Grundkurs
Beispielaufgabe A2: Elektrisches und magnetisches Feld

Braun'sche Röhre

Die Aufgabe beschäftigt sich mit dem Verhalten von Elektronen in der Braun'schen Röhre. Es werden die Einflüsse eines elektrischen und eines magnetischen Feldes auf die bewegten Elektronen untersucht. Dabei wechseln sich die Diskussion qualitativer Aspekte (Begründungen) und auszuführende Rechnungen ab.
Die Aufgabe entspricht einem Drittel eines Abiturvorschlags (eine von drei gleichgewichteten Aufgaben eines Vorschlags).

Bezug: Handreichungen zum Lehrplan Physik GK 12.1, Elektrisches und magnetisches Feld
Thema: Spannung, Stromstärke, Bewegung von Ladungsträgern in Feldern
Konkretisierung: Energieumwandlung im homogenen elektrischen Feld, $U = \frac{W}{q}$; Aufbau, Wirkungsweise, Anwendung der Braun'schen Röhre; nichtrelativistische ($v < 0{,}1\,c$) quantitative Betrachtung der Bewegung geladener Teilchen in elektrischen Feldern; Bewegung geladener Teilchen parallel und senkrecht zum magnetischen Feld, quantitative Betrachtungen; Überlagerung homogener elektrischer und magnetischer Felder in einfachen Fällen

Die Braun'sche Röhre (Kathodenstrahlröhre) ist das Kernstück eines Oszillographen.

1. Ergänzen Sie die in der Abbildung 1 dargestellte einfache Skizze einer Braun'schen Röhre mit vertikaler Ablenkeinheit mit der noch fehlenden notwendigen elektrischen Beschaltung. Erläutern Sie die Funktionsweise der Braun'schen Röhre. (6 BE)

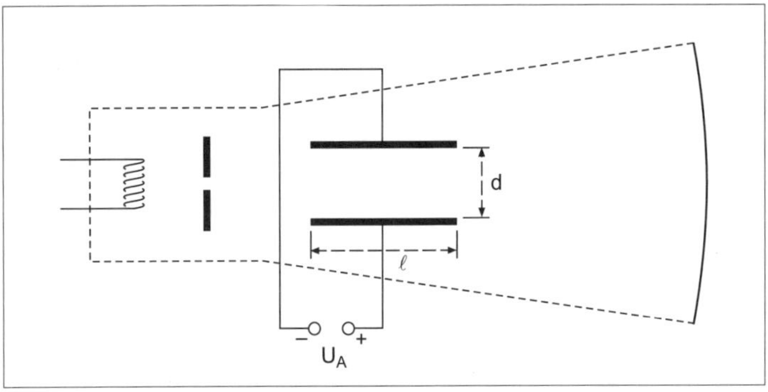

Abb. 1 Braun'sche Röhre

2. Leiten Sie eine Gleichung zur Berechnung der Geschwindigkeit v_0 her, mit der die Elektronen die Beschleunigungseinheit verlassen. Gehen Sie dabei von der Annahme aus, dass die Elektronen die Anfangsgeschwindigkeit null haben und die Beschleunigungsspannung U_B nicht zu groß ist. Geben Sie an, warum die letzte Voraussetzung notwendig ist. Welche Geschwindigkeit v_0 ergibt sich für $U_B = 2$ kV? (6 BE)

3. Nach der Beschleunigung treten die Elektronen in das homogene elektrische Feld eines Plattenkondensators (Plattenabstand $d = 4$ cm, Plattenlänge $\ell = 6$ cm) ein. Die Elektronen treten mit der Geschwindigkeit $v_0 = 3 \cdot 10^7 \frac{\text{m}}{\text{s}}$ in die Ablenkeinheit ein, an der die Spannung $U_A = 1{,}5$ kV anliegt.
Begründen Sie, welche Flugbahn die Elektronen in diesem Plattenkondensator durchlaufen. Wie lang ist die Zeit, die die Elektronen zum Durchfliegen des Plattenkondensators benötigen?
In welchem Punkt verlassen die Elektronen den Plattenkondensator, wenn sie mittig zwischen den beiden Platten in das Feld eintreten? (9 BE)

4. Durch ein geeignetes zusätzliches Magnetfeld im Raum zwischen den Platten des Ablenkkondensators soll erreicht werden, dass die Elektronen den Kondensator unabgelenkt passieren. Geben Sie die Richtung dieses Magnetfeldes an und berechnen Sie allgemein den Betrag der magnetischen Flussdichte B in Abhängigkeit von U_A und v_0. (4 BE)

5. Die in Aufgabenteil 4 geschilderte Situation liegt vor. Jetzt wird die Beschleunigungsspannung U_B bei konstanter Ablenkspannung U_A und konstantem Magnetfeld B variiert. Erläutern und begründen Sie, welchen Einfluss dies auf die Bahnkurve hat. (5 BE)

Tipps und Hinweise zur Lösung von Beispielaufgabe A2

Tipps zu Teilaufgabe 1

- Es fehlen zwei Beschaltungen.
- Verfolgen und beschreiben Sie den Weg der freien Elektronen von ihrer Entstehung über die Bewegung zum und im Ablenkkondensator bis zum Schirm.

Tipps zu Teilaufgabe 2

- Stellen Sie die Energiebilanz für die Elektronen auf.
- Welche Arbeit wird geleistet? Welche Form von Energie wird dadurch geschaffen?
- Überlegen Sie, unter welcher Bedingung relativistische Korrekturen nötig sind. Ist dies hier der Fall?

Tipps zu Teilaufgabe 3

- Überlegen Sie: Welche Kraft wirkt im Kondensator in welcher Richtung auf die Elektronen? Was hat sie für einen Einfluss auf die Bahn?
- Für konstante Geschwindigkeiten gilt $v_0 = \frac{s}{t}$. Was ist hier der Weg s?
- Greifen Sie auf die Form der Bahnkurve zurück! Dieser Typ von Rechnung ist ihnen vielleicht noch vom „waagerechten Wurf" bekannt. Sie müssen nur die mechanischen Größen durch die elektrischen ersetzen.

Tipps zu Teilaufgabe 4

- Was muss für die beteiligten Kräfte gelten, wenn die Elektronen nicht abgelenkt werden sollen?
- Beachten Sie: Das gesuchte Magnetfeld hat eine Richtung und einen Betrag.
- Wichtige Stichworte: Lorentzkraft, Dreifinger-Regel der linken Hand

Tipps zu Teilaufgabe 5

- Welche Größen werden durch U_B beeinflusst? Denken Sie an das Ergebnis von Teilaufgabe 2.
- Welchen Einfluss hat das auf die in Teilaufgabe 4 diskutierten Kräfte? Welche resultierende Kraft ergibt sich?

Lösungen zu Beispielaufgabe A2

1. **Skizze mit Ergänzungen**

Die geforderte Ergänzung der Skizze besteht in dem Einzeichnen der an der Glühwendel anliegende Heizspannung U_H (für den glühelektrischen Effekt) und der Beschleunigungsspannung U_B zwischen Glühwendel und Lochanode.
Der Wehneltzylinder wird nicht verlangt, kann aber hinzugefügt werden (in Abbildung 2 grau gezeichnet).
Die Beschaltung des Ablenkkondensators ist schon vorgegeben.

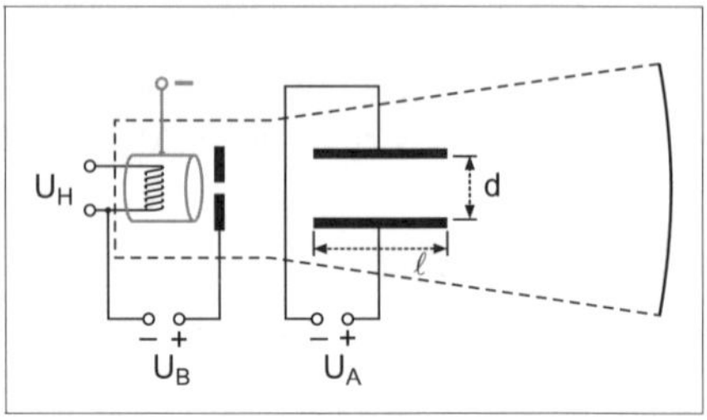

Abb. 2

Erläuterung der Funktionsweise
Durch den glühelektrischen Effekt werden Elektronen aus der Glühwendel emittiert, die dann als freie Elektronen durch das elektrische Feld zwischen Kathode und Anode beschleunigt werden. Der leicht negativ gepolte Wehnelt-Zylinder sorgt für eine Bündelung der Elektronen. Aufgrund ihrer Trägheit fliegen die Elektronen durch das Loch in der Anode und bilden einen „Elektronenstrahl“. Der Raum zwischen Anode und Ablenkkondensator ist nahezu feldfrei und die Elektronen behalten ihre Geschwindigkeit in horizontaler Richtung bei. In dem nachfolgenden elektrischen Feld des Ablenkkondensators können die Elektronen gezielt abgelenkt werden (in dem vorliegenden Fall nach oben oder unten). Beim Auftreffen der Elektronen auf der Leuchtschicht des Schirms entsteht ein Lichtpunkt.

2. **Herleitung der Gleichung**

Die hier geforderte Herleitung benutzt als Ausgangspunkt eine häufig in der Physik benutzte Idee: Es werden geleistete Arbeit W und dadurch erreichte Energie E eines Systems oder Körpers gleichgesetzt (Energiebilanz).

An den geladenen Teilchen (Elektronen) wird Beschleunigungsarbeit verrichtet:

$$W_E = Q \cdot U$$

Bei kleinen Beschleunigungsspannungen kann man nichtrelativistisch rechnen, d. h., die erreichten Geschwindigkeiten der Elektronen sind noch gering im Vergleich mit der Lichtgeschwindigkeit. Es müssen also keine relativistischen Korrekturen an den Energietermen vorgenommen werden.
Die kinetische Energie ist dann gegeben durch den Term:

$$E_{kin} = \frac{1}{2} \cdot m \cdot v^2$$

Für die kinetische Energie der anfangs ruhenden Elektronen gilt nach dem Durchlaufen des beschleunigenden Feldes zwischen Glühkathode und Lochanode:

$$E_{kin} = W_E \quad \Leftrightarrow \quad \frac{1}{2} \cdot m_e \cdot v_0^2 = e \cdot U_B \quad \Leftrightarrow \quad v_0 = \sqrt{\frac{2 \cdot e \cdot U_B}{m_e}}$$

m_e ist die Elektronenmasse, v_0 die erreichte Geschwindigkeit.

Berechnung der Geschwindigkeit

Für $U_B = 2$ kV ergibt sich:

$$v_0 = \sqrt{\frac{2 \cdot e \cdot U_B}{m_e}} = \sqrt{\frac{2 \cdot 1{,}60 \cdot 10^{-19}\ C \cdot 2 \cdot 10^3\ V}{9{,}11 \cdot 10^{-31}\ kg}} = 2{,}65 \cdot 10^7\ \frac{m}{s} \approx 3 \cdot 10^7\ \frac{m}{s}$$

3. **Flugbahn der Elektronen im Kondensator**

Im Ablenkkondensator wirkt auf die Elektronen nur die elektrische Kraft F_{el} nach unten, die in dieser Richtung eine gleichmäßig beschleunigte Bewegung hervorruft (gemäß Newtons Kraftgesetz $F = m \cdot a$). In horizontaler Richtung wirkt auf die Elektronen keine Kraft. Da die Elektronen mit der konstanten horizontalen Geschwindigkeit v_0 eintreten, bleibt diese Geschwindigkeitskomponente also erhalten. Die Bahnkurve hat die Form einer Parabel.

Vergleichbar ist diese Situation mit dem waagerechten Wurf aus der Mechanik. Die beschleunigende Kraft ist dort allerdings die Erdanziehungskraft.

Berechnung der Flugzeit

Für die Zeit zum Durchfliegen des Ablenkkondensators mit der Geschwindigkeit $v_0 = \frac{\ell}{t}$ ergibt sich:

$$t = \frac{\ell}{v_0} = \frac{0{,}06\ m}{3 \cdot 10^7\ \frac{m}{s}} = 2 \cdot 10^{-9}\ s = 2\ ns$$

Bestimmung des Austrittspunktes

Um den Punkt zu bestimmen, an dem die Elektronen den Kondensator verlassen, muss berechnet werden, wie groß die Strecke s ist, um welche die Elektronen nach unten abgelenkt werden.

Die Abbildung 3 zeigt den skizzierten Verlauf des Elektronenstrahls im Kondensator. In der oben errechneten Zeit t wird das Elektron die Strecke

$$s = \frac{1}{2} \cdot a \cdot t^2$$

nach unten beschleunigt. Aus dem Grundgesetz der Mechanik $F = m \cdot a$ ergibt sich die Beschleunigung zu:

$$a = \frac{F_{el}}{m_e} = \frac{E \cdot e}{m_e} = \frac{U_A \cdot e}{d \cdot m_e}$$

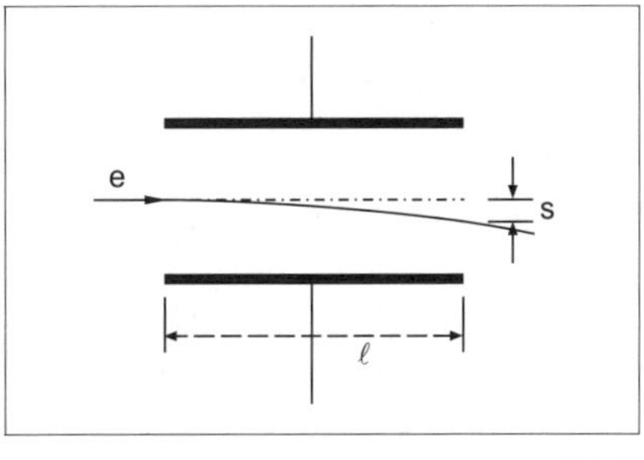

Abb. 3

Daraus folgt für die Ablenkung:

$$s = \frac{1}{2} \cdot \frac{U_A \cdot e}{d \cdot m_e} \cdot t^2$$

Jetzt können alle Werte eingesetzt werden:

$$s = \frac{1}{2} \cdot \frac{1{,}5 \cdot 10^3\,V \cdot 1{,}60 \cdot 10^{-19}\,C}{0{,}04\,m \cdot 9{,}11 \cdot 10^{-31}\,kg} \cdot (2 \cdot 10^{-9}\,s)^2 \approx \underline{\underline{0{,}013\,m}}$$

Einheitenkontrolle:

$$1\,\frac{V \cdot C \cdot s^2}{m \cdot kg} = 1\,\frac{\frac{J}{C} \cdot C}{\frac{kg \cdot m}{s^2}} = 1\,\frac{J}{N} = 1\,\frac{Nm}{N} = 1\,m$$

Die Elektronen verlassen den Ablenkkondensator ca. 1,3 cm unterhalb ihrer horizontalen Einschussrichtung.

4. **Richtung des Magnetfeldes**
Damit die Elektronen das homogene elektrische Feld des Ablenkkondensators unabgelenkt durchfliegen, muss die Lorentzkraft F_L, die durch das Magnetfeld auf die bewegten Elektronen wirkt, der elektrischen Kraft F_{el} entgegenwirken und diese kompensieren. In dem vorliegenden Fall muss die Lorentzkraft in Richtung der negativen Platte wirken. Die Richtung des erforderlichen Magnetfeldes wird mit der Dreifinger-Regel der linken Hand bestimmt: der Daumen zeigt in Bewegungsrichtung der Elektronen, der senkrecht dazu gehaltene Zeigefinger zeigt in Richtung der Magnetfeldlinien und der zu beiden senkrechte Mittelfinger gibt die Richtung der Lorentzkraft an. Das Magnetfeld muss also *senkrecht aus der Zeichenebene heraus* gerichtet sein.
Betrag des Magnetfeldes
Damit sich die beiden Kräfte gegenseitig aufheben können, müssen ihre Beträge gleich sein, sodass für die magnetische Flussdichte folgt:

$$F_L = F_{el} \quad \Leftrightarrow \quad e \cdot v_0 \cdot B = e \cdot E \quad \Leftrightarrow \quad B = \frac{e \cdot E}{e \cdot v_0} = \frac{E}{v_0} = \underline{\underline{\frac{U_A}{v_0 \cdot d}}}$$

5. **Veränderungen der Bahnkurve**
Wird U_B größer, so treten die Elektronen mit größerer Geschwindigkeit in die gekreuzten Felder im Plattenkondensator ein (siehe Teilaufgabe 2: $v_0 \sim \sqrt{U_B}$).
Die Lorentzkraft $F_L = e \cdot v_0 \cdot B$ wird größer, während die elektrische Kraft konstant bleibt, weil die Lorentzkraft von v_0 abhängt und die elektrische Kraft $F_L = e \cdot E$ nicht. Die Elektronen werden also nach oben abgelenkt.
Wird U_B kleiner, so wird die Lorentzkraft kleiner und die Elektronen werden nach unten abgelenkt.

Abiturprüfung Physik (Hessen) – Grundkurs
Beispielaufgabe B1: Elektromagnetische Schwingungen und Wellen

Interferenz am optischen Gitter

Die Aufgabe hat als Ausgangspunkt einen sicherlich aus dem Unterricht bekannten Versuch: Die Zerlegung von weißem Licht mithilfe eines optischen Gitters. Im ersten Teil der Aufgabe geht es um Erläuterungen zur Interferenz am Gitter und um die Bestimmung von Wellenlängen. Der zweite Teil der Aufgabe beschäftigt sich – teilweise recht komplex – mit der gegenseitigen Lage der entstehenden Spektren. Die Aufgabe entspricht einem Drittel eines Abiturvorschlags (eine von drei gleichgewichteten Aufgaben eines Vorschlags).

Bezug: Handreichungen zum Lehrplan Physik GK 12.2, Mechanische und elektromagnetische Schwingungen und Wellen
Thema: Überlagerung von Wellen, Beugung und Interferenz an Doppelspalt und Gitter
Konkretisierung: In einfachen Fällen Interferenzbedingungen herleiten können (keine Zeigerdiagramme); Interferenzen von weißem und monochromatischem Licht am Gitter (im Vakuum); Maxima- und Minimabedingungen am Doppelspalt, Maxima am Gitter

Licht liefert uns Informationen über die Materie, die dieses Licht emittiert.

Gegeben sind eine starke Glühlampe, eine Sammellinse, ein Schirm, ein Spalt, ein monochromatischer Filter, ein optisches Strichgitter mit 400 Spalten pro cm.

1. Skizzieren Sie den Aufbau samt Beschriftung, mit dem die Wellenlänge des durch den Filter fallenden Lichts bestimmt werden kann.
   Erläutern Sie die Funktion von Spalt und Sammellinse.
   Was beobachten Sie auf dem Schirm? (5 BE)

2. Erläutern Sie, wie (z. B. nach Huygens) das Bild auf dem Schirm zustande kommt. (9 BE)

Nun ersetzt man den Filter durch einen anderen und beobachtet auf dem Schirm, der 3 m vom optischen Gitter entfernt ist, einen Ausschnitt aus dem kontinuierlichen farbigen Spektrum 1. Ordnung der Breite 17 mm. Es beginnt 5,25 cm vom Maximum 0. Ordnung entfernt.

3. Berechnen Sie die Wellenlängen des Lichts, mit denen das Spektrum 1. Ordnung beginnt und endet.
   Welche Farbe hat der kurzwellige Rand dieses Spektralbereichs?
   [Zwischenergebnis: 437 nm; 579 nm] (8 BE)

Bei der Beugung kann es vorkommen, dass sich Teile der Spektren verschiedener Ordnungen überlappen.

4. Bestätigen Sie durch Rechnung, dass in diesem Experiment die Spektren 2. und 3. Ordnung getrennt sind. (4 BE)

5. Erläutern Sie den Einfluss der Gitterkonstanten auf das abgebildete Spektrum. (4 BE)

Tipps und Hinweise zur Lösung von Beispielaufgabe B1

Tipps zu Teilaufgabe 1

- Die Aufbauskizze sollte Lampe, Filter, Spalt, Abbildungslinse, Gitter und Schirm enthalten.
- Beschreiben Sie das Schirmbild möglichst genau.

Tipps zu Teilaufgabe 2

- Wie lautet das Huygens'sches Prinzip? Wo findet das an einem optischen Gitter Anwendung?
- Wie hängen Maxima und Minima vom Gangunterschied der Wellenzüge ab?
- Wichtige Stichworte: konstruktive und destruktive Interferenz

Tipps zu Teilaufgabe 3

- Machen Sie sich eine nicht zu kleine Planskizze, die insbesondere die Lage der Spektren auf dem Schirm zeigt. Diese Skizze können Sie auch in den späteren Teilaufgaben gut gebrauchen!
- Die benötigten Formeln für Interferenz am Gitter stehen in ihrer Formelsammlung.

Tipps zu Teilaufgabe 4

- Wenn der Winkel, bei dem das Spektrum 3. Ordnung beginnt, größer ist als der Winkel, bei dem das Spektrum 2. Ordnung endet, dann sind die Spektren getrennt. Machen Sie sich das an ihrer Planskizze klar.
- Gesucht sind Winkel: Stellen Sie die Gitterformel nach dem Winkel um.

Tipps zu Teilaufgabe 5

- Als beeinflussbare Größen kommen in Betracht: die Anzahl der Ordnungen, die auf dem Schirm zu sehen sind; die Trennung der Spektren für verschiedene Beugungsordnungen; die Abstände zwischen benachbarten Maxima; die Breite der Spektren.
- Ziehen Sie wieder die Planskizze zu Rate.
- Gehen Sie für die Begründung immer von der Beugungsformel aus.

Lösungen zu Beispielaufgabe B1

1. **Aufbauskizze**

Die Aufbauskizze sollte Lampe (die Kondensorlinse wird in der Aufgabenstellung nicht explizit genannt), Filter, Spalt, Abbildungslinse, Gitter und Schirm enthalten.

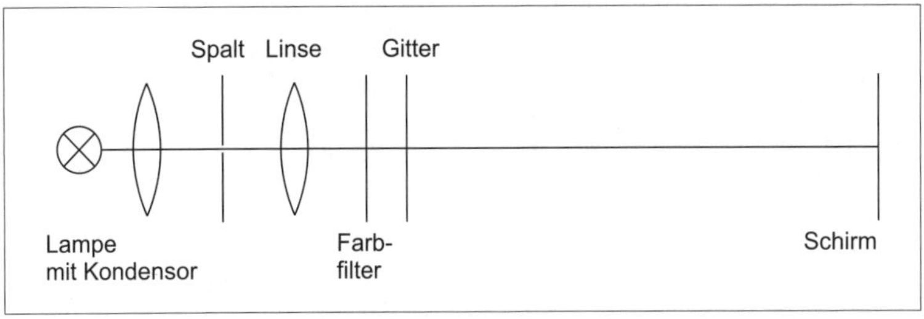

Abb. 1

Funktion von Spalt und Sammellinse
Der Spalt begrenzt die ausgedehnte Lichtquelle und die Sammellinse bildet den Spalt (sozusagen die „Ersatzlichtquelle“) scharf auf dem Schirm ab. Damit ergibt sich die Möglichkeit, im Experiment die Lage scharfer, eng begrenzter Linien auf dem Schirm auszumessen und auszuwerten.

Beobachtung
Auf dem Schirm sind einfarbige Linien (die Farbe, die das monochromatische Filter durchlässt) zu sehen. Sie liegen symmetrisch zur hellsten Linie in der Mitte und werden lichtschwächer, je weiter sie von der Mitte entfernt sind.

2. **Erläuterungen zum Schirmbild**

Das Licht wird am Gitter gebeugt. Das Huygens'sche Prinzip sagt aus, dass jeder Punkt einer Wellenfront als Quelle einer Elementarwelle angesehen werden kann. Alle Elementarwellen überlagern sich wieder zu einer Wellenfront.
In diesem Fall bedeutet dass, dass jede Spaltöffnung des Gitters einen Ausgangspunkt einer Elementarwelle darstellt. Was die Überlagerung der Elementarwellen auf dem Schirm ergibt, hängt von dem Gangunterschied Δs ab, den die Wellenzüge gegeneinander besitzen.

Maxima und Minima
Entlang der optischen Achse ist es hell (Maximum 0. Ordnung), denn der Gangunterschied ist aufgrund der Symmetrie der Anordnung null.
Es gibt ganz bestimmte Ausbreitungsrichtungen der Elementarwellen, auf denen benachbarte Wellenzüge so interferieren, dass sie sich verstärken (*konstruktive Interferenz*). Dies ist der Fall, wenn der Gangunterschied Δs genau 1 λ oder ein ganzzahliges Vielfaches von λ beträgt. Auslöschung stellt sich zwischen den Wellenzügen ein, deren Gangunterschied $\frac{1}{2}\lambda$ oder ein ungerades Vielfaches davon ist (*destruktive Interferenz*).

Die Skizze zeigt repräsentativ zwei Gitteröffnungen und den entstandenen Gangunterschied zwischen zwei Wellenzügen.
Wegen der kugelförmigen Form der Elementarwellen ist das Interferenzmuster achsensymmetrisch zum Maximum 0. Ordnung. Blaues Licht besitzt eine kleinere Wellenlänge als z. B. rotes Licht. Dementsprechend wird nach der Formel für den Gangunterschied für konstruktive Interferenz,

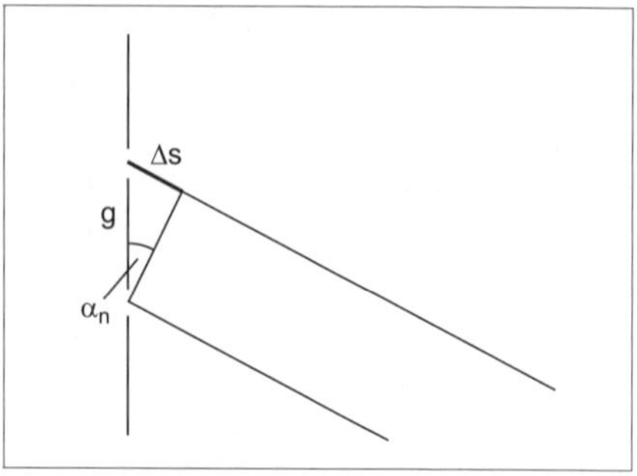

Abb. 2

$$\left.\begin{aligned} \Delta s &= n\cdot\lambda \\ \text{bzw.}\quad \Delta s &= g\cdot\sin\alpha_n \end{aligned}\right\} \Rightarrow \sin\alpha_n = \frac{n\cdot\lambda}{g} \quad \text{(vgl. Formelsammlung),}$$

bei fester Ordnung n der Winkel α_n, unter dem das n-te Maximum von der geometrischen Mitte abweicht, bei blauem Licht kleiner als bei rotem Licht.

Die Intensität der Interferenzmaxima nimmt mit höherer Ordnung ab, weil immer weniger Wellenzüge die jeweilige Interferenzbedingung erfüllen.

3. **Planskizze**

Sehr vorteilhaft ist die Anfertigung einer Planskizze. In Abbildung 3 ist z. B. der Beginn des Spektrums 2. Ordnung mit d_{21} und das Ende mit d_{22} – jeweils bezogen auf die geometrische Mitte – bezeichnet. In Teilaufgabe 3 geht es um die Lage des Spektrums 1. Ordnung.

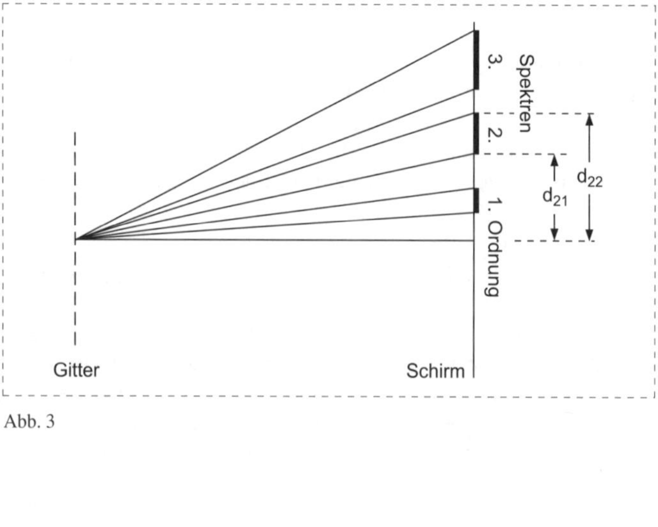

Abb. 3

Wellenlängenberechnung

Die notwendigen Formeln für die Interferenzbedingungen am Gitter können der Formelsammlung entnommen werden:

$$n \cdot \lambda = g \cdot \sin \alpha_n; \quad \tan \alpha_n = \frac{d_n}{a}$$

Der Aufgabenstellung entnimmt man die Zahlenwerte $a = 3$ m (Abstand Gitter–Schirm), Ordnung $n = 1$, Gitterkonstante $g = 400^{-1}\text{ cm} = 2{,}50 \cdot 10^{-5}$ m sowie die Abstände der Ränder des Spektrums vom Maximum 0. Ordnung $d_{11} = 5{,}25$ cm und $d_{12} = 5{,}25\text{ cm} + 1{,}7\text{ cm} = 6{,}95$ cm. Für die Wellenlängen ergibt sich:

$$\lambda_1 = g \cdot \sin \alpha_1 = g \cdot \sin\left(\arctan \frac{d_{11}}{a}\right) = 2{,}50 \cdot 10^{-5}\text{ m} \cdot \sin\left(\arctan \frac{5{,}25\text{ cm}}{300\text{ cm}}\right)$$

$$\approx 4{,}37 \cdot 10^{-7}\text{ m} = \underline{\underline{437\text{ nm}}}$$

Das entspricht der Farbe blau.

Für die zweite Wellenlänge ergibt sich entsprechend die Farbe gelb:

$$\underline{\underline{\lambda_2 = 579\text{ nm}}}$$

4. Ausgehend von der obigen Planskizze geben die Beugungswinkel α_n der beiden Wellenlängen für die beiden betrachteten Ordnungen Auskunft darüber, ob sich die Spektren überlappen.

   Sind die Spektren getrennt?

   Die jeweiligen Winkel lassen sich mit der Formel $n \cdot \lambda = g \cdot \sin \alpha_n$ (siehe oben) errechnen:

   $$\alpha_n = \arcsin \frac{n \cdot \lambda}{g}$$

   Für das Ende des Spektrums 2. Ordnung gilt:

   $$\alpha_{2,2} = \arcsin \frac{2 \cdot 579 \cdot 10^{-9}\text{ m}}{2{,}5 \cdot 10^{-5}\text{ m}} \approx 2{,}65°$$

   Für den Anfang des Spektrums 3. Ordnung ergibt sich:

   $$\alpha_{3,1} = \arcsin \frac{3 \cdot 437 \cdot 10^{-9}\text{ m}}{2{,}5 \cdot 10^{-5}\text{ m}} \approx 3{,}00°$$

   Wegen $\alpha_{3,1} > \alpha_{2,2}$ sind die betrachteten Spektren also getrennt.

5. Die Gitterkonstante g hat Einflüsse auf das Schirmbild, die mehrere Aspekte betreffen. Ausgangspunkt ist dabei stets die Beugungsformel $\sin \alpha_n = \frac{n \cdot \lambda}{g}$.

   Von den genannten Einflussfaktoren müssen Sie mindestens zwei nennen und begründen.

Anzahl der sichtbaren Ordnungen auf dem Schirm

Damit eine Ordnung auf dem Schirm sichtbar ist, muss der zugehörige Beugungswinkel die Bedingung $\sin\alpha_n < 1$ erfüllen. Nimmt die Gitterkonstante zu, wird diese Bedingung wegen $\sin\alpha_n = \frac{n\cdot\lambda}{g}$ von mehr Ordnungen erfüllt, die Anzahl der sichtbaren Ordnungen auf dem Schirm steigt also.

Getrennte Spektren

Welchen Einfluss hat die Gitterkonstante auf die Trennung aufeinanderfolgender Spektren? Dazu müssen die in Teilaufgabe 4 gemachten Rechnungen verallgemeinert werden. Man berechnet, ob der Winkel des Ende des Spektrums n-ter Ordnung kleiner ist als der Winkel des Anfangs des Spektrums (n + 1)-Ordnung.

Zur Abschätzung der Beugungswinkel $\alpha_n = \arcsin\frac{n\cdot\lambda}{g}$ für zwei aufeinander folgende Spektren n und n + 1 reicht es, das Argument des Sinus zu untersuchen. Für getrennte Spektren muss gelten:

$$(n+1)\cdot 437\text{ nm} > n\cdot 579\text{ nm} \Rightarrow n < \frac{437}{579-437} = 3{,}08 \Rightarrow n \leq 3$$

Diese Ungleichung ist unabhängig von g, d. h.: *Jede* Gitterkonstante g trennt die Spektren bis zur 3. und 4. Ordnung. Die Spektren ab der 4. und 5. Ordnung überlappen sich jeweils.

Die Abstände zwischen benachbarten Maxima

Die Abstände zwischen benachbarten Maxima werden geringer, wenn die Gitterkonstante g steigt. Für kleine Beugungswinkel gilt $\alpha \approx \sin\alpha$ und für die Differenz der Winkel, die die Spektren trennen (siehe Teilaufgabe 4), somit:

$$\alpha_{n+1,1} - \alpha_{n,2} \approx \frac{(n+1)\cdot\lambda_1}{g} - \frac{n\cdot\lambda_2}{g}$$

Die rechte Seite dieser Gleichung wird mit wachsendem g kleiner.

Breite der Spektren

Wenn g geringer wird, dann nimmt die Breite des Ausschnittes aus dem kontinuierlichen Spektrum zu. Dazu betrachtet man die Differenz der Winkel, die den Anfang und das Ende eines Spektrums angeben:

$$\alpha_{n,2} - \alpha_{n,1} \approx \frac{n\cdot\lambda_2}{g} - \frac{n\cdot\lambda_1}{g}$$

Dieser Wert wird mit kleiner werdendem g größer.

Abiturprüfung Physik (Hessen) – Grundkurs
Beispielaufgabe B2: Elektromagnetische Schwingungen und Wellen

Schwingkreis

Die Aufgabe beschäftigt sich mit dem elektromagnetischen Schwingkreis. Ein Teil der Aufgabe besteht darin, zu erklären, was bei einer elektromagnetischen Schwingung passiert, ein Teil sind Rechenaufgaben. Der letzte Teil erfordert etwas anspruchsvollere qualitative Argumentationen. Die Aufgabe ist nicht an ein Experiment im engeren Sinne angelehnt.
Die Aufgabe entspricht einem Drittel eines Abiturvorschlags (eine von drei gleichgewichteten Aufgaben eines Vorschlags).

Bezug: Handreichungen zum Lehrplan Physik GK 12.2, Mechanische und elektromagnetische Schwingungen und Wellen
Thema: Mechanische und elektromagnetische Schwingungen, charakteristische Größen (Schwingungsdauer, Frequenz)
Konkretisierung: Formeln für die Schwingungsdauer, Energieerhaltung

Ein Kondensator mit der Kapazität C und eine Spule mit der Induktivität L bilden einen elektromagnetischen Schwingkreis, der ungedämpft mit der Eigenfrequenz f_0 schwingen soll. Die Kapazität des Kondensators beträgt $C = 22$ nF. Bei der Spule handelt es sich um eine lang gestreckte Spule mit der Querschnittsfläche $A = 31\ \text{cm}^2$, der Länge $\ell = 30$ cm und der Windungszahl $N = 20\,000$.

1. Vernachlässigen Sie zunächst den ohmschen Widerstand des Schwingkreises. Die Spannung am Kondensator und die Stromstärke im Schwingkreis werden gemessen. Zeichnen Sie das Schaltbild eines solchen Schwingkreises mit den Messgeräten und erläutern Sie das Zustandekommen der Schwingung.
   Zeichnen Sie den zeitlichen Verlauf der Stromstärke und der Spannung am Kondensator. Zum Zeitpunkt $t = 0$ sei die Spannung am Kondensator maximal. (7 BE)

2. Welchen Einfluss hat ein nicht vernachlässigbarer ohmscher Widerstand? (3 BE)

3. Bestimmen Sie die Induktivität der Spule [Ergebnis: $L = 5{,}2$ H] und überprüfen Sie, ob sich mit den gegebenen Bauteilen ein Schwingkreis aufbauen lässt, dessen Eigenfrequenz höchstens 10 % von 500 Hz abweichen soll. (7 BE)

4. Ermitteln Sie den Maximalwert der Stromstärke I_{max} in diesem Schwingkreis, wenn der Maximalwert der Spannung $U_{max} = 3{,}8$ V beträgt. (7 BE)

5. Die Spule wird nun auseinander gezogen. Beschreiben und begründen Sie, welchen Einfluss dies auf die Eigenfrequenz und die maximale Stromstärke hat. (6 BE)

Tipps und Hinweise zur Lösung von Beispielaufgabe B2

Tipps zu Teilaufgabe 1

- Gehen Sie bei ihren Überlegungen davon aus, dass zum Startzeitpunkt alle Ladungen im Kondensator sind.
- Beachten Sie die Selbstinduktion in der Spule (Lenz'sche Regel).
- Spiegeln Sie in ihrem Graphen auch die wechselnden Polungen wieder. Berücksichtigen Sie hierzu das Induktionsgesetz.

Tipps zu Teilaufgabe 2

- Denken Sie an den zeitlichen Verlauf der Energie im Schwingkreis.

Tipps zu Teilaufgabe 3

- Wie lautet die Formel für die Induktivität?
- Die Frequenz erhalten Sie mithilfe der Thomson-Formel.
- Vergessen Sie nicht, die prozentuale Abweichung von der gegebenen Sollfrequenz zu bestimmen und mit der Maximalabweichung von 10 % zu vergleichen.

Tipps zu Teilaufgabe 4

- Stellen Sie die Energiebilanz des ungedämpften Schwingkreises auf. Was können sie über elektrische und magnetische Feldenergie aussagen?
- Der gesuchte maximale Strom durch die Spule bestimmt das Magnetfeld und die darin gespeicherte Energie.

Tipps zu Teilaufgabe 5

- Untersuchen Sie den Einfluss der Länge ℓ auf die in Teilaufgabe 4 benutzen Formeln: Wie ändert sich L, wie folglich f?
- Die Auswirkung auf den maximalen Spulenstrom ergibt sich erneut aus der nach wie vor gültigen Energieerhaltung im Schwingkreis.

Lösungen zu Beispielaufgabe B2

1. **Schaltbild**

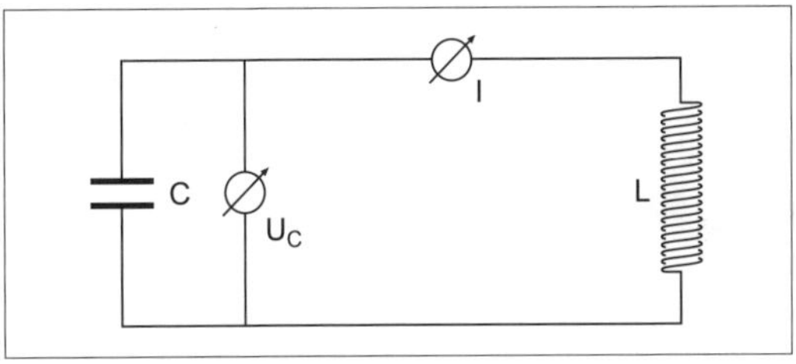

Abb. 1

Zustandekommen der Schwingung

Nach der Aufgabenstellung sei für $t=0$ die Spannung U_C am Kondensator maximal. Der aufgeladene Kondensator mit der Kapazität C entlädt sich über die Spule mit der Eigeninduktivität L. Diese Entladung erzeugt einen anwachsenden Spulenstrom, der eine Spannung in der Spule induziert (Selbstinduktion), die zu jedem Zeitpunkt wegen der Parallelschaltung gleich der Spannung U_C am Kondensator ist. Ist der Spulenstrom maximal (das bedeutet „alle Ladungen sind unterwegs"), dann ist U_C null, denn der Kondensator ist entladen.
Die fließenden Ladungen gelangen weiter zum Kondensator. Der Strom durch die Spule beginnt deshalb zu sinken. Beim folgenden Zusammenbruch des Magnetfeldes wird wieder eine Spannung induziert, die nun den Kondensator umgekehrt auflädt. Die Begründung dafür liefert das Lenz'sche Gesetz, welches in diesem Fall besagt, dass der Stromfluss durch die Spule aufrecht erhalten werden soll. Die entstehende Induktionsspannung „schiebt" also die Elektronen weiter – auf den Kondensator.
Ist der Kondensator – jetzt mit umgekehrten Vorzeichen – wieder geladen, beginnt der oben beschrieben Ablauf mit umgekehrter Richtung erneut.

Es genügt für die Erläuterung des Schwingungsablaufes nicht, wenn Sie ausschließlichen auf den Austausch der im elektrischen Feld des Kondensators und im magnetischen Feld der Spule gespeicherten Energie hinweisen.

Graph von Spannung und Stromstärke

Zu Beginn ist U_C maximal und I null. Mit sinkenden U_C steigt I. Die Stromstärke besitzt dabei ein der Spannung entgegengesetztes Vorzeichen, weil die Selbstinduktion dem Gesetz

$$U = -L \cdot \frac{\Delta I}{\Delta t}$$

gehorcht. Nimmt man $U_C(0) = U_{C,max} > 0$ an, muss ΔI also negativ sein, die Stromstärke nimmt zunächst negative Werte an. Ist der Kondensator entladen ($U_C = 0$), ist I maximal.

Der Strom geht wieder auf null zurück, lädt dabei den Kondensator auf und U_C wird maximal – allerdings jetzt mit negativem Vorzeichen. Der weitere Verlauf des Graphen wie ihn die Abbildung 2 zeigt, ergibt sich entsprechend.

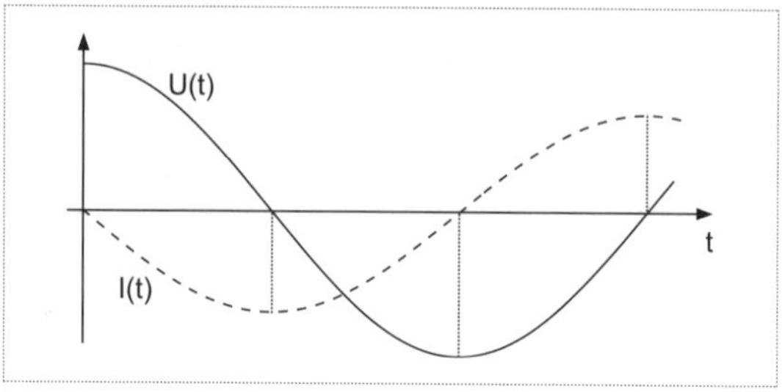

Abb. 2

Auch das um die t-Achse gespiegelte Diagramm ist eine mögliche Lösung. Entscheidend ist, dass die Phasenverschiebung zwischen und der Stromstärke I durch die Spule richtig dargestellt ist: I(t) eilt $U_C(t)$ um 90° voraus.

2. **Einfluss eines ohmschen Widerstandes**
   Ein ohmscher Widerstand wirkt dämpfend, d. h. dem Schwingkreis wird kontinuierlich Energie entzogen. Das hat zur Folge, dass die Amplituden für die Spannung U_C und I mit der Zeit abnehmen. Dieser Energieverlust entsteht durch Stromwärme in den Zuleitungen und in der Spule.

3. **Induktivität der Spule**
   Mithilfe der Beziehung (Formelsammlung)

$$L = \mu_0 \cdot \frac{n^2 \cdot A}{\ell}$$

und den gegebenen Zahlenwerten kann die Induktivität der Spule sofort berechnet werden:

$$L = 1{,}26 \cdot 10^{-6} \frac{\text{Vm}}{\text{Am}} \cdot \frac{20\,000^2 \cdot 31 \cdot 10^{-4}\,\text{m}^2}{0{,}3\,\text{m}} = 5{,}2\,\frac{\text{Vs}}{\text{A}} = \underline{\underline{5{,}2\,\text{H}}}$$

Eigenfrequenz des Schwingkreises
Jetzt kann man unter Berücksichtigung von $f = \frac{1}{T}$ in die Thomson-Formel $T = 2 \cdot \pi \cdot \sqrt{L \cdot C}$ für die Schwingungsdauer eines elektromagnetischen Schwingkreises einsetzen:

$$f = \frac{1}{T} = \frac{1}{2\pi \cdot \sqrt{L \cdot C}} = \frac{1}{2\pi \cdot \sqrt{5{,}2\,\text{H} \cdot 22 \cdot 10^{-9}\,\text{F}}} \approx 470\,\frac{1}{\text{s}} = \underline{\underline{470\,\text{Hz}}}$$

Diese 470 Hz weichen nur $\frac{|470 - 500|}{500} \approx 0{,}06 = 6\,\%$ von den gewünschten 500 Hz ab. Der gewünschte Schwingkreis lässt sich also aufbauen.

4. **Maximale Stromstärke**

Ausgangspunkt für folgende Herleitung ist der Energieerhaltungssatz, der im hier vorliegenden ungedämpften Schwingkreis für die Gesamtenergie gilt. Gleichsetzen der maximalen Energie des Magnetfeldes mit der maximalen Energie des elektrischen Feldes liefert:

$$\frac{1}{2} \cdot L \cdot I_{max}^2 = \frac{1}{2} \cdot C \cdot U_{max}^2$$

Daraus errechnet sich I_{max} zu:

$$I_{max} = \sqrt{\frac{C}{L}} \cdot U_{max} = \sqrt{\frac{22 \cdot 10^{-9}\,F}{5{,}2\,H}} \cdot 3{,}8\,V \approx \underline{\underline{2{,}5 \cdot 10^{-4}\,A = 0{,}25\,mA}}$$

5. **Auseinanderziehen der Spule**

Wenn die Spule auseinander gezogen wird, nimmt $L = \mu_0 \cdot \frac{n^2 \cdot A}{\ell}$ ab, da ℓ größer wird und die anderen bestimmenden Größen gleich bleiben.

Mit kleinerem L wird $T = 2 \cdot \pi \cdot \sqrt{L \cdot C}$ kleiner bzw. f größer. Die Eigenfrequenz wird also größer.

Die Energieerhaltung (siehe Teilaufgabe 4)

$$\frac{1}{2} \cdot L \cdot I_{max}^2 = \frac{1}{2} \cdot C \cdot U_{max}^2$$

fordert, dass die Gesamtenergie gleich bleibt, da die im elektrischen Feld des Kondensators steckende Energie durch U_{max} und C bestimmt ist und sich nicht ändert. Damit $\frac{1}{2} \cdot L \cdot I_{max}^2$ aber konstant bleiben kann, muss bei kleinerem L der maximale Spulenstrom I größer werden.

Abiturprüfung Physik (Hessen) – Grundkurs
Beispielaufgabe C1: Quanten- und Atomphysik

Bohr'sches Atommodell

Die Aufgabe ist eher theoretischer Natur. Sie beschäftigt sich eingehend mit dem Bohr'schen Atommodell und untersucht insbesondere die Absorption und Emission von Licht in diesem Modell. Teile der Aufgabe haben einen relativ hohen theoretischen und mathematischen Anspruch.
Die Aufgabe entspricht einem Drittel eines Abiturvorschlags (eine von drei gleichgewichteten Aufgaben eines Vorschlags).

Bezug: Handreichungen zum Lehrplan Physik GK 13.1, Quanten- und Atomphysik
Thema: Vorstellungen vom Licht, Linienspektren; Überblick über die klassischen Atommodelle, Grenzen dieser Modelle
Konkretisierung: Quantenhafte Absorption und Emission von Energie, empirische Balmer-Formel; Berechnungen der Energiezustände im Bohr'schen Atommodell

In den physikalischen Formelsammlungen wird bei der Serienformel angegeben entweder $R_y = 1{,}097 \cdot 10^7 \frac{1}{m}$ oder $R_H = 3{,}29 \cdot 10^{15}$ Hz. Die Konstanten sind über die Lichtgeschwindigkeit verknüpft: $R_H = c \cdot R_y$.

1. Erklären Sie mit der Bohr'schen Theorie die übereinstimmende Wellenlänge der Absorptions- und Emissionslinien von Gasen. (4 BE)
2. Berechnen Sie die Mindestgeschwindigkeit, welche ein Elektron haben muss, um bei einer Kollision ein Wasserstoffatom ionisieren zu können. (7 BE)
3. Berechnen Sie die Spektrallinie mit der größten Wellenlänge im sichtbaren Spektralbereich des Wasserstoffatoms. (6 BE)
4. Ein angeregtes Wasserstoffatom kann unter anderem Lichtquanten der Wellenlänge 484 nm abgeben. Welchem Übergang zwischen erlaubten Bohr'schen Bahnen entspricht das? (8 BE)

Mehrelektronenatome, bei denen das äußerste Elektron in ein sehr hohes Energieniveau angeregt ist, werden Rydbergatome genannt. Ihr Radius ist riesig, es gibt sie im Weltraum mit Quantenzahlen bis $n_a = 350$ oder im Labor mit Quantenzahlen bis $n_a = 100$.

5. Begründen Sie, warum Rydbergatome mit den Termschemata des Wasserstoffatoms berechnet werden können. (2 BE)
6. Bohr selbst war sich angesichts der Quantenphysik der Unzulänglichkeit seiner Theorie bewusst. Näherungsweise kann behauptet werden, dass die Energieniveaus bei hohen Quantenzahlen im Einklang mit der klassischen Physik erklärt werden können. Erläutern Sie, warum das so ist. (3 BE)

Tipps und Hinweise zur Lösung von Beispielaufgabe C1

Tipps zu Teilaufgabe 1

- Überlegen Sie: Was bedeutet „Absorption“, was „Emission“?
- Das Bohr'sche Atommodell spricht von „Bahnen“. Wodurch sind diese Bahnen bestimmt? Wer ist auf diesen Bahnen unterwegs? Wie kommt „man“ von einer Bahn zur anderen?

Tipps zu Teilaufgabe 2

- Überlegen Sie: Was bedeutet „Ionisation“?
- Welche Art von Energie besitzt das Elektron mit Mindestgeschwindigkeit? Wie lautet dazu die Formel?
- Die Einheit Joule rechnet sich in die Einheit Elektronenvolt um mit $1\ \text{eV} = 1\ \text{e} \cdot 1\ \text{V} = 1{,}6 \cdot 10^{-19}\ \text{J}$.

Tipps zu Teilaufgabe 3

- Überlegen Sie zuerst die Grenzen des für den Menschen sichtbaren Spektralbereichs.
- Die sichtbaren Spektrallinien des Wasserstoffatoms sind als „Balmerlinien“ bekannt. Durch welche Hauptquantenzahl sind die Balmerlinien festgelegt?
- Berechnen Sie die gesuchte Wellenlänge mit der Balmer-Formel.

Tipps zu Teilaufgabe 4

- Gemäß Teilaufgaben 3 muss gelten: $n_1 = 2$.
- n_2 steckt wieder in der Balmer-Formel.

Tipp zu Teilaufgabe 5

- Stellen Sie sich ein Rydbergatom in der Weise vor, dass alle Elektronen bis auf eines dem Kern sehr nahe sind, das verbleibende Elektron dagegen eine sehr große Entfernung vom Kern besitzt. Was folgt daraus für die Ladung, die das äußere Elektron „spürt“? Vergleichen Sie dies mit der Situation beim Wasserstoffatom.

Tipps zu Teilaufgabe 6

- Machen Sie sich zunächst klar, worin ein wesentlicher Unterschied zwischen der Bohr'schen und der klassischen Anschauung liegt.
- Was passiert in der Serienformel, wenn n_1 und n_2 beide sehr groß werden?

Lösungen zu Beispielaufgabe C1

1. **Das Bohr'sche Atommodell**

In seinem Atommodell vergleicht Bohr das Atom in gewisser Weise mit einem Sonnensystem: So wie Planeten um die Sonne kreisen Elektronen um den Kern. Dabei sind den Elektronen Bahnen bestimmter Energie vorgeschrieben, auf denen sie den Atomkern umkreisen. Ein Wechsel der Bahnen ist nur durch quantenhafte Energieaufnahme oder -abgabe möglich.

Emission und Absorption

Bestrahlt man ein kaltes Gas dieser Atomsorte mit z. B. weißem Licht einer Glühlampe, so absorbieren diese Atome nur solche Energiequanten des Lichts, die dem Sprung von einer energieärmeren auf eine energiereichere Bahn entsprechen. Da nach der Formel

$$E = h \cdot f = h \cdot \frac{c}{\lambda}$$

für die Photonenenergie diese absorbierte Energie einer ganz bestimmten Wellenlänge λ im weißen Licht entspricht, fehlt diese Wellenlänge nach dem Passieren des Gases im Spektrum des Lichts. Man spricht von einer (schwarzen) Absorptionslinie.

Regt man diese Gassorte durch Energiezufuhr an, so geben die Atome des Gases Energiebeträge in Form von (Licht-)Quanten ab, die wiederum den Übergängen zwischen den beschriebenen Bohr'schen Bahnen entsprechen. Untersucht man dieses Spektrum ausgesandten Lichts, so findet man nur ganz bestimmte Linien im Spektrum. Man spricht von Emissionslinien.

Da es sich bei Energieaufnahme und Energieabgabe um die gleichen Übergänge im Atom handelt, sind die Energiebeträge und die Wellenlängen von Absorptions- und Emissionslinien gleich.

2. **Berechnung der Geschwindigkeit**

Ionisation bedeutet, dass durch Energiezufuhr ein Elektron von seinem Atomkern entfernt wird. Nach Bohr bedeutet das einen unendlich großen Bahnradius des Elektrons. Mit der Ionisierungsenergie erreicht das aus dem Atom heraus gelöste Elektron diesen unendlichen Bahnradius mit der Geschwindigkeit null. Sollte das stoßende Elektron eine größere kinetische Energie als die Ionisierungsenergie an das Atom zur Ionisation abgeben, so trägt das ionisierte Elektron den überschüssigen Betrag als zusätzliche kinetische Energie mit davon.

Nach der Formelsammlung beträgt die Ionisierungsenergie für Wasserstoff:

$$E = 13{,}6\ \text{eV} = 13{,}6 \cdot 1{,}60 \cdot 10^{-19}\ \text{J} = 2{,}18 \cdot 10^{-18}\ \text{J}$$

Diese Energie soll aus der kinetischen Energie $E_{kin} = \frac{1}{2} \cdot m \cdot v^2$ eines beschleunigten Elektrons stammen. Also:

$$E_{kin} = \frac{1}{2} \cdot m \cdot v^2 = 2{,}18 \cdot 10^{-18}\ \text{J} \quad \Rightarrow \quad v = \sqrt{\frac{2 \cdot 2{,}18 \cdot 10^{-18}\ \text{J}}{9{,}11 \cdot 10^{-31}\ \text{kg}}} \approx \underline{\underline{2{,}19 \cdot 10^6\ \frac{\text{m}}{\text{s}}}}$$

3. **Berechnung der Wellenlänge der Spektrallinie**

Der für den Menschen sichtbare Spektralbereich liegt ca. zwischen 400 nm (blauviolett) und 800 nm (rot). Die sichtbaren Spektrallinien des Wasserstoffatoms sind als „Balmerlinien" bekannt (nach ihrem Entdecker Johann Jakob Balmer) mit der Hauptquantenzahl $n_1 = 2$.

Die Balmer-Formel

Ihre Formelsammlung enthält die Serienformel für das Spektrum des Wasserstoffs entweder in der Form

$$f = R_H \cdot \left(\frac{1}{n_1^2} - \frac{1}{n_2^2} \right)$$

oder in der Form

$$\frac{1}{\lambda} = R_y \cdot \left(\frac{1}{n_1^2} - \frac{1}{n_2^2} \right),$$

wobei R_H und R_y die in der Aufgabenstellung genannten Konstanten und n_1 und n_1 $(n_2 > n_1)$ die Hauptquantenzahlen sind.
Insbesondere die zweite Formel zeigt sofort, dass die größte Wellenlänge durch den kleinsten Klammerterm

$$\left(\frac{1}{n_1^2} - \frac{1}{n_2^2} \right)$$

entsteht. Das ist bei $n_1 = 2$ (Balmer-Serie) für $n_2 = 3$ der Fall. Umformen und Einsetzen in die Serienformel ergibt:

$$\frac{1}{\lambda} = R_y \cdot \left(\frac{1}{n_1^2} - \frac{1}{n_2^2} \right) \Rightarrow \lambda = \frac{1}{R_y \cdot \left(\frac{1}{n_1^2} - \frac{1}{n_2^2} \right)} = \frac{1}{1{,}097 \cdot 10^7 \, \frac{1}{\text{m}} \cdot \left(\frac{1}{2^2} - \frac{1}{3^2} \right)}$$

$$= 6{,}563 \cdot 10^{-7} \text{ m} = \underline{\underline{656{,}3 \text{ nm}}}$$

4. **Berechnung des Übergangs im Bohr'schen Atommodell**

Der gesuchte Übergang erzeugt eine Energieabgabe von Lichtquanten, die der Wellenlänge 484 nm entspricht. Das ist im sichtbaren Bereich und gehört damit zur „Balmer-Serie" (siehe Teilaufgabe 3). In der Serienformel ist also $n_1 = 2$ und n_2 ist gesucht, da durch diese Zahl der Übergang festgelegt ist. Durch Umstellen der Serienformel nach n_2 erhält man:

$$\frac{1}{\lambda} = R_y \cdot \left(\frac{1}{n_1^2} - \frac{1}{n_2^2} \right) \Rightarrow \frac{1}{\lambda \cdot R_y} = \frac{1}{n_1^2} - \frac{1}{n_2^2} \Rightarrow \frac{1}{n_2^2} = \frac{1}{n_1^2} - \frac{1}{\lambda \cdot Ry}$$

$$\Rightarrow n_2 = \frac{1}{\sqrt{\frac{1}{n_1^2} - \frac{1}{\lambda \cdot R_y}}} = \frac{1}{\sqrt{\frac{1}{2^2} - \frac{1}{484 \cdot 10^{-9} \text{ m} \cdot 1{,}097 \cdot 10^7 \frac{1}{\text{m}}}}} \approx 4{,}0 \Rightarrow \underline{\underline{n_2 = 4}}$$

Sie können ebenso gut die zweite Serienformel verwenden, die Rechnung verläuft analog.
Eine etwas andere, weniger formale Lösungsmöglichkeit ist, vom Zwischenergebnis

$$\frac{1}{\lambda \cdot R_y} = \frac{1}{n_1^2} - \frac{1}{n_2^2}$$

auszugehen und bereits hier die Zahlenwerte für λ und R_y in die linke Seite der Gleichung einzusetzen (Ergebnis 0,1883). Der Vergleich mit der rechten Seite für $n_2 = 4$ (0,1875) zeigt eine sehr gute Übereinstimmung.

Ergebnis: Licht der Wellenlänge 484 nm wird vom Wasserstoffatom beim Übergang von der Bahn mit der Quantenzahl 4 auf die Bahn mit der Quantenzahl 2 ausgesendet.

5. **Rydbergatome**
Das Rydbergatom besitzt nicht ein Elektron und ein Proton wie das Wasserstoffatom, sondern jeweils Z. Davon sind $Z-1$ Elektronen relativ nah am Kern und schirmen $Z-1$ Kernladungen gegenüber dem weit außen befindlichem angeregten Elektron ab. Auf dessen Ladung $-1e$ wirkt also nur noch die positive Restladung $+1e$ eines Protons. Dies ist eine dem Wasserstoff vergleichbare Situation – man kann also mit vergleichbaren Termschemata für die Energien auch bei Rydbergatomen rechnen.

6. **Das Bohr'sche Atommodell und die klassische Physik**
Der Quantencharakter des Bohr'schen Atommodells besteht darin, dass nur ganz bestimmte Elektronenbahnen zugelassen sind, eben diejenigen, die durch die Quantenzahlen $n = 1, 2, 3, \ldots$ gekennzeichnet sind. Dazwischen gibt es nur „Quantensprünge": Die Elektronen können ihre Energie nur sprunghaft, also um diskrete Beträge ändern, indem sie von einer Bahn zu einer anderen wechseln. Dieses Verhalten ist der klassischen Physik fremd: Hier sind alle Übergänge erlaubt, die Übergangsenergien sind kontinuierlich verteilt.
Da nach der Serienformel durch den Faktor

$$\frac{1}{n_1^2} - \frac{1}{n_2^2}$$

die Abstände zwischen benachbarten Energieniveaus (Bahnen) bei zunehmenden Quantenzahlen n_1 und n_2 immer geringer werden, entsteht für hinreichend große Quantenzahlen nahezu ein Kontinuum („Bahn an Bahn"). Dann kann man aber auch nicht mehr von exakt bestimmten Bahnen und Energieniveaus sprechen, der Quantencharakter geht verloren. Man ist in der klassischen Physik angekommen.

Elektronen als Quantenobjekte

Die Aufgabe ist eher theoretischer Natur. Sie beschäftigt sich eingehend mit Elektronen als Quantenobjekten. Nach der Interpretation eines vorgestellten Versuchsergebnisses (Doppelspaltversuch mit Elektronen) wird im zweiten Teil der Arbeit ein vertieftes Verständnis des „linearen Potentialtopfes“ als Modellvorstellung benötigt.

Bezug: Handreichungen zum Lehrplan Physik GK 13.1, Quanten- und Atomphysik
Thema: Quantenobjekte, Quanteneffekte, stochastische Deutung, Erarbeitung einer quantenmechanischen Atomvorstellung
Konkretisierung: Energie des Photons, Energie-Masse-Äquivalenz: $E = m \cdot c^2$, Photonen als Quantenobjekte, Impuls eines Photons; Welleneigenschaften von Elektronen, de-Broglie-Gleichung; Photonen-Elektronen-Verteilung hinter dem Doppelspalt; das Atommodell der Quantenphysik am Beispiel des linearen Potentialtopfs mit unendlich hohen Wänden

Abbildung 1 zeigt das Ergebnis eines Versuchs mit einem Elektronenstrahl geringer Intensität, bei dem Elektronen einzeln durch einen Doppelspalt fliegen und beim Auftreffen auf einem Schirm nachgewiesen werden. Von oben nach unten nimmt die Zahl der registrierten Elektronen zu.

1. Erklären Sie das Versuchsergebnis und begründen Sie, warum man Elektronen nicht im klassischen Sinn als Teilchen ansehen kann, sondern als Quantenobjekte betrachten muss. Verwenden Sie dabei den Begriff der Wahrscheinlichkeitswelle, die auch als de-Broglie-Welle, Materiewelle oder nach Schrödinger als ψ-Funktion bezeichnet wird. (6 BE)

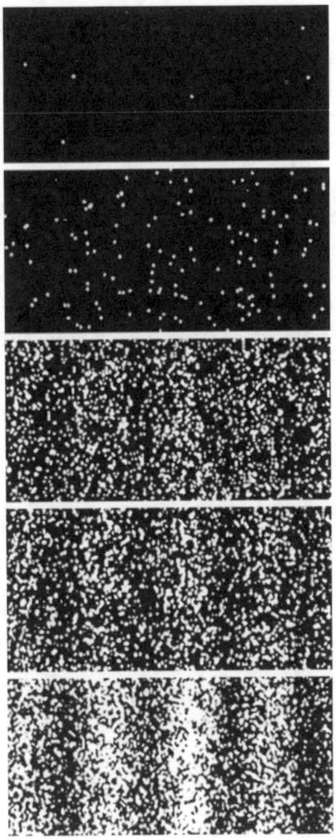

Abb. 1 Doppelspaltversuch mit Elektronen bei geringer Intensität des Elektronenstrahls: Elektronen treten *einzeln* durch einen Doppelspalt und lösen beim Auftreffen auf einen Schirm einen Lichtblitz aus, der registriert wird. Die Anzahl der Elektronen, die in den Bildern von oben nach unten nachgewiesen wurde, ist etwa 6, 100, 3 000, 20 000 und 70 000 (nach Halliday et. al., Physik).

2. Berechnen Sie die Wellenlänge λ der Wahrscheinlichkeitswelle in Aufgabenteil 1, wenn die Elektronen mit einer Spannung von $U = 150$ V beschleunigt werden. Berechnen Sie zunächst den Impuls p der Elektronen.
Von welcher Größenordnung muss der Spaltabstand d der beiden Spalte sein? (6 BE)

3. Es ist naheliegend, dass man sowohl das Muster auf dem Schirm sehen möchte, als auch nachweisen will, durch welchen der beiden Spalte das Elektron fliegt. Warum misslingen solche Versuche? Ein Versuch könnte z. B. so angelegt sein, dass der Doppelspalt seitlich beleuchtet wird und man das von dem hindurchfliegenden Elektron gestreute Licht nachweist. (6 BE)

4. Die möglichen Energiewerte E_n eines Teilchens der Masse m, das in einem linearen Potentialtopf mit unendlich hohen Wänden der Länge a eingeschlossen ist, berechnen sich nach der Formel

$$E_n = \frac{h^2}{8ma^2} n^2 \quad \text{mit } n = 1, 2, 3, \ldots$$

Betrachten Sie das Wasserstoffatom in erster Näherung als linearen Potentialtopf der Länge $a = 10^{-10}$ m. Wie groß ist die Energie des Elektrons im Grundzustand in Elektronenvolt? Zeigen Sie, dass diese Energie von gleicher Größenordnung ist wie die Energie, die nach der Balmer-Formel benötigt wird, um das Wasserstoffatom aus dem Grundzustand heraus zu ionisieren. (5 BE)

5. Angenommen, Elektronen befänden sich in einem Atomkern, der einen typischen Durchmesser von $d = 1{,}5 \cdot 10^{-14}$ m haben soll. Betrachten Sie den Atomkern als linearen Potentialtopf mit unendlich hohen Wänden der Breite d und berechnen Sie die Energie eines Elektrons im Grundzustand dieses Potentialtopfs. Welche Masse m hätte das Elektron aufgrund dieser Energie? Wieso zeigt diese Rechnung, dass sich Elektronen nicht im Kern aufhalten können? (7 BE)

Tipps und Hinweise zur Lösung von Beispielaufgabe C2

Tipps zu Teilaufgabe 1

- Beschreiben Sie zuerst sorgfältig die Bilder und achten Sie auf die mit zunehmender Trefferzahl einhergehenden Veränderungen. Versuchen Sie dann, Erklärungen zu finden.
- Denken Sie an vergleichbare Experimente mit Licht.

Tipps zu Teilaufgabe 2

- Für den Impuls benötigen Sie noch die Geschwindigkeit. Die aber steckt im Energieterm! Vergleichen Sie die beteiligten Energien.
- Die Wellenlänge erhalten Sie über die Formel nach de Broglie.

Tipps zu Teilaufgabe 3

- Welche grundlegende Regel gilt für die gleichzeitige Messung von Ort und Impuls in der Quantenmechanik? Versuchen Sie zu erläutern, wie diese Regel im vorliegenden Versuch greift.
- Stellen Sie sich vor: Ein Photon wird ausgesandt und „findet“ ein Elektron. Was muss für die Wellenlänge eines solchen Photons gelten, was für seinen Impuls? Wie wirkt sich das auf das lokalisierte Elektron aus?

Tipps zu Teilaufgabe 4

- Beachten Sie die Energieeinheiten: $1\ \text{eV} = 1\ \text{e} \cdot 1\ \text{V} = 1{,}6 \cdot 10^{-19}\ \text{J}$.
- Welche Quantenzahl n hat der Grundzustand? Was bedeutet „Ionisieren“ für die Quantenzahlen in der Serienformel?
- Die gleiche Größenordnung zweier Werte liegt vor, wenn sie in ihrer Zehnerpotenz übereinstimmen.

Tipps zu Teilaufgabe 5

- Der erste Teil der Rechnung verläuft analog zu Teilaufgabe 4.
- Verwenden Sie die Einstein'sche Energie-Masse-Beziehung. Unterscheiden Sie dabei Ruhemasse und relativistische Masse des Elektrons.
- Vergleichen Sie ihre Ergebnisse mit der Masse eines Elektrons und Protons.

Lösungen zu Beispielaufgabe C2

1. **Beschreibung der Versuchsergebnisse**
   Die ersten Elektronen, die in den beiden oberen Bildern nachgewiesen werden, scheinen an zufälligen Stellen auf den Schirm zu treffen. Nachdem jedoch immer mehr (in den unteren Bildern bis zu 70 000) Elektronen durch den Doppelspalt getreten sind, wird auf dem Schirm ein Muster erkennbar. Es werden helle Streifen sichtbar, dort wo viele Elektronen auf den Schirm getroffen sind und dunkle Streifen, wo keine oder nur sehr wenige Elektronen auftrafen. Das Bild entspricht völlig dem, das von Doppelspalt-Versuchen mit Licht bekannt ist und mit der die Welleneigenschaft des Lichts nachgewiesen und erklärt wurde.

   Erklärung der Versuchsergebnisse
   Elektronen sind demnach ebenso wie Photonen des Lichts Quantenobjekte, die außer den „körnigen" Eigenschaften Energie E, Masse m und Impuls p auch „wellige" Eigenschaften besitzen.
   Diese Eigenschaft wird mithilfe einer Wahrscheinlichkeitswelle ψ, die eine bestimmte Wellenlänge λ besitzt, beschrieben. Zwar entspricht die Wahrscheinlichkeitswelle ψ selbst keiner messbaren physikalischen Größe, dafür aber ihr Quadrat ψ^2: Dieses gibt die Wahrscheinlichkeit an, ein Elektron in einem bestimmten Volumenelement ΔV anzutreffen bzw. nachzuweisen.

2. **Impuls der Elektronen**
   Der Impuls p eines Teilchens ist durch das Produkt aus Masse und Geschwindigkeit definiert:

   $$p = m \cdot v \qquad (*)$$

   Die Geschwindigkeit gewinnt man aus der Bilanz der beteiligten Energien. Die kinetische Energie der Elektronen stammt aus der Beschleunigung im elektrischen Feld:

   $$E_{kin} = E_{elektrisch}$$

   $$\frac{1}{2} \cdot m \cdot v^2 = e \cdot U \quad \Rightarrow \quad v = \sqrt{\frac{2 \cdot e \cdot U}{m}}$$

   Dieser Term kann jetzt in (*) eingesetzt werden:

   $$p = m \cdot \sqrt{\frac{2 \cdot e \cdot U}{m}} = \sqrt{2 \cdot m \cdot e \cdot U}$$

   $$= \sqrt{2 \cdot 9{,}11 \cdot 10^{-31}\,kg \cdot 1{,}60 \cdot 10^{-19}\,C \cdot 150\,V}$$

   $$= 6{,}61 \cdot 10^{-24} \sqrt{kg \cdot C \cdot V} = \underline{\underline{6{,}61 \cdot 10^{-24}\,\frac{kg \cdot m}{s}}}$$

   Einheitenkontrolle:

   $$1\sqrt{kg \cdot C \cdot V} = 1\sqrt{kg \cdot As \cdot V} = 1\sqrt{kg \cdot Nm} = 1\sqrt{kg \cdot \frac{kg \cdot m^2}{s^2}} = 1\,\frac{kg \cdot m}{s}$$

Wellenlänge der Wahrscheinlichkeitswelle
Die zugehörige Wellenlänge lässt sich jetzt durch Einsetzen in die Formel für die Materiewellenlänge nach de Broglie berechnen:

$$\lambda = \frac{h}{p} = \frac{6{,}63 \cdot 10^{-34}\,\text{Js}}{6{,}61 \cdot 10^{-24}\,\frac{\text{kg}\cdot\text{m}}{\text{s}}} = \underline{\underline{1{,}00 \cdot 10^{-10}\,\text{m}}}$$

Aus den Versuchen mit Licht wissen wir, dass die beugenden Objekte (hier Spaltabstand) in der Größenordnung der benutzten Wellenlänge sein müssen. Für diese Aufgabe bedeutet das, der Spaltabstand muss in der Größenordnung von 100 pm sein.

3. **„Beobachtung" von Elektronen**
Solche Versuche sind grundsätzlich nicht möglich, weil Ort und Impuls eines Quantenobjekts nicht gleichzeitig bestimmt werden können (Aussage der Heisenberg'schen Unschärferelation).
Würde man in dem genannten Beispiel den Impuls p der „beobachtenden" Photonen genügend groß und damit nach $\lambda = \frac{h}{p}$ die Wellenlänge λ genügend klein machen (vergleichbar mit dem Spaltabstand), könnte zwar festgestellt werden, dass ein Elektron durch einen bestimmten Spalt fliegt, weil das reflektierte Photon über den Ort des Zusammenstoßes Auskunft geben würde. Aber der Impuls des Elektrons und damit auch seine Wellenlänge würden durch den Stoß mit dem Photon in merklicher, unkontrollierter Weise verändert. Dadurch würde die Interferenzfigur verschwinden. Es könnte also aus der Interferenzfigur keine Wellenlänge und damit auch nicht der Impuls des Elektrons ermittelt werden.

4. **Energie im linearen Potentialtopf**
Mit der angegebenen Formel für die Energie im linearen Potentialtopf mit unendlich hohen Wänden folgt durch Einsetzen:

$$E_1 = \frac{h^2}{8 \cdot m \cdot a^2} \cdot 1^2 = \frac{(6{,}63 \cdot 10^{-34}\,\text{Js})^2}{8 \cdot 9{,}11 \cdot 10^{-31}\,\text{kg} \cdot (1 \cdot 10^{-10}\,\text{m})^2}$$

$$= 6{,}04 \cdot 10^{-18}\,\text{J} = \frac{6{,}04 \cdot 10^{-18}}{1{,}60 \cdot 10^{-19}}\,\text{eV}$$

$$= \underline{\underline{37{,}6\,\text{eV}}}$$

Vergleich mit Energien nach der Balmer-Formel

Die allgemeine Serienformel für beliebige Quantenzahlen $n_2 > n_1$ wird im Angabentext ungenau als „Balmer-Formel" bezeichnet. Diese stellt einen Spezialfall für $n_1 = 2$ dar und liefert das Spektrum der sichtbaren Linien des H-Atoms. Da hier aber nach der Ionisierungsenergie aus dem Grundzustand ($n_1 = 1$) gefragt ist, ist die zutreffende Serienformel diejenige der so genannten Lyman-Serie.

Die allgemeine Serienformel für das Wasserstoffatom lautet

$$f = R_H \cdot \left(\frac{1}{n_1^2} - \frac{1}{n_2^2} \right), \qquad (**)$$

wobei die Rydbergfrequenz (Rydbergkonstante) $R_H = 3{,}29 \cdot 10^{15}$ Hz beträgt.

In manchen Formelsammlungen wird auch

$$\frac{1}{\lambda} = R_y \cdot \left(\frac{1}{n_1^2} - \frac{1}{n_2^2} \right)$$

benutzt, wobei $R_y = \frac{R_H}{c}$ ist. Beide Formeln sind gleichwertig.

Ionisieren bedeutet in diesem Modell Zufuhr von soviel Photonenenergie $E = h \cdot f$, dass der Übergang des Elektrons von $n_1 = 1$ (Grundzustand) nach $n_2 \to \infty$ (Ionisation) möglich wird. Mit der Serienformel (**) folgt:

$$E = h \cdot f = h \cdot R_H \cdot \left(\frac{1}{n_1^2} - \frac{1}{n_2^2} \right) = 6{,}63 \cdot 10^{-34}\,\text{Js} \cdot 3{,}29 \cdot 10^{15}\,\frac{1}{s} \cdot \left(\frac{1}{1^2} - 0 \right)$$

$$= 2{,}18 \cdot 10^{-18}\,\text{J} = 13{,}6\,\text{eV}$$

Der Vergleich zeigt: 13,6 eV und 37,6 eV sind von der gleichen Größenordnung.

5. **Energie im linearen Potentialtopf des Kerns**

Mit der Formel für die Energie im linearen Potentialtopf mit unendlich hohen Wänden folgt durch Einsetzen analog zu Teilaufgabe 4 mit veränderter Ausdehnung $a = d = 1{,}5 \cdot 10^{-14}$ m:

$$E_1 = \frac{h^2}{8 \cdot m_0 \cdot a^2} \cdot 1^2 = \frac{(6{,}63 \cdot 10^{-34}\,\text{Js})^2}{8 \cdot 9{,}11 \cdot 10^{-31}\,\text{kg} \cdot (1{,}5 \cdot 10^{-14}\,\text{m})^2}$$

$$= 2{,}68 \cdot 10^{-10}\,\text{J} = 1{,}68 \cdot 10^9\,\text{eV} = \underline{\underline{1{,}68\,\text{GeV}}}$$

Zur Unterscheidung von der relativistischen Masse m ist die Ruhemasse des Elektrons hier mit m_0 bezeichnet.

Masse des Elektrons

Mit der Einstein'schen Beziehung $E = m \cdot c^2$ zwischen Masse und Energie lässt sich die aus E_1 resultierende Masse berechnen:

$$m = \frac{E_1}{c^2} = \frac{2{,}68 \cdot 10^{-10}\,\text{J}}{(3 \cdot 10^8\,\frac{m}{s})^2} \approx \underline{\underline{3 \cdot 10^{-27}\,\text{kg}}}$$

Diese Masse wäre sehr groß! Sie beträgt das $\frac{3 \cdot 10^{-27}\,\text{kg}}{9{,}11 \cdot 10^{-31}\,\text{kg}} \approx 3\,300$-fache der Ruhemasse des Elektrons und das $\frac{3 \cdot 10^{-27}\,\text{kg}}{1{,}67 \cdot 10^{-27}\,\text{kg}} \approx 1{,}8$-fache der Masse eines Protons.

Wären derartig schwere Teilchen im Kern, würde man erhebliche höhere atomare Massen der einzelnen Elemente erwarten, als sie in der Realität gemessen werden (z. B. mit Massenspektrometern).

Abiturprüfung Physik (Hessen) – Leistungskurs
Beispielaufgabe A1: Elektrische und magnetische Felder

Leiterschleife im Magnetfeld

Die Aufgabe entspricht einem Drittel eines Abiturvorschlags (eine von drei gleichgewichteten Aufgaben eines Vorschlags).

Bezug: Handreichungen zum Lehrplan Physik LK 12.1, Elektrisches Feld, Magnetisches Feld, Ladungsträger in magnetischen Feldern
Thema: Bewegung von Ladungsträgern in den Feldern, Induktion

Die nebenstehende Abbildung zeigt einen Versuchsaufbau, bei dem der Raum unterhalb der horizontal liegenden Ebene E von einem homogenen Magnetfeld der Stärke B = 1,60 T erfüllt ist. Unmittelbar über dieser Ebene befindet sich eine sehr lange, starre Leiterschleife der Breite b = 0,400 m. Die Leiterschleife habe die Gesamtmasse 200 g. Die durch die Leiterschleife aufgespannte Ebene und die Richtung der Magnetfeldlinien verlaufen senkrecht zueinander.

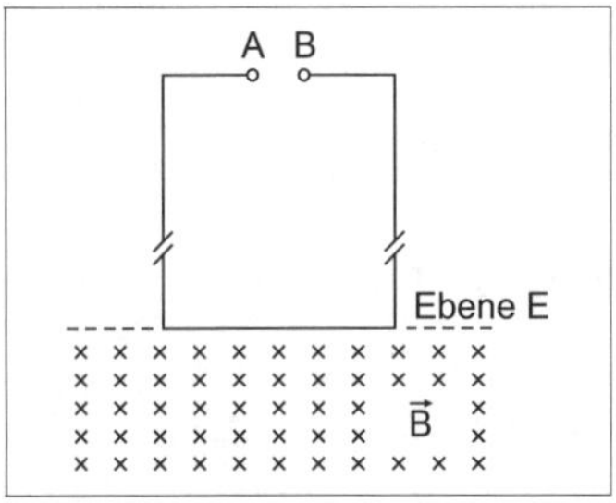

Abb. 1

1. Die Leiterschleife wird nun teilweise in das Magnetfeld eingetaucht, sodass die Anschlüsse A und B noch außerhalb des Magnetfeldes sind. An den Anschlüssen A und B wird eine Stromquelle angeschlossen. Bestimmen Sie Stromstärke und -richtung in der Leiterschleife, wenn auf die Aufhängung der Leiterschleife keine Kraft wirken soll. (7 BE)

2. Nun wird die Leiterschleife mit der konstanten Geschwindigkeit $v = 2{,}00\ \frac{\text{cm}}{\text{s}}$ in das Magnetfeld hineinbewegt. Welche Spannung wird zwischen den Anschlüssen A und B dabei induziert? (7 BE)

3. Leiten Sie allgemein die Spannung zwischen den Punkten A und B für beliebiges v und beliebiges B mithilfe der Lorentzkraft her. (10 BE)

4. Die Leiterschleife soll sich nun zunächst ruhend unmittelbar oberhalb der Ebene E befinden. Diesmal fällt sie in das Magnetfeld hinein (idealer freier Fall). Bestimmen Sie den zeitlichen Verlauf der induzierten Spannung quantitativ. (8 BE)

5. Man führt den gleichen Versuch wie in Aufgabenteil 4 durch, schließt jedoch vorher die Leiterschleife kurz. Die kurzgeschlossene Leiterschleife habe einen Gesamtwiderstand von $R = 5\ \Omega$. Beschreiben und erklären Sie den zeitlichen Verlauf der Beschleunigung und der Geschwindigkeit der Leiterschleife qualitativ, solange diese sich noch nicht vollständig im Magnetfeld befindet. Berechnen Sie die Grenzgeschwindigkeit v_0. (8 BE)

Tipps und Hinweise zur Lösung von Beispielaufgabe A1

Tipps zu Teilaufgabe 1

- Welche Kraft wirkt auf das waagrechte Leiterstück im Magnetfeld, wenn es von einem Strom durchflossen wird? Welchen Betrag und welche Richtung muss diese Kraft besitzen? Was folgt daraus für die Stromrichtung?
- Verwenden Sie einen Kräfteansatz und schlagen Sie die zugehörigen Formeln gegebenenfalls in Ihrer Formelsammlung nach.

Tipps zu Teilaufgabe 2

- Wenden Sie das Induktionsgesetz auf die Leiterschleife an.
- Drücken Sie die zeitlich sich ändernde Größe durch die Geschwindigkeit der Leiterschleife aus.

Tipps zu Teilaufgabe 3

- Hier sollen Sie das Induktionsgesetz in der Form, wie Sie es in Teilaufgabe 2 benutzt haben, herleiten.
- Was passiert mit den Elektronen, die sich im waagerechten Teil der Leiterschleife befinden, während der Bewegung nach unten? Wie lange dauert dieser Vorgang an? Betrachten Sie die beteiligten Kräfte.
- Im Gleichgewichtszustand ist die Situation mit einem Kondensator vergleichbar. Welche Beziehung gilt dort für die elektrische Feldstärke?

Tipps zu Teilaufgabe 4

- Verwenden Sie den Ansatz aus Teilaufgabe 2.
- Beachten Sie, dass sich die Geschwindigkeit durch den freien Fall ändert.

Tipps zu Teilaufgabe 5

- Was bewirkt die induzierte Spannung in der kurzgeschlossenen Leiterschleife? Was folgt daraus unter Berücksichtigung der Lenz'schen Regel?
- Im Grenzfall (Grenzgeschwindigkeit v_0) gleichen sich Gewichtskraft und Lorentzkraft aus. Berechnen Sie v_0 ausgehend von diesem Kräftegleichgewicht.

Lösungen zu Beispielaufgabe A1

1. Die Gewichtskraft der Leiterschleife muss durch die Kraft des stromdurchflossenen Leiters im Magnetfeld (Lorentzkraft) kompensiert werden. Die Gewichtskraft wirkt nach unten. Damit die Lorentzkraft der Gewichtskraft entgegen wirkt, muss der Strom von B nach A fließen (Drei-Finger-Regel der linken Hand). Damit ist A der Pluspol und B der Minuspol der Spannungsquelle. Die Gewichtskraft der Leiterschleife beträgt:

$$F_G = m \cdot g = 0{,}200\ \text{kg} \cdot 9{,}81\ \frac{\text{m}}{\text{s}^2} = 1{,}962\ \text{N}$$

Der Betrag der Lorentzkraft muss also 1,962 N betragen:

$$F_L = b \cdot I \cdot B = 1{,}962\ \text{N} \quad \Leftrightarrow \quad I = \frac{F_L}{b \cdot B} = \frac{1{,}962\ \text{N}}{0{,}400\ \text{m} \cdot 1{,}60\ \text{T}} \approx \underline{\underline{3{,}07\ \text{A}}}$$

2. Hier muss das Induktionsgesetz angewendet werden:

$$|U_{ind}| = -n \cdot \dot{\Phi} \quad \text{mit } n = 1 \text{ (Anzahl der Windungen)}$$

Die magnetische Feldstärke ist konstant. Bei diesem Versuch ändert sich die von den Feldlinien durchsetzte Fläche A der Leiterschleife, d. h.:

$$|U_{ind}| = \frac{d(AB)}{dt} = \dot{A} \cdot B = b \cdot \dot{s} \cdot B$$

Die zeitliche Änderung der Fläche $\dot{A}$ lässt sich schreiben als Breite b multipliziert mit der zeitlichen Änderung $\dot{s}$ der Höhe s. $\dot{s}$ entspricht der Geschwindigkeit v der Leiterschleife:

$$|U_{ind}| = b \cdot v \cdot B = 0{,}400\ \text{m} \cdot 0{,}0200\ \frac{\text{m}}{\text{s}} \cdot 1{,}60\ \text{T} = \underline{\underline{0{,}0128\ \text{V}}}$$

3. Herzuleiten ist das Induktionsgesetz für einen bewegten Leiter im homogenen Magnetfeld. Dabei wird nur der waagerechte Teil des Leiters betrachtet, da sich die Kräfte auf die anderen im Magnetfeld befindlichen Leiterteile ausgleichen. Die Elektronen in der Leiterschleife erfahren durch die Bewegung nach unten eine nach links gerichtete Lorentzkraft $F_L = e \cdot v \cdot B$ (Drei-Finger-Regel der linken Hand). Im waagerechten Teil der Leiterschleife der Breite b entsteht durch die Ladungsverschiebung ein elektrisches Feld. Die daraus resultierende elektrische Kraft F_{el} zeigt nach rechts. Die Elektronen werden solange verschoben, bis sich ein Kräftegleichgewicht zwischen der Lorentzkraft und der elektrischen Kraft einstellt. Dann gilt:

$$F_L = F_{el} \quad \Leftrightarrow \quad e \cdot v \cdot B = e \cdot E$$

Das Leiterstück verhält sich dabei wie ein Kondensator, deshalb gilt für die elektrische Feldstärke $E = \frac{U_{ind}}{b}$. Einsetzen liefert für die Induktionsspannung:

$$e \cdot v \cdot B = e \cdot \frac{U_{ind}}{b} \quad \Leftrightarrow \quad \underline{\underline{U_{ind} = b \cdot v \cdot B}}$$

4. Ausgangspunkt ist hier wiederum das Induktionsgesetz aus den Teilaufgaben 2 bzw. 3. Jetzt ist allerdings zu beachten, dass sich die Geschwindigkeit v und damit auch die Induktionsspannung U_{ind} infolge des freien Falls mit der Zeit ändern:

$$U_{ind}(t) = b \cdot v(t) \cdot B$$

Für die Geschwindigkeit eines gleichmäßig beschleunigten Körpers gilt die Formel $v = g \cdot t$, sodass folgt:

$$U_{ind}(t) = b \cdot g \cdot t \cdot B = 0{,}400\ \text{m} \cdot 9{,}81\ \frac{\text{m}}{\text{s}^2} \cdot t \cdot 1{,}60\ \text{T} \approx \underline{\underline{6{,}28\ \frac{\text{V}}{\text{s}} \cdot t}}$$

Der Graph der Funktion $U_{ind}(t)$ entspricht im t-U_{ind}-Koordinatensystem einer Ursprungsgeraden.

5. In der fallenden Leiterschleife wird eine Spannung induziert, solange sie noch nicht vollständig in das Magnetfeld eintaucht. Da die Leiterschleife kurzgeschlossen ist, kann ein Strom fließen. Durch diesen Elektronenfluss wirkt auf den Leiter zusätzlich zur Gewichtskraft noch die Lorentzkraft. Nach der Lenz'schen Regel wirkt die Lorentzkraft der Ursache entgegen, d. h. die resultierende Kraft nach unten wird reduziert und die Beschleunigung der Leiterschleife ist geringer als die der offenen Leiterschleife aus Teilaufgabe 4.
Die Gewichtskraft ist während des Fallens immer konstant. Die Lorentzkraft ist dagegen abhängig von der Fallgeschwindigkeit v und steigt mit zunehmender Geschwindigkeit. Im Grenzfall sind beide Kräfte betragsmäßig gleich (die resultierende Kraft ist dann null und die Schleife fällt mit konstanter Geschwindigkeit v_0):

$$F_G = F_L \quad \Leftrightarrow \quad m \cdot g = b \cdot I \cdot B \qquad (*)$$

Bei konstanter Temperatur gilt das ohmsche Gesetz:

$$U = R \cdot I \quad \Leftrightarrow \quad I = \frac{U_{ind}}{R} = \frac{b \cdot v_0 \cdot B}{R}$$

Einsetzen in (*) liefert:

$$m \cdot g = b \cdot \frac{b \cdot v_0 \cdot B}{R} \cdot B = \frac{b^2 \cdot v_0 \cdot B^2}{R}$$

$$\Leftrightarrow \quad v_0 = \frac{m \cdot g \cdot R}{b^2 \cdot B^2} = \frac{0{,}200\ \text{kg} \cdot 9{,}81\ \frac{\text{m}}{\text{s}^2} \cdot 5\ \Omega}{(0{,}400\ \text{m})^2 \cdot (1{,}60\ \text{T})^2} \approx \underline{\underline{24\ \frac{\text{m}}{\text{s}}}}$$

Abiturprüfung Physik (Hessen) – Leistungskurs
Beispielaufgabe A2: Elektrische und magnetische Felder

Elektronen in magnetischen und elektrischen Feldern

Die Aufgabe entspricht einem Drittel eines Abiturvorschlags (eine von drei gleichgewichteten Aufgaben eines Vorschlags).

Bezug: Handreichungen zum Lehrplan Physik LK 12.1, Elektrisches Feld, Magnetisches Feld, Ladungsträger in magnetischen Feldern, Lorentzkraft
Thema: Bewegung von Ladungsträgern in den Feldern, Funktionsweise der Elektronenkanone

Mit der in Abbildung 1 skizzierten Versuchsanordnung sollen die Geschwindigkeit v und die Masse m von Elektronen experimentell bestimmt werden. Die in einer (hier nicht abgebildeten) „Elektronenkanone" auf die Geschwindigkeit v beschleunigten Elektronen treten durch die Blende Bl_1 in ein homogenes Magnetfeld $\vec{B}$ ein. Nach Durchlaufen der Blenden Bl_2 und Bl_3 gelangen sie in einen Kondensator mit zylindrischen Begrenzungsplatten, in dem die elektrische Feldstärke $\vec{E}$ so eingestellt wird, dass sich die Elektronen auf einem zweiten Kreisbogen vom Radius R bewegen. Die bei der Blende Bl_4 austretenden Elektronen werden mit einem Zählrohr ZR registriert.

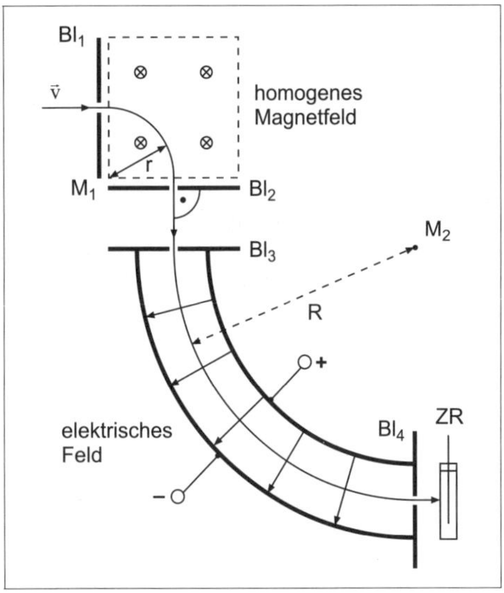

Abb. 1

1. Erläutern Sie den prinzipiellen Aufbau und die Funktionsweise einer „Elektronenkanone", die freie Elektronen mit der Geschwindigkeit v erzeugt.
   Leiten Sie eine Gleichung zur Berechnung der Geschwindigkeit v (nichtrelativistisch) her, mit der die Elektronen diese Beschleunigungseinheit verlassen. (10 BE)

2. Begründen Sie, welche Form die Bahnkurve der Elektronen im Magnetfeld B hat, und erklären Sie, warum Elektronen die gesamte Anordnung mit konstantem Geschwindigkeitsbetrag durchlaufen. (4 BE)

3. Leiten Sie allgemein einen Term für den Geschwindigkeitsbetrag v und die Masse m der Elektronen, die im Zählrohr registriert werden, in Abhängigkeit von den Größen r, R, B und E her.
[Zwischenergebnis: $v = \frac{E \cdot R}{r \cdot B}$] (9 BE)

4. Für die geometrischen Daten der Anordnung gilt $r = 0{,}5$ m; $R = 2{,}0$ m. Da die zylindrischen Platten des Kondensators nur einen Abstand $d = 2$ cm haben, kann man das elektrische Feld als homogen ansehen. An den beiden Platten liegt die Spannung U_A an. In einer Versuchreihe werden Elektronen auf verschiedene Geschwindigkeiten beschleunigt und es wird die Spannung U_A sowie die magnetische Flussdichte B gemessen, wenn die Elektronen im Zählrohr registriert werden. Dabei ergaben sich für eine Messung folgende Werte: $U_A = 10{,}68$ kV und $B = 7{,}76$ mT. Berechnen Sie den Geschwindigkeitsbetrag v und die Masse m der Elektronen. (5 BE)

„Das wichtigste Ergebnis der speziellen Relativitätstheorie betraf die träge Masse körperlicher Systeme. Es ergab sich, dass die Trägheit eines Systems von seinem Energieinhalt abhängen müsse und man gelangte geradezu zur Auffassung, dass träge Masse nichts anderes sei als latente Energie." A. Einstein, 1919

Die träge Masse eines Körpers hängt von seiner Geschwindigkeit ab und man spricht in diesem Zusammenhang von der Ruhemasse m_0, wenn der Körper im Bezugssystem die Geschwindigkeit null hat. Hat der Körper im Bezugssystem die Geschwindigkeit v, so ergibt sich folgender Zusammenhang zwischen Ruhemasse m_0 und tatsächlicher Masse m:

$$m = \frac{m_0}{\sqrt{1 - \frac{v^2}{c^2}}}$$

5. Zeigen Sie, dass die oben genannten Messergebisse diesen relativistischen Zusammenhang zwischen m und v bestätigen.
[Zwischenergebnisse: $m = 2{,}26 \cdot 10^{-30}$ kg; $v = 2{,}75 \cdot 10^8\ \frac{m}{s}$] (3 BE)

6. Die oben angesprochene Äquivalenz von Masse und Energie liefert die folgende Formel zur relativistischen Berechnung der kinetischen Energie:

$$E_{kin} = (m - m_0) \cdot c^2$$

Berechnen Sie für die Messwerte der ersten Messung die kinetische Energie der Elektronen. Welche Spannung müssen die Elektronen in der „Elektronenkanone" durchlaufen haben? (4 BE)

7. Mit demselben Versuch sollen Protonen untersucht werden. Der geometrische Aufbau wird nicht verändert. Begründen Sie, wie man die Spannungen und Feldstärken im Verhältnis zum Elektron verändern muss, wenn das Proton mit der gleichen Geschwindigkeit die Apparatur durchfliegen soll. (5 BE)

Tipps und Hinweise zur Lösung von Beispielaufgabe A2

Tipps zu Teilaufgabe 1

- Fertigen Sie eine Skizze einer Elektronenkanone an und erklären Sie die Funktion der verwendeten Bauteile.
- Wesentliche Bauteile sind: Glühkatode, Beschleunigungskondensator, Vakuumröhre. Vergessen Sie nicht die Angabe der elektrischen Anschlüsse (Polung).
- Verwenden Sie zur Herleitung der Gleichung der Geschwindigkeit der Elektronen einen Energieansatz.

Tipps zu Teilaufgabe 2

- Wie sind Geschwindigkeitsvektor $\vec{v}$ und Kraftvektor $\vec{F}$ im Magnetfeld zueinander gerichtet? Erinnern Sie sich dabei an Kreisbewegungen.
- Überlegen Sie, wann eine Kraft in der Lage ist die Geschwindigkeit eines Teilchens zu verändern und wann nicht. Beachten Sie, dass in der Aufgabenstellung vom Durchlaufen der *gesamten* Anordnung die Rede ist.

Tipps zu Teilaufgabe 3

- Die Gedanken aus Teilaufgabe 2 sollen jetzt in Formeln beschrieben werden. Verwenden Sie einen Kräfteansatz.
- Zunächst wirkt im Magnetfeld die Lorentzkraft, anschließend in diesem speziellen elektrischen Feld die elektrische Kraft als Zentralkraft. Die beiden Ansätze liefern eine Formel für die Geschwindigkeit und für die Masse. Die Zusammenfassung dieser beiden Formeln ergibt die gesuchten Terme.

Tipp zu Teilaufgabe 4

- Setzen Sie nach Berechnung der elektrischen Feldstärke E alle benötigten Werte in die Formeln für v und m_e aus Teilaufgabe 3 ein.

Tipp zu Teilaufgabe 5

- Die Bestätigung erfolgt durch einen Vergleich von relativistisch berechneter Masse mit der angegebenen Formel und dem Ergebnis der auf Grundlage der Messung berechneten Masse aus Teilaufgabe 4.

Tipps zu Teilaufgabe 6

- Durch Einsetzen der entsprechenden Werte in die angegebene Formel für die kinetische Energie erhält man einen Wert in der Einheit Joule.
- Eine Umrechnung in Elektronenvolt erleichtert die Bestimmung der Beschleunigungsspannung.

Tipp zu Teilaufgabe 7

- Welche Ladung und welche Masse besitzt ein Proton im Vergleich zum Elektron? Was folgt hieraus für die Größe der Beschleunigungsspannung sowie die Größe und Richtung des magnetischen und des elektrischen Feldes (die Radien bleiben gleich)?

Lösungen zu Beispielaufgabe A2

1. In Abbildung 2 ist der prinzipielle Aufbau einer Elektronenkanone dargestellt. Die wesentlichen Bestandteile der Kanone sind eine Glühwendel und ein Beschleunigungskondensator, die sich in einer Vakuumröhre befinden.

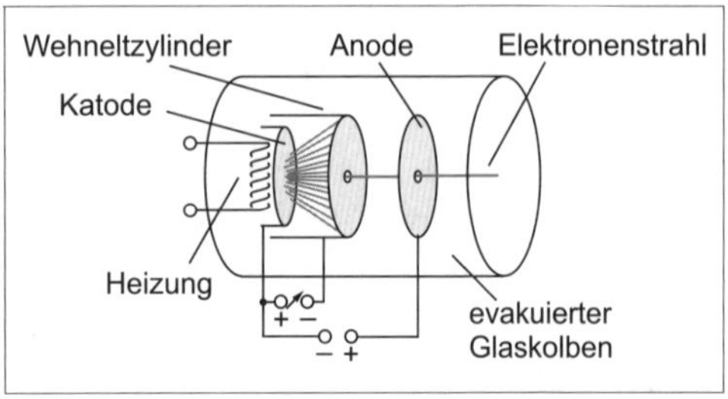

Abb. 2

Eine Skizze ist für die Antwort zwar nicht verlangt, aber sehr empfehlenswert. Der Wehneltzylinder wird nicht verlangt, kann aber hinzugefügt werden. Durch seine leicht negative Polung sorgt er für eine Bündelung der Elektronen.

Durch den glühelektrischen Effekt werden Elektronen aus der Glühwendel emittiert, die dann als freie Elektronen im elektrischen Feld des Beschleunigungskondensators abgesaugt und zur Anode beschleunigt werden. Durch ihre Trägheit fliegen die Elektronen durch das Loch in der Anode.
Die Elektronen werden im elektrischen Feld des Kondensators beschleunigt: An Ihnen wird die Beschleunigungsarbeit $W_{el} = q \cdot U_B = e \cdot U_B$ verrichtet, aus der die kinetische Energie $E_{kin} = \frac{1}{2} \cdot m \cdot v^2$ der Elektronen resultiert (nichtrelativistische Rechnung). Nach dem Durchlaufen des Kondensators gilt folglich für die Geschwindigkeit der Elektronen:

$$W_{el} = E_{kin} \quad \Leftrightarrow \quad q \cdot U_B = e \cdot U_B = \frac{1}{2} \cdot m_e \cdot v^2 \quad \Rightarrow \quad \underline{\underline{v = \sqrt{\frac{2 \cdot e \cdot U_B}{m_e}}}}$$

2. Im homogenen Magnetfeld wirkt auf die bewegten Elektronen die Lorentzkraft. Diese Kraft steht immer senkrecht auf der Bewegungsrichtung der Elektronen (Drei-Finger-Regel der linken Hand), d. h. die Lorentzkraft wirkt als Zentralkraft. Die Elektronen werden also auf **Kreisbahnen** abgelenkt.
Der Radius dieser Kreisbahnen hängt von der Geschwindigkeit v der Elektronen ab. Zu einem bestimmten Radius gehört eine bestimmte Geschwindigkeit, d. h., alle Elektronen, die die Blende Bl2 verlassen, haben das Magnetfeld mit dem Radius r durchlaufen und besitzen daher eine gemeinsame Geschwindigkeit.
Da die Lorentzkraft stets senkrecht zur Bewegungsrichtung der Elektronen gerichtet ist, wird während des Durchlaufens des Magnetfelds nur die Richtung, nicht aber der Betrag des Geschwindigkeitsvektors geändert. Die Elektronen gelangen daher mit konstanter Geschwindigkeit in den zylindrischen Plattenkondensator und erfahren dort wiederum eine zur Bewegungsrichtung senkrechte Kraft, die elektrische Feldkraft, sodass sie mit unverändertem Geschwindigkeitsbetrag die Anordnung verlassen.

3. Im homogenen Magnetfeld wirkt die Lorentzkraft F_L als Zentralkraft F_Z:

$$F_L = F_Z \quad \Leftrightarrow \quad e \cdot v \cdot B = \frac{m_e \cdot v^2}{r} \quad \Rightarrow \quad v = \frac{r \cdot e \cdot B}{m_e} \qquad (1)$$

In diesem speziellen zylindrischen Kondensator fliegen die Elektronen ebenfalls auf einer Kreisbahn, die zugehörige Zentralkraft ist jetzt die elektrische Kraft F_{el}:

$$F_{el} = F_Z \quad \Leftrightarrow \quad e \cdot E = \frac{m_e \cdot v^2}{R} \quad \Rightarrow \quad m_e = \frac{e \cdot E \cdot R}{v^2} \qquad (2)$$

Durch Einsetzen von (2) in die Formel (1) erhält man für v:

$$v = \frac{r \cdot e \cdot B \cdot v^2}{e \cdot E \cdot R} \quad \Leftrightarrow \quad \underline{\underline{v = \frac{E \cdot R}{B \cdot r}}} \qquad (3)$$

Dies eingesetzt in (2) liefert den gesuchten Term für m_e:

$$m_e = \frac{e \cdot E \cdot R \cdot B^2 \cdot r^2}{E^2 \cdot R^2} \quad \Leftrightarrow \quad \underline{\underline{m_e = \frac{e \cdot B^2 \cdot r^2}{E \cdot R}}} \qquad (4)$$

4. Für das homogene elektrische Feld des Plattenkondensators gilt:

$$E = \frac{U_A}{d} = \frac{10{,}68\ \text{kN}}{0{,}02\ \text{m}} = 5{,}34 \cdot 10^5\ \frac{\text{V}}{\text{m}}$$

Um die Geschwindigkeit v und die Masse m_e auszurechnen, setzt man diese und die gegebenen Größen in die Formeln (3) und (4) aus Teilaufgabe 3 ein:

$$v = \frac{E \cdot R}{B \cdot r} = \frac{5{,}34 \cdot 10^5\ \frac{\text{V}}{\text{m}} \cdot 2{,}0\ \text{m}}{7{,}76 \cdot 10^{-3}\ \text{T} \cdot 0{,}5\ \text{m}} \approx \underline{\underline{2{,}75 \cdot 10^8\ \frac{\text{m}}{\text{s}}}}$$

$$m_e = \frac{e \cdot B^2 \cdot r^2}{E \cdot R} = \frac{1{,}60 \cdot 10^{-19}\,\text{C} \cdot (7{,}76 \cdot 10^{-3}\,\text{T})^2 \cdot (0{,}5\ \text{m})^2}{5{,}34 \cdot 10^5\ \frac{\text{V}}{\text{m}} \cdot 2{,}0\ \text{m}} \approx \underline{\underline{2{,}26 \cdot 10^{-30}\ \text{kg}}}$$

5. Die in Aufgabenteil 4 auf Grundlage der Messung berechnete Masse beträgt $m_{Mess} = 2{,}26 \cdot 10^{-30}$ kg. Nach der in der Aufgabe angegebenen relativistischen Massenformel ergibt sich für die relativistische Elektronenmasse unter Berücksichtigung der Geschwindigkeit $v = 2{,}75 \cdot 10^8\ \frac{\text{m}}{\text{s}} \approx 0{,}917 \cdot c$:

$$m_{rel} = \frac{m_0}{\sqrt{1 - \frac{v^2}{c^2}}} = \frac{9{,}11 \cdot 10^{-31}\ \text{kg}}{\sqrt{1 - \frac{(2{,}75 \cdot 10^8\ \frac{\text{m}}{\text{s}})^2}{(3 \cdot 10^8\ \frac{\text{m}}{\text{s}})^2}}} \approx 2{,}28 \cdot 10^{-30}\ \text{kg}$$

Die Abweichung beträgt ca. 1 %, die relativistische Betrachtung wird somit gut bestätigt.

6. Das Einsetzen der m_{rel} (Teilaufgabe 5) und der Ruhemasse m_0 des Elektrons in die angegebene Formel für die kinetische Energie ergibt:

$$E_{kin} = (m - m_0) \cdot c^2 = (2{,}28 \cdot 10^{-30}\,\text{kg} - 9{,}11 \cdot 10^{-31}\,\text{kg}) \cdot \left(3 \cdot 10^8\,\frac{\text{m}}{\text{s}}\right)^2$$

$$\approx 1{,}23 \cdot 10^{-13}\,\text{J}$$

Um auf die Beschleunigungsspannung zu schließen ist es sinnvoll, die kinetische Energie in eV anzugeben (wegen $E_{kin} = e \cdot U_B$). Dazu muss der Wert $1{,}23 \cdot 10^{-13}$ J durch den Wert der Elementarladung ($e = 1{,}602 \cdot 10^{-19}$ C) geteilt werden:

$$E_{kin} \approx 1{,}23 \cdot 10^{-13}\,\text{J} \approx 770\,000\,\text{eV} = 770\,\text{keV}$$

Daraus lässt sich sofort ablesen: Es ist eine Beschleunigungsspannung von 770 kV nötig, um einem Elektron im elektrischen Feld diese Energie zu übertragen.

7. Ein Proton ist ungefähr um den Faktor $k \approx 1800$ schwerer als ein Elektron und besitzt eine elektrische Ladung von gleichem Betrag, aber entgegengesetztem Vorzeichen. Damit die Teilchengeschwindigkeit unverändert bleibt, folgt daraus unter Berücksichtigung der Ergebnisse aus den vorangegangenen Teilaufgaben:
   - Die Beschleunigungsspannung muss gemäß Teilaufgabe 1 um den Faktor k vergrößert werden.
   - Gemäß Teilaufgabe 3 müssen die magnetische Flussdichte B (Formel (1)) und die elektrische Feldstärke E (Formel (3)) jeweils um den Faktor k vergrößert werden.
   - Da die Protonen positiv geladen sind, muss die Richtung der beiden ablenkenden Felder jeweils umgedreht werden.

Abiturprüfung Physik (Hessen) – Leistungskurs
Beispielaufgabe B1: Mechanische und elektromagnetische Schwingungen

Schwingung im U-Rohr

Die Aufgabe entspricht einem Drittel eines Abiturvorschlags (eine von drei gleichgewichteten Aufgaben eines Vorschlags).

Bezug: Handreichungen zum Lehrplan Physik LK 12.2, Mechanische und elektromagnetische Schwingungen
Thema: Harmonische Schwingungen
Konkretisierung: lineare Rückstellkraft bei mechanischen Schwingungen, Differenzialgleichungen von Schwingungsvorgängen

Ein beiderseits offenes U-förmiges Glasrohr (Abbildung 1) ist mit Wasser gefüllt. Die Wassersäule (Gesamtlänge ℓ) in dem Rohr kann Schwingungen um ihre Gleichgewichtslage durchführen. Zu Beginn der Schwingung steht die Wassersäule in einem Schenkel mit der Anfangsamplitude s_0 über der Gleichgewichtslage.

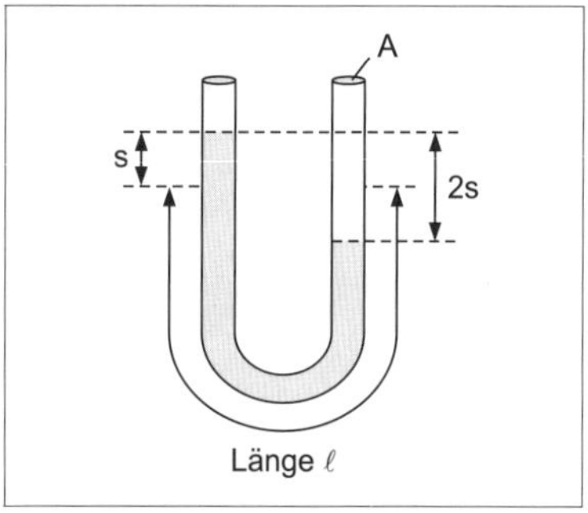

Abb. 1 U-Rohr

1. Weisen Sie nach, dass die Schwingung harmonisch ist, solange noch Wasser in beiden Schenkeln ist. Dabei soll zuerst die Reibung innerhalb der Flüssigkeit und an den Wänden vernachlässigt werden.
   Zeigen Sie, dass der Term
   $$2\rho_{H_2O} \cdot A \cdot g$$
   (ρ_{H_2O}: Dichte des Wassers; A: Querschnittsfläche) der Proportionalitätsfaktor in der Beziehung zwischen rücktreibender Kraft und Elongation ist.
   (6 BE)

2. Stellen Sie die Schwingungsdifferenzialgleichung der ungedämpften Schwingung auf. Bestimmen Sie mit einem allgemeinen Lösungsansatz das Weg-Zeit-Gesetz dieser ungedämpften Schwingung mit dem Anfangswert $s(0) = s_0$.
   Leiten Sie für die Schwingungsdauer T den Term
   $$T = 2\pi\sqrt{\frac{\ell}{2g}}$$
   her. (12 BE)

3. In der Abbildung 2 ist das s(t)-Diagramm der gedämpften U-Rohr-Schwingung für die Gesamtlänge $\ell = 2$ m aufgezeichnet. Bestimmen Sie den im Experiment ermittelten Wert für die Schwingungsdauer. Weisen Sie nach, dass eine exponentielle Abnahme der Amplitude vorliegt und ermitteln Sie die mittlere Dämpfungskonstante k für den Dämpfungsfaktor e^{-kt} anhand von mindestens 4 Messwerten und stellen Sie das s(t)-Gesetz dieser Schwingung auf.
Berechnen Sie den theoretischen Wert für die Schwingungsdauer und vergleichen Sie jetzt den theoretischen Wert der ungedämpften Schwingungsdauer mit dem experimentell ermittelten.
Was folgern Sie daraus? (18 BE)

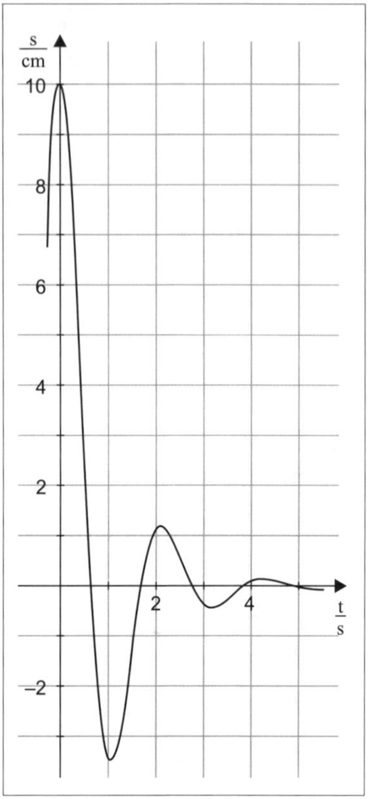

Abb. 2 s(t)-Diagramm der gedämpften U-Rohr Schwingung

4. Der linke zylindrische Teil des U-Rohres wird jetzt durch einen Trichter ersetzt (Abbildung 3).
Untersuchen Sie, ob die ungedämpfte Schwingung harmonisch bleibt. (4 BE)

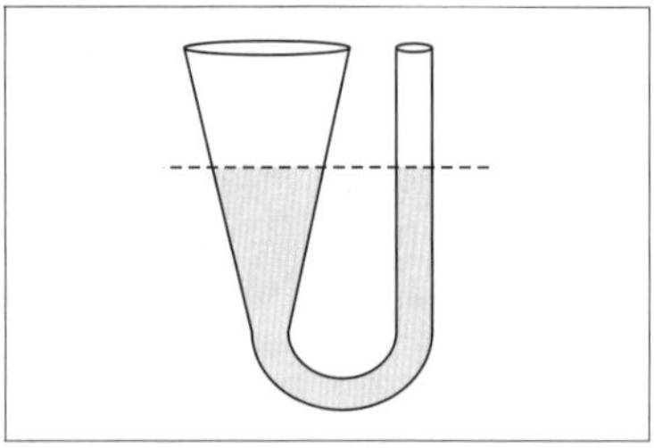
Abb. 3

Tipps und Hinweise zur Lösung von Beispielaufgabe B1

Tipps zu Teilaufgabe 1

- Der Unterschied in der Wassermenge in den beiden Schenkeln des U-Rohres ist verantwortlich für die rücktreibende Kraft F_R.
- Einer harmonischen Schwingung liegt ein lineares Kraftgesetz zugrunde.

Tipps zu Teilaufgabe 2

- Stellen Sie zur Herleitung der Differenzialgleichung einen Kräfteansatz auf.
- Die rücktreibende Kraft haben Sie in Teilaufgabe 1 ermittelt, die beschleunigende Kraft erhalten Sie aus dem grundlegenden Newton'schen Kraftgesetz.
- Die allgemeine Lösungsfunktion der Schwingungsdifferenzialgleichung ist die allgemeine Form einer Sinus- oder Cosinusfunktion. „Allgemein" bedeutet, dass die Schwingungsparameter Amplitude, Kreisfrequenz und Phase noch nicht bestimmt sind, sondern als frei wählbare Parameter in den Ansatz eingehen.
- Setzen Sie die allgemeine Lösungsfunktion und die notwendigen Zeitableitungen in die Differenzialgleichung ein und bestimmen Sie die Kreisfrequenz und daraus die Schwingungsdauer.

Tipps zu Teilaufgabe 3

- Zum Nachweis müssen Sie zeigen, dass der Dämpfungsfaktor k eine Konstante ist.
- Bestimmen Sie zunächst die anhand der Schwingungskurve die Koordinaten der Extrempunkte (Maxima und Beträge der Minima), durch die die gesuchte Dämpfungskurve verläuft, und fassen Sie diese in einer Wertetabelle zusammen.
- Bilden Sie dann den Logarithmus der nachzuweisenden Exponentialfunktion. Welche geometrische Bedeutung besitzt k im zugehörigen Graphen? Wie lässt sich k daher mithilfe der Wertetabelle bestimmen?
- Die Gleichung der gedämpften Schwingung ist das Produkt aus der Gleichung der ungedämpften Schwingung und der Dämpfungsfunktion. Beachten Sie die Anfangsbedingung der Kurve in Abbildung 2.
- Verwenden Sie zur Berechnung der theoretischen Schwingungsdauer die Formel für T aus Teilaufgabe 2.

Tipps zu Teilaufgabe 4

- Wie verhält sich die Querschnittsfläche des linken Schenkels des U-Rohres in Abhängigkeit der Auslenkung s?
- Überprüfen Sie, ob hier noch ein lineares Kraftgesetz gilt.

Lösungen zu Beispielaufgabe B1

1. Die rücktreibende Kraft, die zur Ruhelage hin gerichtet ist, ist zu jedem Zeitpunkt durch die Gewichtskraft der Wassersäule mit der Höhe 2s gegeben:

$$F_R = m_{H_2O} \cdot g$$

Drückt man die Masse des Wassers durch das Produkt aus Wasserdichte und -volumen sowie das Volumen durch das Produkt aus Grundfläche und Höhe der Säule aus, so ergibt sich:

$$F_R = \rho_{H_2O} \cdot V \cdot g = \rho_{H_2O} \cdot A \cdot 2s \cdot g$$

Da Dichte, Fläche und Erdbeschleunigung konstante Größen sind, ist $F_R \sim s$, d. h., es gilt hier ein lineares Kraftgesetz und die Schwingung ist **harmonisch**.
Der Proportionalitätsfaktor zwischen rücktreibender Kraft F_R und Elongation s beträgt:

$$\frac{F_R}{s} = \underline{\underline{2 \cdot \rho_{H_2O} \cdot A \cdot g}}$$

2. **Schwingungsdifferenzialgleichung**
Die Summe aus beschleunigender Kraft und rücktreibender Kraft ist null, d. h.:

$$F_R + F_{beschl.} = 0$$
$$2 \cdot \rho_{H_2O} \cdot A \cdot g \cdot s + m \cdot a = 0$$
$$2 \cdot \rho_{H_2O} \cdot A \cdot g \cdot s + m \cdot \ddot{s} = 0$$

Die Masse m ist hierbei die Gesamtmasse der schwingenden Wassersäule der Länge ℓ. Mit $m = \rho_{H_2O} \cdot A \cdot \ell$ ergibt sich die Differenzialgleichung:

$$2 \cdot \rho_{H_2O} \cdot A \cdot g \cdot s + \rho_{H_2O} \cdot A \cdot \ell \cdot \ddot{s} = 0$$

$$\underline{\underline{\ddot{s} + \frac{2 \cdot g}{\ell} \cdot s = 0}} \qquad (*)$$

Weg-Zeit-Gesetz und Schwingungsdauer
Der allgemeine Ansatz zum Lösen dieser Differenzialgleichung lautet:

$$s(t) = s_0 \cdot \sin(\omega \cdot t + \varphi_0) \quad \text{oder} \quad s(t) = s_0 \cdot \cos(\omega \cdot t + \varphi_0)$$

Beide Ansätze sind völlig gleichberechtigt. Wählt man z. B. die Variante mit der Sinusfunktion, so lauten die erste und die zweite Ableitung nach der Zeit:

$$\dot{s}(t) = s_0 \cdot \omega \cdot \cos(\omega \cdot t + \varphi_0)$$
$$\ddot{s}(t) = -s_0 \cdot \omega^2 \cdot \sin(\omega \cdot t + \varphi_0)$$

Einsetzen des Ansatzes sowie der zweiten Ableitung in die Differenzialgleichung (*) liefert:

$$-s_0 \cdot \omega^2 \cdot \sin(\omega \cdot t + \varphi_0) + \frac{2 \cdot g}{\ell} \cdot s_0 \cdot \sin(\omega \cdot t + \varphi_0) = 0$$

Diese Gleichung muss **für alle Zeiten t** erfüllt sein, insbesondere also auch für diejenigen Zeiten, in denen die Sinusfunktion nicht den Wert null annimmt. Für diese Fälle können wir den Sinusterm $s_0 \cdot \sin(\omega \cdot t + \varphi_0)$ ausklammern. Damit die Gleichung erfüllt ist, muss der Term in der Klammer null sein:

$$s_0 \cdot \sin(\omega \cdot t + \varphi_0) \cdot \left(-\omega^2 + \frac{2 \cdot g}{\ell}\right) = 0$$

$$-\omega^2 + \frac{2 \cdot g}{\ell} = 0 \quad \Leftrightarrow \quad \omega = \sqrt{\frac{2 \cdot g}{\ell}}$$

Für die Schwingungsdauer T ergibt sich somit:

$$T = \frac{1}{f} = 2 \cdot \pi \cdot \frac{1}{\omega} = \underline{\underline{2 \cdot \pi \cdot \sqrt{\frac{\ell}{2 \cdot g}}}}$$

3. **Messung der Schwingungsdauer**
Ausgehend vom Maximum bei $t = 0$ hat die Wassersäule bei $t = 4{,}2$ s genau zwei Schwingungen vollführt, d. h.:

$$2 \cdot T_{exp} = 4{,}2 \text{ s} \quad \Leftrightarrow \quad \underline{\underline{T_{exp} = 2{,}1 \text{ s}}}$$

Nachweis der exponentiellen Abnahme und Dämpfungskonstante
Um eine exponentielle Abnahme der Schwingung nachzuweisen, betrachtet man den Betrag der Schwingungsfunktion und untersucht, ob die Punkte gleicher Phase dieser Betragsfunktion über eine e-Funktion verbunden sind. Für die grafische Auswertung eignen sich am besten die Maxima des zugehörigen Graphen, also die Beträge der Extremwerte der Schwingungskurve in Abbildung 3: Die y-Werte der Maxima liest man unmittelbar ab; die y-Werten der Minima liest man ebenso ab und bildet den Betrag. Man erhält die Wertepaare

$$(0; 10), (1; |-3{,}5|), (2{,}1; 1{,}2), (3{,}1; |-0{,}4|) \text{ und } (4{,}2; 0{,}1).$$

Für die Dämpfungsfunktion gilt:

$$|s_{max}(t)| = e^{-k \cdot t} \quad \Rightarrow \quad \ln|s_{max}(t)| = -k \cdot t \qquad (*)$$

Die Dämpfungskonstante k ist also ein Maß für die Steigung der Geraden im t-$\ln|s_{max}|$-Diagramm. Man kann daher k über das Steigungsdreieck bestimmen. Wählt man als Zeitintervall den Abstand $\frac{T}{2}$ benachbarter Extrempunkte, so benötigt man noch die Differenzen der zugehörigen $\ln|s_{max}|$-Werte:

t in s	0	$0{,}5 \cdot T_{exp}$	$1 \cdot T_{exp}$	$1{,}5 \cdot T_{exp}$	$2 \cdot T_{exp}$
$\lvert s_{max} \rvert$ in cm	10	3,5	1,2	0,4	0,15
$\ln\lvert s_{max}\rvert$	2,30	1,25	0,18	−0,92	−1,90
$\Delta(\ln\lvert s_{max}\rvert)$	–	−1,05	−1,07	−1,1	−0,98

Die Differenzen streuen nur gering um den Mittelwert −1,05, die Steigung kann als konstant angesehen werden. Der exponentielle Abfall ist damit im Rahmen der Messgenauigkeit nachgewiesen.

Für die mittlere Dämpfungskonstante k folgt gemäß der Beziehung (∗):

$$k = -\frac{\Delta(\ln|s_{max}|)}{\frac{T}{2}} = -2 \cdot \frac{-1{,}05}{2{,}1\ \text{s}} = \underline{\underline{1{,}0\ \frac{1}{\text{s}}}}$$

s(t)-Gesetz

Der allgemeine Ansatz einer gedämpften Schwingungskurve lautet:

$$s(t) = s_0 \cdot e^{-k \cdot t} \cdot \sin(\omega \cdot t + \varphi) \quad \text{bzw.} \quad s(t) = s_0 \cdot e^{-k \cdot t} \cdot \cos(\omega \cdot t + \varphi)$$

Die Kurve in Abbildung 2 besitzt den Anfangswert $s(0) = s_{max}$, sie wird durch die Kosinusfunktion mit Phase $\varphi = 0$ beschrieben wird. Nach Einsetzen der Zahlenwerte ergibt sich:

$$\underline{\underline{s(t) = 0{,}10\ \text{m} \cdot e^{-1{,}0 \frac{1}{\text{s}} \cdot t} \cdot \cos\left(\frac{2 \cdot \pi}{2{,}1\ \text{s}} \cdot t\right)}}$$

Vergleich der Schwingungsdauern

Der theoretische Wert der Schwingungsdauer ergibt sich durch Einsetzen von ℓ und g in die in Teilaufgabe 2 hergeleitete Formel für die Schwingungsdauer T:

$$T_{theor} = 2 \cdot \pi \cdot \sqrt{\frac{\ell}{2 \cdot g}} = 2 \cdot \pi \cdot \sqrt{\frac{2\ \text{m}}{2 \cdot 9{,}81\ \frac{\text{m}}{\text{s}^2}}} \approx 2{,}0\ \text{s}$$

Die Abweichung zum oben berechneten gemessenen Wert $T_{exp} = 2{,}1$ s beträgt ca. 5 %.

Folgerung: Ein Teil der Abweichung ist sicherlich auf Messfehler zurückzuführen. Der restliche Teil ergibt sich aus dem Umstand, dass bei stark gedämpften Schwingungen die Schwingungsdauer im Laufe des Experiments vergrößert wird.

4. Da der linke Schenkel des U-Rohres keinen konstanten Querschnitt besitzt, hängt die Querschnittsfläche A von der Auslenkung s des Pendels ab. Für die rücktreibende Kraft F_R gilt jetzt:

$$F_R = 2 \cdot \rho_{H_2O} \cdot A(s) \cdot g \cdot s$$

Die rücktreibende Kraft ist somit nicht mehr proportional zur Auslenkung s, daher existiert hier kein lineares Kraftgesetz mehr und die Schwingung ist **nicht harmonisch**.

Abiturprüfung Physik (Hessen) – Leistungskurs
Beispielaufgabe B2: Mechanische Schwingungen und Wellen

Experimente mit Schallwellen

Die Aufgabe entspricht einem Drittel eines Abiturvorschlags (eine von drei gleichgewichteten Aufgaben eines Vorschlags).

Bezug: Handreichungen zum Lehrplan Physik LK 12.2, Mechanische und elektromagnetische Schwingungen
Thema: Überlagerung von Wellen, stehende Wellen, stehende Welle durch Reflexion, Wellenlängenbestimmung

Zur Verfügung stehen 1 Sinusgenerator zur Erzeugung von Schwingungen, 2 Lautsprecher (L_1 und L_2), 2 Mikrofone (M_1 und M_2) und ein Zwei-Kanal-Oszilloskop.

1. Ein Lautsprecher und ein Mikrofon werden, wie in Abbildung 1 dargestellt, aufgebaut und der Mikrofonausgang mit dem y-Eingang des Oszilloskops verbunden. Die Zeitablenkung (x-Ablenkung) ist intern auf 0,3 $\frac{\text{ms}}{\text{cm}}$ eingestellt und auf dem Oszilloskop erscheint ein Kurvenverlauf wie in Abbildung 2 dargestellt. Welche Frequenz hat der vom Lautsprecher abgestrahlte Ton? (4 BE)

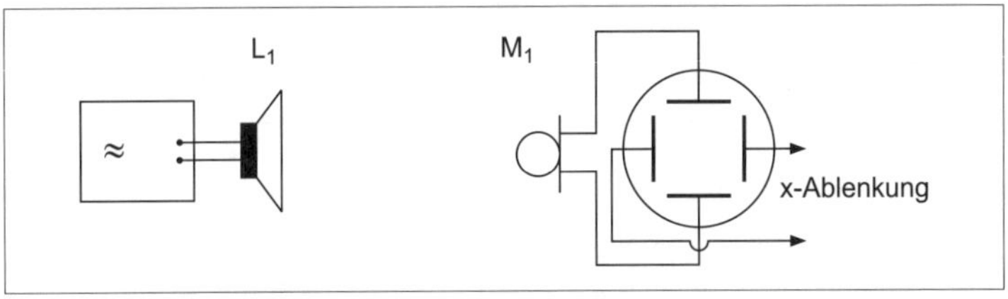

Abb. 1

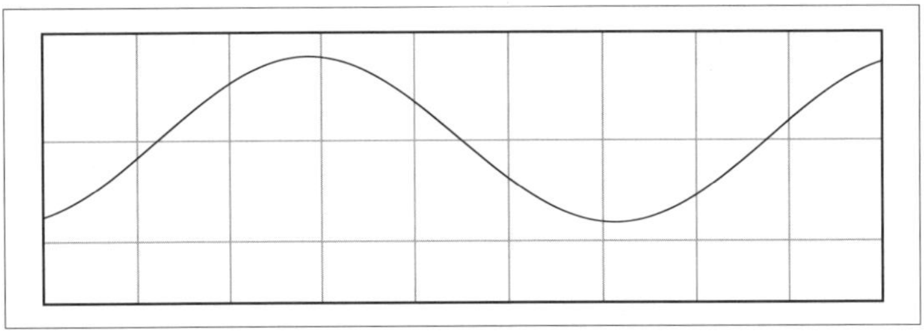

Abb. 2

2. Ein Lautsprecher und zwei Mikrofone werden nun wie in Abbildung 3 aufgebaut. Eine gegenseitige Beeinflussung der beiden Mikrofone findet nicht statt. Stehen M_1 und M_2 dicht beieinander, liegen die am Oszilloskop dargestellten Kurven fast aufeinander.

Bewegt man nun M_2 langsam von M_1 und dem Lautsprecher weg, so erhält man erstmals für den Abstand $d = \overline{M_1M_2} = 8{,}5\ \text{cm}$ das in Abbildung 4 dargestellte Bild.
Wie groß ist die Schallgeschwindigkeit in Luft, wenn die Frequenz des Tones 1 970 Hz beträgt? (6 BE)

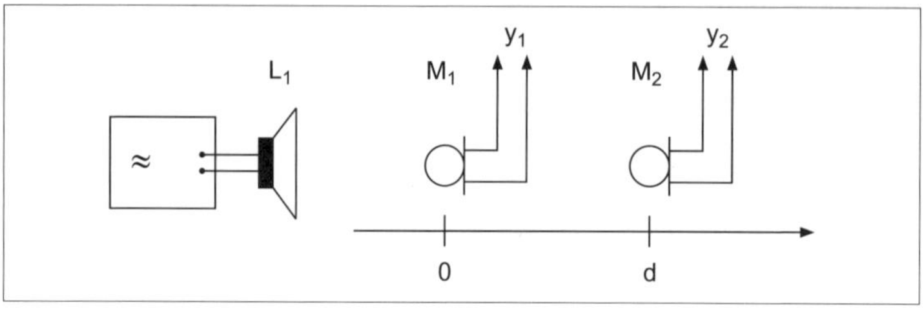

Abb. 3

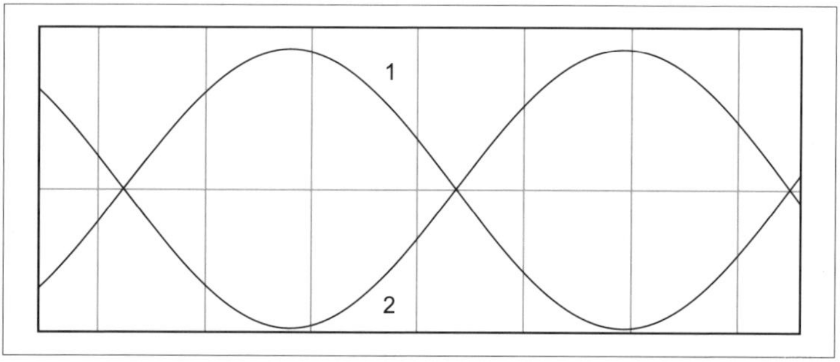

Abb. 4

3. Die Frequenz unter Versuchsbedingung 2 wird nun verdoppelt. Der Abstand $d = \overline{M_1M_2}$ bleibt bei 8,5 cm. Beschreiben Sie, wie das Schirmbild auf dem Oszilloskop im Vergleich zu dem Ergebnis unter 2 aussieht. (6 BE)

4. Das Mikrofon wird nun wie in Abbildung 5 auf einem Wagen befestigt und in die Mitte zwischen beiden Lautsprechern platziert. In dieser Mittenstellung des Mikrofons registriert man ein Maximum der Lautstärke.

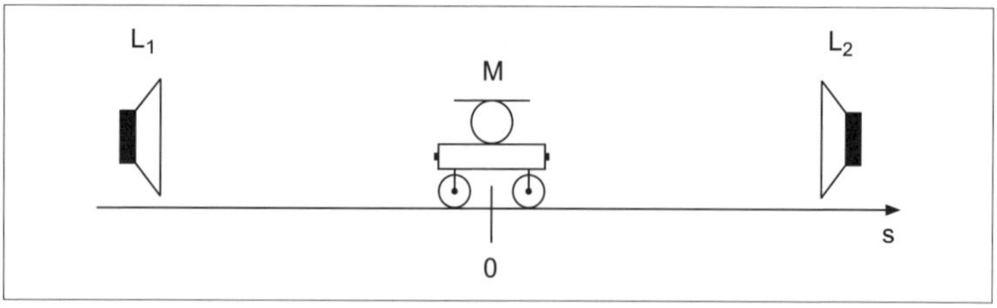

Abb. 5

Bei einer Verschiebung des Wagens längs der Verbindungsgeraden L_1L_2 werden abwechselnd Maxima und Minima beobachtet. Begründen Sie die Beobachtung. Bei einer Verschiebung von M wird an der Stelle $s = 24$ cm ein Maximum registriert. Zwischen der Mittenstellung und dieser Stelle registriert man 12 Minima. Bestimmen Sie die Frequenz f_0 eingestellten Tones. (8 BE)

5. L_2 wird nun entfernt. Mikrofon und Wagen werden, wie in der Abbildung 6 dargestellt, an ein Federsystem angekoppelt, das harmonische Schwingungen in der Horizontalen ausführen kann. Der Lautsprecher L_1 strahlt einen Ton der Frequenz $f_3 = 8\,500$ Hz ab. Das System aus Wagen, Federn und Mikrofon mit einer Gesamtmasse $m = 1{,}2$ kg und der wirksamen Federkonstanten $D = 11{,}8\,\frac{N}{m}$ wird nach links um $s = -0{,}32$ m ausgelenkt und zum Zeitpunkt $t = 0$ s losgelassen. Das System schwingt mit der Periodendauer T. Ermitteln Sie die vom Mikrofon zu den Zeitpunkten $t = 0$ s, $t = \frac{1}{4}$ T, $t = \frac{1}{2}$ T und $t = \frac{3}{4}$ T registrierten Frequenzen. (6 BE)

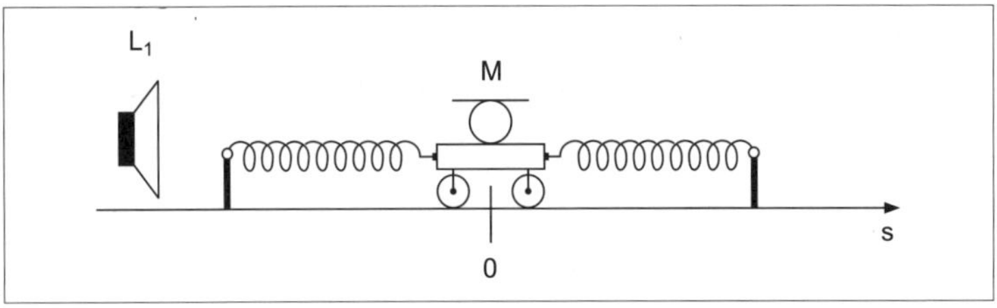

Abb. 6

Tipps und Hinweise zur Lösung von Beispielaufgabe B2

Tipps zu Teilaufgabe 1

- Bestimmen Sie zunächst die Schwingungsdauer anhand der Gitterlinien und der genannten Skalenbeziehung der x-Achse.
- Verwenden Sie die Formel $T = \frac{1}{f}$.

Tipps zu Teilaufgabe 2

- Bestimmen Sie den Gangunterschied zwischen Kurve 1 und 2. Was folgt daraus für die Wellenlänge?
- Zur Berechnung der Ausbreitungsgeschwindigkeit verwenden Sie die Formel $v = \lambda \cdot f$.

Tipp zu Teilaufgabe 3

- Wie verhält sich die Wellenlänge einer Welle bei Verdopplung der Frequenz?

Tipps zu Teilaufgabe 4

- Zwischen den Lautsprechern L_1 und L_2 entstehen stehende Wellen. Begründen Sie!
- Mithilfe der Definition der Wellenlänge stehender Wellen können Sie die Wellenlänge bestimmen.
- Wenden Sie die $v = \lambda \cdot f$ an (v aus Teilaufgabe 2).

Tipps zu Teilaufgabe 5

- Hier geht es um den Dopplereffekt, der dafür sorgt, dass die vom Mikrofon registrierten Frequenzen je nach Schwingungszustand verschieden sind.
- Um die Frequenzänderung infolge des Dopplereffekts bestimmen zu können, benötigen Sie die Geschwindigkeit des schwingenden Mikrofons, die Sie aus der Schwingungsgleichung erhalten. Hierfür müssen Sie zunächst die Schwingungsdauer berechnen.
- Verwenden Sie die Formel für die Schwingungsdauer eines Federschwingers, den allgemeinen Ansatz für die Schwingungsgleichung (Anfangsbedingung berücksichtigen) sowie die Formel für den Dopplereffekt bei ruhendem Sender und bewegtem Empfänger.

Lösungen zu Beispielaufgabe B2

1. Die Abstände auf der x-Achse entsprechen einem Zentimeter, d. h. die Wellenlänge (z. B. von einem Nulldurchgang zum übernächsten Nulldurchgang) beträgt etwa 6,5 cm. 1 cm entspricht einer Zeit von 0,3 ms, d. h.:

$$T = 6{,}5\ \text{cm} \cdot 0{,}3\ \frac{\text{ms}}{\text{cm}} = 1{,}95\ \text{ms}$$

Mit $T = \frac{1}{f}$ folgt für die Frequenz f:

$$f = \frac{1}{T} = \frac{1}{1{,}95 \cdot 10^{-3}\ \text{s}} \approx \underline{\underline{513\ \text{Hz}}}$$

2. Das in der Abbildung 4 gezeichnete Bild erhält man, wenn der Gangunterschied genau der halben Wellenlänge entspricht, d. h. der Lautsprecher M_2 ist beim erstmaligen Erscheinen des gezeigten Bildes um die Strecke $d = \frac{\lambda}{2}$ gegenüber M_1 verschoben. Daraus folgt:

$$d = 8{,}5\ \text{cm} = \frac{\lambda}{2} \quad \Rightarrow \quad \lambda = 17\ \text{cm} = 0{,}17\ \text{m}$$

Für die Ausbreitungsgeschwindigkeit einer Welle gilt die Gleichung $v = \lambda \cdot f$, sodass sich für die Geschwindigkeit v ergibt:

$$v = 0{,}17\ \text{m} \cdot 1970\ \text{Hz} = \underline{\underline{335\ \frac{\text{m}}{\text{s}}}}$$

3. Bei einer Verdopplung der Frequenz halbiert sich die Wellenlänge (bei konstanter Ausbreitungsgeschwindigkeit). Die Wellen auf dem Schirmbild sind also wieder in Phase, aber gegenüber Versuch 1 um den Faktor 0,5 entlang der x-Achse gestaucht (siehe Abbildung 7).

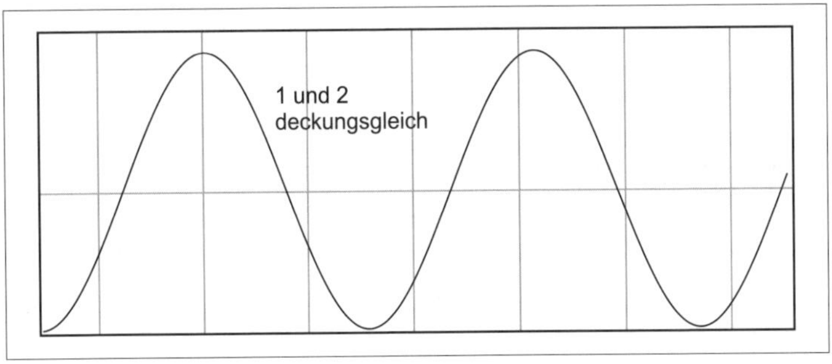

Abb. 7

4. Die beiden Lautsprecher L_1 und L_2 senden einen Ton gleicher Frequenz aus. Zwischen den beiden Lautsprechern entstehen stehende Wellen. In der Mittelstellung liegt gemäß Angabe ein Maximum vor, d. h., dort überlagern sich beide Wellenzüge von L_1 und L_2 konstruktiv; die beiden Lautsprecher schwingen also gleichphasig.
Verschiebt man das Mikrophon, so durchfährt es die stehende Welle. Abwechselnd werden Schwingungsknoten (Minima) und Schwingungsbäuche (Maxima) registriert.
Die Wellenlänge der stehenden Welle ist definiert als der doppelte Abstand zwischen zwei Knotenpunkten. Zwischen s = 0 cm und s = 24 cm liegen 12 Knotenpunkte, d. h. 6 Wellenlängen. Daher gilt:

$$6 \cdot \lambda = 24\text{ cm} \quad \Rightarrow \quad \lambda = 4\text{ cm}$$

Aus $v = \lambda \cdot f$ folgt mit v aus Teilaufgabe 2:

$$f = \frac{v}{\lambda} = \frac{335\,\frac{\text{m}}{\text{s}}}{0{,}04\text{ m}} = \underline{\underline{8{,}4 \cdot 10^3\text{ Hz}}}$$

5. **Schwingendes Mikrofon**

Gesucht sind die von dem bewegten Mikrofon registrierten Frequenzen. Aufgrund der Bewegung tritt hier der akustische **Dopplereffekt** auf: Je nachdem, ob sich das Mikrofon auf den Lautsprecher zu- oder von ihm wegschwingt, registriert es eine gegenüber der Grundfrequenz erhöhte bzw. verringerte Frequenz. Die Größe der Frequenzänderung hängt von der **Geschwindigkeit** des Mikrofons ab. Diese können Sie anhand der **Schwingungsgleichung** ermitteln, und hierfür benötigen Sie zuerst die **Schwingungsdauer**.

Die Schwingungsdauer des Systems erhält man aus der entsprechenden Formel für einen Federschwinger:

$$T = 2 \cdot \pi \cdot \sqrt{\frac{m}{D}} = 2 \cdot \pi \cdot \sqrt{\frac{1{,}2\text{ kg}}{11{,}8\,\frac{\text{N}}{\text{m}}}} \approx 2{,}0\text{ s}$$

Zum Aufstellen der Schwingungsgleichung geht man vom allgemeinen Ansatz aus und verwendet hier den Kosinus, da die Auslenkung zum Zeitpunkt null den Maximalwert besitzt:

$$s(t) = s_0 \cdot \cos(\omega \cdot t)$$

mit

$$\omega = \frac{2 \cdot \pi}{T} = \frac{2 \cdot \pi}{2{,}0\text{ s}} = \pi\text{ s}$$

Durch Einsetzen der Werte für s_0 und ω ergibt sich die Gleichung:

$$s(t) = -0{,}32\text{ m} \cdot \cos(\pi\text{ s} \cdot t)$$

Um die Geschwindigkeit zu bestimmen leitet man die Formel für s(t) einmal nach t ab (Kettenregel):

$$v(t) = \dot{s}(t) = +0{,}32\ \text{m} \cdot \pi \cdot \sin(\pi\ \text{s} \cdot t)$$

Durch Einsetzen der angegebenen Zeiten ergeben sich die folgenden Geschwindigkeiten:

t	0	$\frac{1}{4}T = 0{,}5\ \text{s}$	$\frac{1}{2}T = 1{,}0\ \text{s}$	$\frac{3}{4}T = 1{,}5\ \text{s}$
v(t) in $\frac{\text{m}}{\text{s}}$	0	1,005	0	–1,005

Achten Sie bei der Berechnung darauf, dass Ihr Taschenrechner auf Bogenmaß eingestellt ist.

Jetzt kann die Frequenzänderung infolge des Dopplereffekts berechnet werden. Die Formel für einen ruhenden Sender und einen bewegten Empfänger lautet (Formelsammlung):

$$f(t) = f_0 \cdot \left(1 - \frac{v(t)}{v_{Schall}}\right) \quad \text{mit} \quad f_0 = 8\,500\ \text{Hz}$$

Daraus errechnet sich die dritte Reihe der Tabelle:

t	0	$\frac{1}{4}T = 0{,}5\ \text{s}$	$\frac{1}{2}T = 1{,}0\ \text{s}$	$\frac{3}{4}T = 1{,}5\ \text{s}$
v(t) in $\frac{\text{m}}{\text{s}}$	0	1,005	0	–1,005
f(t) in Hz	8 500	8 475	8 500	8 526

Abiturprüfung Physik (Hessen) – Leistungskurs
Beispielaufgabe C1: Quanten und Atomphysik

Fotoeffekt

Die Aufgabe behandelt sehr ausführlich den Fotoeffekt. Der experimentelle Aufbau ist nicht vorgegeben, sondern muss selbst geschildert werden. Die sich anschließende grafische und rechnerische Auswertung basiert auf gegebenen Messwerten. Die beiden letzten Aufgaben erfordern auch mathematisches Können.
Die Aufgabe entspricht einem Drittel eines Abiturvorschlags (eine von drei gleichgewichteten Aufgaben eines Vorschlags).

Bezug: Handreichungen zum Lehrplan Physik LK 13.1, Quanten- und Atomphysik
Thema: Quanteneffekte, Fotoeffekt und seine Deutung durch Einstein
Konkretisierung: Einstein'sche Deutung und Widersprüche zur Wellentheorie; Messung der kinetischen Energie der Fotoelektronen mit der Gegenfeldmethode, Grenzfrequenz, Austrittsenergie; Planck'sches Wirkungsquantum; Energie, Masse und Impuls eines Photons

Die Erklärung des äußeren Fotoeffekts durch Albert Einstein im Jahre 1905 steht am Anfang der Quantenphysik.

1. Beschreiben Sie ein Experiment, mit dem man diesen Effekt untersuchen kann. Geben Sie an, wie dabei die kinetische Energie der ausgelösten Elektronen bestimmt wird. (4 BE)

2. Nennen Sie mindestens zwei experimentelle Ergebnisse, die sich bei diesem Experiment im Rahmen der Wellentheorie des Lichtes nicht erklären lassen. Wie löste Einstein diesen Widerspruch zur klassischen Physik? (4 BE)

3. Eine Fotozelle wird nacheinander mit monochromatischem Licht verschiedener Frequenzen f_i beleuchtet. Dabei werden die folgenden Gegenspannungen bzw. Fotospannungen U_i gemessen:

i	1	2	3	4
$\frac{f_i}{10^{14}\text{ Hz}}$	5,50	6,10	6,88	7,40
$\frac{U_i}{\text{V}}$	0,07	0,32	0,64	0,86

Bestimmen Sie aus diesen Messwerten die Grenzfrequenz f_0 und die Austrittsenergie E_A bzw. Ablösearbeit W_A des bei der Fotozelle verwendeten Materials sowie den Wert der Planck'schen Konstanten h. (15 BE)

4. An die Fotozelle wird eine Spannung angelegt, die genügend groß ist, sodass alle ausgelösten Elektronen als so genannter Fotostrom abgeleitet werden.
Wie ändert sich der Fotostrom und wie ändert sich die Energie der ausgelösten Elektronen, wenn die Intensität der einfallenden monochromatischen Strahlung verdoppelt wird? (Begründen Sie ohne Rechnung.)

   Wie ändert sich der Fotostrom und wie ändert sich die Energie der ausgelösten Elektronen, wenn nun die einfallende Strahlung durch eine monochromatische Strahlung mit kürzerer Wellenlänge ersetzt wird und dabei die Intensität gleich bleibt? (Begründen Sie ohne Rechnung.) (6 BE)

5. Das wirksame Material der Fotozelle hat eine Fläche von 0,500 cm^2. Von den darauf auftreffenden Photonen wird ein großer Teil reflektiert, nur 12,5 % lösen Elektronen aus. Wie stark ist der Fotostrom, wenn die Strahlung mit der Wellenlänge $\lambda = 545$ nm eine Intensität von $32{,}0 \, \frac{mW}{cm^2}$ besitzt? (6 BE)

6. Eine andere Fotokatode ist mit einem unbekannten Material beschichtet. Sie wird zuerst mit Licht der Wellenlänge $\lambda = 440$ nm, dann mit Licht der Wellenlänge $\lambda = 680$ nm bestrahlt. Das Verhältnis der zugehörigen Fotospannungen beträgt

$$\frac{U_1}{U_2} = 3{,}2.$$

   Berechnen Sie die Austrittsenergie E_A dieser Fotokatode. (5 BE)

Tipps und Hinweise zur Lösung von Beispielaufgabe C1

Tipps zu Teilaufgabe 1

- Rufen Sie sich die Vakuumfotozelle in Erinnerung! Welcher Versuchsaufbau ist Ihnen dazu geläufig?
- Ziehen Sie eine Energiebilanz: Wie lange werden Fotoelektronen ausgelöst? Was gilt für die Energie der Elektronen und des entstehenden elektrischen Feldes?

Tipps zu Teilaufgabe 2

- Sie müssen die Ergebnisse, die im Widerspruch zur Wellentheorie stehen, lediglich nennen (mindestens zwei) und brauchen sie nicht weiter zu erläutern.
- Wichtige Aspekte: Wovon hängt die kinetische Energie der Fotoelektronen ab? Welche Bedeutung haben die Frequenz und die Intensität der Strahlung für den Fotoeffekt? Wie viel Zeit vergeht nach der Bestrahlung bis zum Einsetzen des Fotoeffekts?
- In welcher Form wird nach Einstein das Licht „transportiert“? Wie wird die Lichtenergie auf die Fotoelektronen übertragen?

Tipps zu Teilaufgabe 3

- Tragen Sie die Messwerte in einem Diagramm auf.
- Stellen Sie die Einstein'sche Gleichung zum Fotoeffekt auf. Was erwarten Sie nach dieser Gleichung für einen Diagrammverlauf? Wie können Sie aus dem Graphen die gesuchten Größen h, E_A und f_G bestimmen?
- Betrachten Sie die Steigung der Kurve sowie die Schnittpunkte mit den Koordinatenachsen.

Tipp zu Teilaufgabe 4

- Machen Sie sich noch einmal klar, wodurch Intensität und Energie des Lichts im Photonenbild bestimmt sind und wie die Energie auf die Fotoelektronen übertragen wird.

Tipp zu Teilaufgabe 5

- Betrachten Sie pro Sekunde ausgelösten Fotoelektronen. Kombinieren Sie die Gleichungen $I = \frac{Q}{t} = \frac{n \cdot e}{t}$ und $E_{Ph} = h \cdot f = h \cdot \frac{c}{\lambda}$!

Tipps zu Teilaufgabe 6

- Gehen Sie von der Einstein'schen Gleichung (Teilaufgabe 3) aus und bilden Sie den Quotienten $\frac{U_1}{U_2}$. Durch Umstellen der Gleichung erhalten Sie E_A.

Lösungen zu Beispielaufgabe C1

1. **Beschreibung des Experiments**

Die Beschreibung des Experiments ist von der Art des im Unterricht durchgeführten Experiments abhängig. Im Folgenden sind zwei Möglichkeiten skizziert.

Durch entsprechende Filter erzeugtes monochromatisches Licht fällt nach dem Durchgang durch eine Blende zur Strahlbegrenzung auf die Metallschicht einer Vakuumfotozelle. Die vom Licht aus der Metallschicht herausgelösten (Foto-) Elektronen erreichen teilweise den Ring, der vor der Metallschicht angebracht ist. Zwischen Ring und Metallschicht baut sich eine Spannung U auf, die mit einem hochohmigen Messverstärker (z. B. Operationsverstärker) gemessen werden kann. (Eventuell kann ein Kondensator parallel geschaltet werden, dessen Ladespannung gemessen wird.)

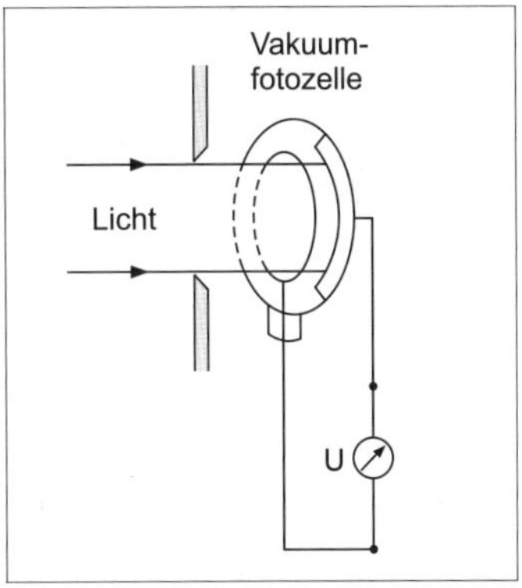

Abb. 1

Eine andere weit verbreitete Experimentieranordnung legt zwischen Ring und Metallschicht eine Gegenspannung U_G, die den entstehenden Fotostrom I_F gerade unterdrückt.

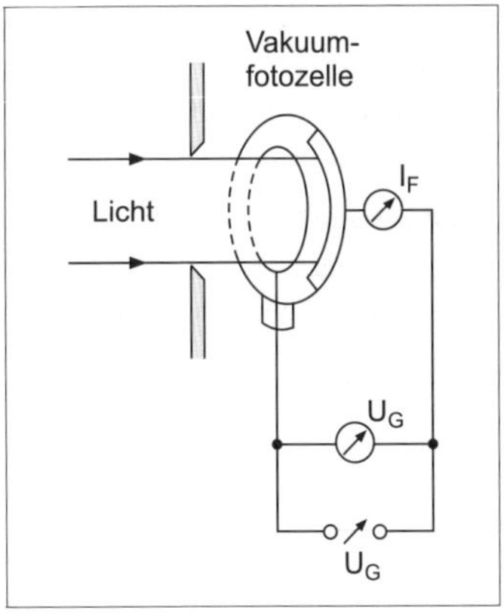

Abb. 2

Bestimmung der kinetischen Energie der Fotoelektronen
Die maximale kinetische Energie E_{kin} der Elektronen kann entweder aus einer angelegten Gegenspannung bestimmt werden, bei der der Fotostrom null wird, oder aus der mit einem Messverstärker gemessenen Spannung, die sich zwischen Ring und Metallschicht durch die ausgelösten Fotoelektronen bildet. In beiden Fällen ist die kinetische Energie E_{kin} gleich der potenziellen Energie $e \cdot U$ im elektrischen Feld.

2. **Experimentelle Ergebnisse**
   - Die maximale kinetische Energie der ausgelösten Elektronen ist unabhängig von der Intensität der einfallenden Strahlung.
   - Es tritt eine Grenzfrequenz auf, unterhalb der keine Elektronen auch bei beliebig großer Intensität ausgelöst werden können.
   - Der Fotostrom setzt auch bei geringer Intensität sofort mit dem Einfallen der Strahlung ein, während nach klassischer Rechnung erst eine bestimmte Zeit vergehen sollte, bis die elektromagnetische Welle die Elektronen zu so starken Schwingungen angeregt hat, dass diese austreten können.

   Einstein löste sich von der Vorstellung der kontinuierlich auf ein Wellensystem verteilten Energie. Er nahm eine Quantelung („Energiepakete") der Energie der einfallenden Strahlung an, wobei die gesamte Energie eines Quants linear von der Frequenz abhängt und allein auf ein einzelnes Elektron übertragen wird.

3. **Die Gleichung von Einstein zum Fotoeffekt**

   Wenn die gesamte Energie eines Quants allein auf ein einzelnes Elektron übertragen wird, das danach das Metall verlassen kann, so muss für diese Energieübergabe der Energieerhaltungssatz gelten: Die Energie des Lichtquants beträgt $h \cdot f$ (h: Planck'sche Konstante) und liefert die notwendige Austrittsenergie E_A (auch Austrittsarbeit W_A) der Fotoelektronen. Eine eventuell vorhandene Restenergie nimmt das ausgelöste Fotoelektron als kinetische Energie mit davon.
   Diese kinetische Energie lässt dich durch die potenzielle Energie $e \cdot U$ im elektrischen Feld ausdrücken (siehe Teilaufgabe 1), sodass insgesamt die Einstein'sche Gleichung zum Fotoeffekt folgt.

   Auftragung der Messwerte
   Trägt man die gemessene Fotospannung gegen die Lichtfrequenz auf, ist nach der Einstein'schen Beziehung ein linearer Zusammenhang zu erwarten (E_A wird hier in der Einheit Joule eingesetzt):

$$E_{Photon} = E_A + E_{kin}$$

$$h \cdot f = E_A + e \cdot U$$

$$\Rightarrow \quad U = \frac{h}{e} \cdot f - \frac{E_A}{e} \qquad (*)$$

   Als f-U-Graph ergibt sich theoretisch eine Gerade, aus deren Steigung $\frac{h}{e}$ sich h und aus deren Schnittpunkt mit der U-Achse sich die Austrittsarbeit E_A bestimmen lässt. Die Grenzfrequenz ist durch den Schnittpunkt der Geraden mit der f-Achse gegeben: Hier ist $U = 0$ V und damit die Photonenenergie gerade gleich der Austrittsenergie. Die Grenzfrequenz ist charakteristisch für das Katodenmaterial. Für kleinere Frequenzen tritt der Fotoeffekt nicht auf.

   Den Graphen zu den gegebenen Messwerten zeigt Abbildung 3. Der erwartete lineare Verlauf wird durch die Messwerte sehr gut bestätigt.

Grundsätzlich empfiehlt es sich beim Zeichnen von Messkurven immer, das Koordinatensystem so groß zu wählen, dass alle gesuchten Größen dem Diagramm entnommen werden können. Im vorliegenden Fall fällt eine Darstellung, die sowohl die Austrittsenergie E_A enthält (Achsenabschnitt) als auch ein genügend genaues Einzeichnen der Messwerte erlaubt, sehr groß aus. Da in der Aufgabenstellung von „Bestimmen" der Werte die Rede ist, bleibt es Ihnen frei gestellt, ob Sie dies rechnerisch und/oder mithilfe des Graphen tun. Sie können also auch – wie nachfolgend gezeigt – auf die Einbeziehung von E_A verzichten und diesen Wert stattdessen über die Gleichung (∗) berechnen.

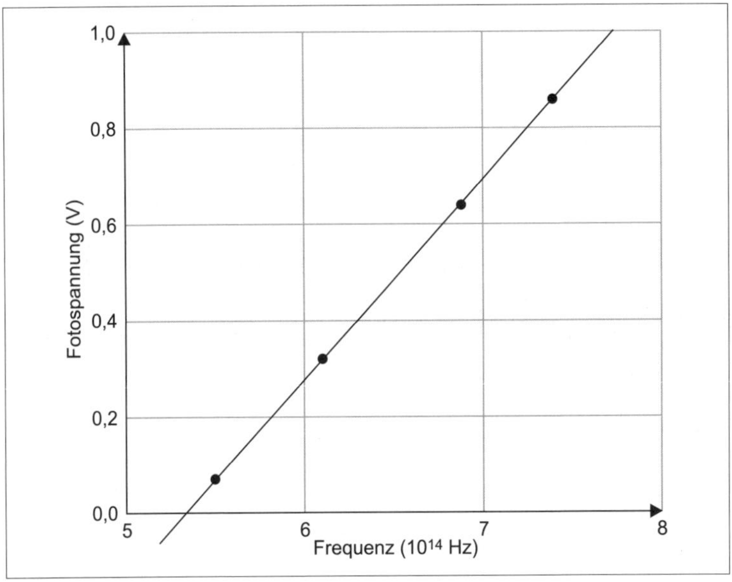

Abb. 3

Bestimmung der Planck'schen Konstanten

Zur Bestimmung der Steigung $\frac{h}{e}$ müssen zwei Punkte ausgewählt werden, die auf der eingezeichneten Ausgleichsgeraden liegen. In diesem Fall erfüllen diese Forderung z. B. der erste und der letzte Messpunkt.

$$\frac{h}{e} = \frac{\Delta U}{\Delta f} = \frac{(0{,}86 - 0{,}07)\ \text{V}}{(7{,}40 - 5{,}50) \cdot 10^{14}\ \frac{1}{\text{s}}} = 4{,}16 \cdot 10^{-15}\ \text{Vs}$$

$$\Rightarrow\ h = 4{,}16 \cdot 10^{-15}\ \text{Vs} \cdot e = 4{,}16 \cdot 10^{-15}\ \text{Vs} \cdot 1{,}60 \cdot 10^{-19}\ \text{As}$$

$$= \underline{\underline{6{,}65 \cdot 10^{-34}\ \text{Js}}}$$

Bestimmung der Austrittsenergie

Sollten Sie ein Koordinatensystem angefertigt haben, das den oben angesprochenen Schnittpunkt der Ausgleichsgeraden mit der U-Achse zeigt, so können Sie diesen Wert ablesen und E_A bestimmen. Im obigen Fall würde der Schnittpunkt bei ca. $U = -2{,}2\text{ V}$ liegen. Also ergibt sich mit Gleichung (∗) für $f = 0$:

$$-2{,}2\text{ V} = -\frac{E_A}{e} \quad \Rightarrow \quad E_A = 2{,}2\text{ V} \cdot e = \underline{\underline{2{,}2\text{ eV}}}$$

In dem Diagramm oben ist der Schnittpunkt der Geraden mit der U-Achse nicht zu sehen. Rechnerisch ergibt sich der Wert für E_A durch Einsetzen in die Gleichung (∗):

$$U = \frac{h}{e} \cdot f - \frac{E_A}{e} \quad \Rightarrow \quad E_A = h \cdot f - U \cdot e$$

Hierbei kann man

- entweder alle Messpunkte einsetzen und anschließend den Mittelwert für E_A bilden
- oder mit dem aus der Ausgleichsgeraden gewonnen h und einem Punkt, der auf der Ausgleichsgeraden liegt, rechnen.

Nach der zweiten Methode ergibt sich unter Verwendung des letzten Messpunktes, der sehr gut auf der Ausgleichsgeraden liegt:

$$\begin{aligned} E_A &= 6{,}65 \cdot 10^{-34}\text{ Js} \cdot 7{,}40 \cdot 10^{14}\,\frac{1}{\text{s}} - 0{,}86\text{ V} \cdot 1{,}60 \cdot 10^{-19}\text{ As} = 3{,}55 \cdot 10^{-19}\text{ J} \\ &= \underline{\underline{2{,}2\text{ eV}}} \end{aligned}$$

Bestimmung der Grenzfrequenz

Bei Licht mit der Grenzfrequenz f_G wird die gesamte Photonenenergie für die Austrittsenergie benötigt, E_{kin} und damit U sind null. Für $U = 0$ folgt aus der Gleichung (∗):

$$0 = \frac{h}{e} \cdot f_G - \frac{E_A}{e} \quad \Rightarrow \quad f_G = \frac{E_A}{h} = \frac{3{,}55 \cdot 10^{-19}\text{ J}}{6{,}65 \cdot 10^{-34}\text{ Js}} \approx \underline{\underline{5{,}34 \cdot 10^{14}\text{ Hz}}}$$

4. **Fotostrom und Energie der ausgelösten Elektronen …**

… bei Verdopplung der Intensität:

Die Intensität ist durch die *Anzahl* der auf die Katode treffenden Photonen bestimmt. Die auf ein Elektron übertragene Energie bleibt daher konstant, da sie nur von der Energie des einzelnen absorbierten Photons abhängt.

Der Fotostrom verdoppelt sich dagegen, da eine doppelte Lichtintensität doppelt so viele Photonen bedeutet, die doppelt so viele Elektronen auslösen.

… bei kürzerer Wellenlänge:

Die Energie eines Elektrons erhöht sich, da sich die Energie eines Photons $h \cdot f$ mit kürzerer Wellenlänge – also größerer Frequenz – erhöht.

Der Fotostrom sinkt, da sich die pro Zeit und Fläche eingestrahlte Energie auf weniger (aber energiereichere) Photonen verteilt und somit weniger Elektronen ausgelöst werden.

5. **Berechnung des Fotostroms**
Der Fotostrom I wird aus n ausgelösten Fotoelektronen gebildet:

$$I = \frac{Q}{t} = \frac{n \cdot e}{t}$$

Diese n Elektronen werden von 12,5 % aller einfallenden Photonen herausgelöst. Alle Photonen der Energie $E_{Ph} = h \cdot f = h \cdot \frac{c}{\lambda}$ haben zusammen eine Intensität von $32{,}0 \, \frac{mW}{cm^2}$, das heißt sie liefern pro Sekunde und Quadratzentimeter die Energie 32,0 mJ. Berücksichtigt man die 0,500 cm^2, so ergibt sich als Energiebilanz für 1 Sekunde:

$$n \cdot h \cdot \frac{c}{\lambda} = \frac{12{,}5}{100} \cdot 32{,}0 \, \frac{mJ}{cm^2} \cdot 0{,}500 \, cm^2$$

$$\Rightarrow \quad n = \frac{0{,}125 \cdot 32{,}0 \cdot 10^{-3} \, \frac{J}{cm^2} \cdot 0{,}500 \, cm^2}{6{,}63 \cdot 10^{-34} \, Js \cdot \frac{3{,}00 \cdot 10^8 \, \frac{m}{s}}{545 \cdot 10^{-9} \, m}} = 5{,}48 \cdot 10^{15}$$

Diese Zahl für n (Zahl der Fotoelektronen pro Sekunde) setzt man jetzt in die Gleichung für I ein:

$$I = \frac{Q}{t} = \frac{n \cdot e}{t} = \frac{5{,}48 \cdot 10^{15} \cdot 1{,}60 \cdot 10^{-19} \, As}{1 \, s} = \underline{\underline{8{,}77 \cdot 10^{-4} \, A = 877 \, \mu A}}$$

6. **Unbekanntes Katodenmaterial**
Aus der Einstein'schen Gleichung (*) aus Teilaufgabe 3 folgt für das das Verhältnis $\frac{U_1}{U_2}$:

$$\frac{U_1}{U_2} = \frac{\frac{h}{e} \cdot f_1 - \frac{E_A}{e}}{\frac{h}{e} \cdot f_2 - \frac{E_A}{e}}$$

$$3{,}2 = \frac{h \cdot f_1 - E_A}{h \cdot f_2 - E_A}$$

$$3{,}2 \cdot (h \cdot f_2 - E_A) = h \cdot f_1 - E_A$$

Auflösen diese Gleichung nach E_A ergibt:

$$3{,}2 \cdot E_A - E_A = 3{,}2 \cdot h \cdot f_2 - h \cdot f_1$$

$$\Rightarrow \quad E_A = \frac{h \cdot (3{,}2 \cdot f_2 - f_1)}{3{,}2 - 1} = \frac{h \cdot (3{,}2 \cdot \frac{c}{\lambda_2} - \frac{c}{\lambda_1})}{2{,}2} = \frac{h \cdot c}{2{,}2} \cdot (3{,}2 \cdot \frac{1}{\lambda_2} - \frac{1}{\lambda_1})$$

Jetzt werden alle gegebenen Werte in die letzte Gleichung eingesetzt:

$$E_A = \frac{6{,}63 \cdot 10^{-34} \, Js \cdot 3{,}00 \cdot 10^8 \, \frac{m}{s}}{2{,}2} \cdot \left(3{,}2 \cdot \frac{1}{680 \cdot 10^{-9} \, m} - \frac{1}{440 \cdot 10^{-9} \, m} \right)$$

$$= 2{,}20 \cdot 10^{-19} \, J = \underline{\underline{1{,}37 \, eV}}$$

Abiturprüfung Physik (Hessen) – Leistungskurs
Beispielaufgabe C2: Quanten und Atomphysik

Quantentheorie des Lichts

Die Aufgabe setzt sich mit dem Wellen- und Teilchenmodell für Licht auseinander. Es liegt den Fragestellungen kein reales Experiment zu Grunde.
Die Aussagen zum Wellen- und Teilchenmodell werden im Wesentlichen durch mathematische Rechnungen überprüft.
Die Aufgabe entspricht einem Drittel eines Abiturvorschlags (eine von drei gleichgewichteten Aufgaben eines Vorschlags).

Bezug: Handreichungen zum Lehrplan Physik LK 13.1, Quanten- und Atomphysik
Thema: Quanteneffekte, Fotoeffekt und seine Deutung durch Einstein, Comptoneffekt, Doppelspaltversuch mit Elektronen und Photonen
Konkretisierung: Einstein'sche Deutung und Widersprüche zur Wellentheorie; Planck'sches Wirkungsquantum; Energie, Masse und Impuls eines Photons; Quadrat der elektrischen Feldstärke als Maß für die Wahrscheinlichkeitsdichte der Photonen; analoge Bedeutung der de-Broglie-Welle für Elektronen

Das zunehmende Verständnis des Lichts war Grundlage des Übergangs von der klassischen Physik zur Quantenphysik.

1. In der klassischen Physik werden Beobachtungen im Zusammenhang mit dem Licht zum Teil mit der Wellenvorstellung, zum Teil mit der Teilchenvorstellung beschrieben. Nennen Sie jeweils ein Phänomen, das nur mit dem Wellenmodell, und ein solches, das nur mit dem Teilchenmodell des Lichts erklärt werden kann. (6 BE)

2. Einstein hat 1916 die Lichtquantenhypothese erweitert, indem er Lichtquanten als Teilchen ansah, die außer der Energie E auch einen Impuls p besitzen. Leiten Sie die Formel zur Berechnung des Impulses p aus der Lichtquantenhypothese her. (Verwenden Sie dabei die Grundaussage der relativistischen Dynamik $E = m \cdot c^2$, nach der Masse m und Energie E äquivalent sind.)

   Die Sonnenstrahlung hat ihr Intensitätsmaximum im grünen Bereich bei einer Wellenlänge von etwa $\lambda = 550$ nm. Berechnen Sie die Energie E und den Impuls p eines Photons dieser Wellenlänge. Geben Sie die Energie in der Einheit 1 eV, den Impuls in der Einheit $1\ \frac{\text{eV}}{\text{c}}$ an. (10 BE)

3. Die Sonnenstrahlung hat am Ort der Erde die Intensität $S = \frac{P}{A} = 1{,}39\ \frac{kW}{m^2}$.
Berechnen Sie mit der Formel

$$S = \sqrt{\frac{\varepsilon_0}{\mu_0}} \cdot E^2$$

die elektrische Feldstärke E der zugehörigen elektromagnetischen Welle.

Im Teilchenbild kann die Intensität S der Strahlung mithilfe der Anzahl N der Photonen beschrieben werden, die mit einer bestimmten Rate $\frac{\Delta N}{\Delta t}$ auf eine Fläche A treffen. Von wie viel Photonen wird demnach die Erde (Radius R = 6 370 km) in jeder Sekunde getroffen? (Nehmen Sie vereinfachend an, die gesamte Strahlung würde im grünen Bereich des Spektrums bei $\lambda = 550$ nm erfolgen.)
Wie vereint die Quantenphysik die unterschiedlichen Bilder, die den beiden Berechnungen zugrunde liegen? (12 BE)

4. Die Streuung des Lichts an der Oberfläche von Metallen kann man als Wechselwirkung von Photonen mit den Leitungselektronen verstehen, wobei die Elektronen als frei angesehen werden können.
Berechnen Sie die Masse m eines Photons der Wellenlänge $\lambda = 550$ nm und erklären Sie, warum das gestreute Licht die gleiche Farbe wie das einfallende Licht hat.
Was ist zu erwarten, wenn Röntgenstrahlung der Wellenlänge $\lambda = 8$ pm an den Leitungselektronen gestreut wird? (6 BE)

5. Bringen Sie die Überlegungen aus Aufgabenteil 4 in Zusammenhang mit dem Comptoneffekt und erläutern Sie die Formel für die Verschiebung der Wellenlänge

$$\Delta\lambda = \frac{h}{m_e c} \cdot (1 - \cos\varphi).$$

Berechnen Sie die kinetische Energie E_{kin}, die ein Elektron erhält, wenn es von einem Röntgenphoton dieser Wellenlänge so getroffen wird, dass das Photon um 90° aus seiner ursprünglichen Richtung gestreut wird. (6 BE)

Tipps und Hinweise zur Lösung von Beispielaufgabe C2

Tipps zu Teilaufgabe 1

- Sie müssen lediglich Beispiele *nennen*, eine Erläuterung oder Begründung ist nicht verlangt.
- Denken Sie an Phänomene wie Interferenz, Beugung, Fotoeffekt, Comptoneffekt und ordnen Sie je eines dem Wellen- bzw. Teilchenbild zu.

Tipp zu Teilaufgabe 2

- Kombinieren Sie die beiden Gleichungen $E = m \cdot c^2$ und $E = h \cdot f$.

Tipps zu Teilaufgabe 3

- Stellen Sie die gegebene Formel für S nach E um und setzen Sie alle Werte ein. Kontrollieren Sie Ihr Ergebnis anhand der physikalischen Einheiten.
- Im Teilchenbild ist die pro Zeiteinheit transportierte Strahlungsenergie $\Delta E = \Delta N \cdot E_{Ph}$.
- Mit $S = \frac{P}{A}$ und $P = \frac{\Delta E}{\Delta t}$ sollten Sie zum Erfolg kommen!
- Vereinbarkeit der Bilder in er Quantenphysik: Der entscheidende Punkt ist hier die *statistische Interpretation des Messvorgangs*, d. h. die Tatsache, dass bei Experimenten mit Quantenteilchen nur mehr Wahrscheinlichsaussagen über die Messergebnisse gemacht werden können. Wenn Ihnen dieser Zusammenhang unklar ist, lesen Sie noch einmal in Ihrem Schulbuch bzw. Ihren Unterrichtsaufzeichnungen nach.

Tipps zu Teilaufgabe 4

- Bestimmen Sie die Photonenmasse aus der Gleichung $E = m \cdot c^2$.
- Vergleichen Sie die Massen der Stoßpartner. Erinnern Sie sich an die Mechanik: Ein leichter Ball, der gegen die Wand geprellt wird, springt gleich schnell zurück.

Tipps zu Teilaufgabe 5

- Hier ist gerade die Situation gegeben, die in Teilaufgabe 4 für das Röntgenphoton beschrieben wurde.
- Von welchen Messgrößen hängt $\Delta\lambda$ ab?
- Die kinetische Energie E_{kin}, die das Elektron erhält, ist gleich der Energiedifferenz $\Delta E = h \cdot (f - f')$ der Photonen vor und nach dem Stoß.

Lösungen zu Beispielaufgabe C2

1. **Wellenmodell – Teilchenmodell**
   Interferenzversuche am Doppelspalt, am Gitter und am Einzelspalt sind typische Versuche, die man nur mit dem Wellenmodell erklären kann. Um die Beugung und Interferenz der Lichtwellen zu verstehen, braucht man das von Christian Huygens eingeführte „Huygen'sche Prinzip", das diese Phänomene mithilfe so genannter „Elementarwellen" erklärt.
   Für die Wechselwirkung des Lichts mit Materie benötigt man das Teilchenmodell. So kann der äußere lichtelektrische Effekt nur mit der von Albert Einstein begründeten Lichtquantenhypothese erklärt werden.

2. **Impuls-Formel**
   Die in der Aufgabenstellung genannte Gleichung $E = m \cdot c^2$ besagt, dass Photonen aufgrund ihrer Energie $E = h \cdot f$ auch Masse besitzen:

   $$m = \frac{E}{c^2} = \frac{h \cdot f}{c^2}$$

   Da sich Photonen mit der Lichtgeschwindigkeit c bewegen, haben sie nach der Formel $p = m \cdot v$ den Impuls $p = m \cdot c$. Kombiniert man beide Gleichungen, folgt für den Impuls der Photonen:

   $$p = m \cdot c = \frac{E}{c^2} \cdot c = \frac{h \cdot f}{c} = \underline{\underline{\frac{h}{\lambda}}}$$

   Energie und Impuls von Photonen
   Die Energie E eines Photons bei grünem Licht berechnet sich zu:

   $$E = h \cdot f = \frac{h \cdot c}{\lambda} = \frac{6{,}63 \cdot 10^{-34}\,\text{Js} \cdot 3{,}00 \cdot 10^8\,\frac{\text{m}}{\text{s}}}{550 \cdot 10^{-9}\,\text{m}} = 3{,}62 \cdot 10^{-19}\,\text{J} = \underline{\underline{2{,}26\,\text{eV}}}$$

   Die Einheit Joule rechnet sich in die (den Quantengrößen angepasste) Einheit Elektronenvolt um über die Beziehung $1\,\text{eV} = 1\,\text{e} \cdot 1\,\text{V} = 1{,}6 \cdot 10^{-19}\,\text{J}$.

   Für den Impuls eines Photons bei grünem Licht folgt daraus:

   $$p = m \cdot c = \frac{E}{c^2} \cdot c = \frac{E}{c} = \frac{2{,}26\,\text{eV}}{c} = \underline{\underline{2{,}26\,\frac{\text{eV}}{c}}}$$

3. **Berechnung der Feldstärke**
   Die in der Aufgabenstellung gegebene Formel für die Intensität S wird nach der gesuchten elektrischen Feldstärke E umgestellt und anschließend die Zahlenwerte eingesetzt (S gegeben, ε_0 und μ_0 aus der Formelsammlung):

$$S = \sqrt{\frac{\varepsilon_0}{\mu_0}} \cdot E^2$$

$$\Rightarrow \quad E = \sqrt{\frac{S}{\sqrt{\frac{\varepsilon_0}{\mu_0}}}} = \sqrt{S \cdot \sqrt{\frac{\mu_0}{\varepsilon_0}}} = \sqrt{1{,}39 \cdot 10^3 \frac{W}{m^2} \cdot \sqrt{\frac{1{,}26 \cdot 10^{-6} \frac{Vs}{Am}}{8{,}85 \cdot 10^{-12} \frac{As}{Vm}}}} = \underline{\underline{724 \frac{V}{m}}}$$

Einheitenkontrolle:

$$1\sqrt{\frac{W}{m^2} \cdot \sqrt{\frac{\frac{Vs}{Am}}{\frac{As}{Vm}}}} = 1\sqrt{\frac{W}{m^2} \cdot \sqrt{\frac{V^2}{A^2}}} = 1\sqrt{\frac{VA}{m^2} \cdot \frac{V}{A}} = 1\sqrt{\frac{V^2}{m^2}} = 1\frac{V}{m}$$

Die Zahl der Photonen

Im Teilchenbild wird Strahlungsenergie durch „Energiepakete", den Photonen, transportiert. Ihre Zahl pro Sekunde sei ΔN. Das bedeutet für die in einer Sekunde transportierte Energie ΔE und damit für die Leistung P (mit $\Delta t = 1\,s$):

$$\Delta E = \Delta N \cdot E_{Ph} = \Delta N \cdot h \cdot f = \Delta N \cdot h \cdot \frac{c}{\lambda} \quad \Rightarrow \quad P = \frac{\Delta E}{\Delta t} = \frac{\Delta N \cdot h \cdot c}{\Delta t \cdot \lambda}$$

Mit der angegebenen Formel für S folgt weiter:

$$S = \frac{P}{A} = \frac{\frac{\Delta N \cdot h \cdot c}{\Delta t \cdot \lambda}}{A} = \frac{\Delta N \cdot h \cdot c}{\Delta t \cdot \lambda \cdot \pi \cdot R^2}$$

Für ΔN ergibt sich durch Umstellen der Gleichung und Einsetzen aller Werte:

$$\Delta N = \frac{S \cdot \pi \cdot R^2 \cdot \Delta t \cdot \lambda}{h \cdot c}$$

$$= \frac{1{,}39 \cdot 10^3 \frac{W}{m^2} \cdot \pi \cdot (6370 \cdot 10^3\,m)^2 \cdot 1\,s \cdot 550 \cdot 10^{-9}\,m}{6{,}63 \cdot 10^{-34}\,Js \cdot 3{,}00 \cdot 10^8 \frac{m}{s}} = \underline{\underline{4{,}90 \cdot 10^{35}}}$$

Vereinbarkeit der Bilder im Rahmen der Quantenphysik

Die Quantenphysik überbrückt Wellen- und Teilchenbild, indem sie jedem Quantenteilchen (hier dem Photon) für jeden Raumpunkt und für jeden Zeitpunkt eine bestimmte Wahrscheinlichkeitsamplitude zuordnet (beim Photon proportional der elektrischen Feldstärke). Ihre zeitliche und räumliche Entwicklung wird durch eine Wellenfunktion beschrieben. Die Wahrscheinlichkeitsamplitude ist selbst nicht messbar. Ihr Quadrat hingegen ist ein Maß für die Wahrscheinlichkeit, ein Photon in einem bestimmten Raumbereich zu registrieren. Ort und Impuls eines einzelnen Photons lassen sich gemäß der Heisenberg'schen Unschärferelation prinzipiell nicht gleichzeitig bestimmen, vielmehr lässt sich nur die Wahrscheinlichkeit des Eintritts eines Messereignisses angeben. Der Intensitätsverteilung der klassischen Wellentheorie entspricht in der Quantenphysik die Verteilung der Aufenthaltswahrscheinlichkeit der Photonen.

4. **Photonenmasse**
Aus der Gleichung $E = m \cdot c^2$ lässt sich die Photonenmasse bestimmen:

$$m_{Licht} = \frac{E}{c^2} = \frac{h \cdot f}{c^2} = \frac{h}{c \cdot \lambda} = \frac{6{,}63 \cdot 10^{-34}\,\text{Js}}{3{,}00 \cdot 10^{8}\,\frac{\text{m}}{\text{s}} \cdot 550 \cdot 10^{-9}\,\text{m}}$$

$$= \underline{\underline{4{,}02 \cdot 10^{-36}\,\text{kg}}} = 4{,}4 \cdot 10^{-6} \cdot m_{Elektron}$$

Die Photonenmasse m_{Licht} beträgt also nur einige Millionstel der Elektronenmasse $m_{Elektron}$. Bei einem Stoß – bei dem das Photon nicht absorbiert werden soll – kann das Photon keine Energie auf das Elektron übertragen (im mechanischen Bild ist das vergleichbar mit einem Ball, der gegen die Wand geprellt wird und gleich schnell zurückspringt). Es behält daher seine Energie $E = h \cdot f$ bei, die Frequenz f und damit die Farbe des Lichts ändern sich nicht.

Streuung von Röntgenphotonen
Die analoge Rechnung wie oben liefert für die Masse eines Röntgenphotons:

$$m_{Röntgen} = \frac{h}{c \cdot \lambda} = \frac{6{,}63 \cdot 10^{-34}\,\text{Js}}{3{,}00 \cdot 10^{8}\,\frac{\text{m}}{\text{s}} \cdot 8 \cdot 10^{-12}\,\text{m}}$$

$$= 2{,}76 \cdot 10^{-31}\,\text{kg} \approx 0{,}3 \cdot m_{Elektron}$$

Beträgt die Photonenmasse 30 % der Elektronenmasse, so ist die bei einem Stoß an das Elektron abgegebene Energie nicht mehr vernachlässigbar. Das gestreute Photon hat demnach weniger Energie und die gestreute Röntgenstrahlung ist langwelliger.

5. **Comptoneffekt**
Der Comptoneffekt beschreibt die Streuung von Röntgenstrahlung an Elektronen, wenn diese sich bei dem Stoß wie ungebundene Elektronen verhalten. Da die Masse der Photonen von der Größenordnung der Elektronenmasse ist, kommt es zu einem Impuls- und Energieübertrag an das Elektron, sodass die gestreute Röntgenstrahlung energieärmer (man sagt auch: weicher) ist.

Die Verschiebung der Wellenlänge

$$\Delta\lambda = \frac{h}{m_e \cdot c} \cdot (1 - \cos\varphi)$$

$$= 2{,}43\,\text{pm} \cdot (1 - \cos\varphi)$$

ist unabhängig von der Wellenlänge λ der gestreuten Strahlung und hängt nur vom Streuwinkel φ ab.

Berechnung der kinetischen Energie
Die kinetische Energie E_{kin}, die das Elektron erhält, ist gleich der Energiedifferenz $\Delta E = h \cdot (f - f')$ der Photonen vor und nach dem Stoß. Für $\varphi = 90°$ ergibt sich der Term $\Delta\lambda = 2{,}43\,\text{pm} \cdot (1 - \cos 90°) = 2{,}43\,\text{pm}$ und es folgt:

$$
\begin{aligned}
E_{kin} &= h \cdot (f - f') = h \cdot c \cdot \left(\frac{1}{\lambda} - \frac{1}{\lambda'}\right) \\
&= h \cdot c \cdot \left(\frac{1}{\lambda} - \frac{1}{\lambda + \Delta\lambda}\right) \\
&= 6{,}63 \cdot 10^{-34}\ \text{Js} \cdot 3{,}00 \cdot 10^{8}\ \frac{\text{m}}{\text{s}} \cdot \left(\frac{1}{8 \cdot 10^{-12}\ \text{m}} - \frac{1}{(8 + 2{,}43) \cdot 10^{-12}\ \text{m}}\right) \\
&= 5{,}79 \cdot 10^{-15}\ \text{J} = \underline{\underline{36{,}2\ \text{keV}}}
\end{aligned}
$$

Das sind 7,1 % der Ruheenergie $E_0 = 511$ keV des Elektrons, entsprechend einer Geschwindigkeit $v = 0{,}36$ c.

Abiturprüfung Physik (Hessen) – Grundkurs
Übungsaufgabe A1: Elektrisches und magnetisches Feld

Ein Modellexperiment zum Millikan-Versuch

Die Aufgabe basiert auf einem mit Foto vorgestellten Modell-Experiment zum Schwebefall des Millikan-Versuches. Die Aufgabe entspricht einem Drittel eines Abiturvorschlags (eine von drei gleich gewichteten Aufgaben eines Vorschlags).

Bezug: Handreichung der Physik GK 12.1, Elektrisches und magnetisches Feld
Thema: Elektrisches Feld, Quantisierung der Ladung, Spannung, Stromstärke
Konkretisierung: Millikan-Versuch im Schwebefall; Feldsstärke $E = \frac{U}{d}$ im homogenen Feld des Plattenkondensators.

Der Millikan-Versuch dient zur Bestimmung der Ladung des Elektrons (elektrische Elementarladung). Um seine Messidee zu verdeutlichen, wird ein Modellexperiment durchgeführt und dargestellt (siehe Abbildung 1).
Zwischen die horizontalen Platten eines Demonstrations-Plattenkondensators wird ein kleines, leichtes Aluminiumröllchen gebracht. Der im Bild sichtbare, waagerecht verlaufende dünne Faden, auf dem das Röllchen anfangs hängt, soll nur verhindern, dass es auf die untere Platte des Kondensators fällt. Das Aluminiumröllchen wird negativ aufgeladen und durch Anlegen einer Spannung am Kondensator zum Schweben gebracht.
Der geschilderte Schwebezustand wird bei folgenden Messwerten erreicht:
Kondensatorspannung $U = 5\,100$ V,
Plattenabstand $d = 6{,}0$ cm und
Masse des Aluminium-Röllchens $m = 50$ mg.

Abb. 1

1. Fertigen Sie eine klare Prinzipskizze des Versuchs mit Kondensator, angeschlossener Spannungsquelle sowie den Kräften auf das Röllchen im Schwebezustand an.

2. Leiten Sie eine Gleichung zur Berechnung der Ladung des Röllchens her und berechnen Sie dessen Wert.
Eine anschließend mit einem Messverstärker durchgeführte Kontrollmessung ergab für den Betrag der Ladung $Q = 5{,}5$ nC. Vergleichen Sie Ihr Rechenergebnis sinnvoll mit dem Messergebnis.

3. Welchen Plattenabstand muss der Kondensator in diesem Modellexperiment haben, damit bei $U = 6\,500$ V ein negativ geladener Probekörper, der die Masse 75 mg und den Ladungsbetrag $Q = 5$ nC besitzt, schwebt?
Der Abstand d der Kondensatorplatten wird etwas verkleinert. Was passiert, wenn die anderen Messgrößen konstant bleiben? Begründen Sie!

4. Millikan hat diesen Versuch mit sehr kleinen geladenen Öltröpfchen durchgeführt.
Erläutern Sie den Grundgedanken dieses Versuches. Warum konnte Millikan aufgrund seiner Messergebnisse auf die Existenz einer kleinsten Ladungsmenge (Elementarladung) schließen?

5. Leiten Sie aus der Definition der elektrischen Feldstärke $E = \frac{F_{el}}{q}$ die Gleichung $E = \frac{U}{d}$ für homogene Felder eines Plattenkondensators her.

Tipps und Hinweise zur Lösung von Übungsaufgabe A1

Tipps zu Teilaufgabe 1

- Hier ist eine *Skizze*, keine Zeichnung eines Aufbaus verlangt.
- Wichtige Bestandteile der Skizze sind die Kondensatorplatten, Spannungsquelle, paralleles Spannungsmessgerät und Metallröllchen mit den beiden Kräften.

Tipps zu Teilaufgabe 2

- Als Ansatz wird hier das Kräftegleichgewicht am schwebenden Metallröllchen benutzt: $F_{el} = F_G$.
- Sie haben das schon in Teilaufgabe 1 eingezeichnet. Setzen Sie für die beiden Größen die entsprechenden Formeln ein und lösen Sie nach q auf.

Tipps zu Teilaufgabe 3

- Sie müssen die Gleichung $q = \frac{m \cdot g \cdot d}{U}$ aus Teilaufgabe 2 nach q umstellen, anschließend können Sie die gegebenen Größen einsetzen.
- Betrachten Sie das benutze Kräftegleichgewicht: Welche Kraft ändert sich, welche bleibt gleich? Was hat das für eine Wirkung?

Tipp zu Teilaufgabe 4

- Überlegen Sie: Das Problem besteht darin, dass sich zwar eine Ladungsmenge bestimmen lässt – aber woher sollte Millikan wissen, ob es nicht auch beliebig kleinere geben sollte? Da helfen nur viele Messungen.

Tipp zu Teilaufgabe 5

- Sie benötigen noch die Definitionsgleichung der elektrischen Spannung $U = \frac{W}{q}$ und die Gleichung für die Arbeit im elektrischen Kondensatorfeld $W = F_{el} \cdot d$.
Jetzt können Sie alles zu der geforderten Gleichung zusammensetzen.

Lösungen zu Übungsaufgabe A1

1. **Prinzipskizze**

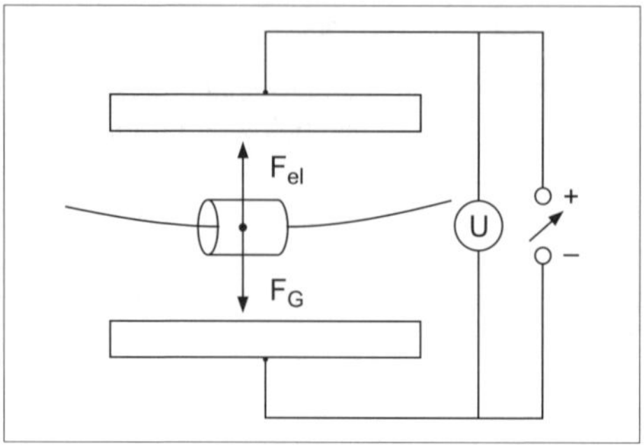

Abb. 2

Zeichnen Sie in die Prinzipskizze des Versuchs, wie hier gezeigt, auch die Polung der Spannungsquelle (hier: die obere Platte muss positiv geladen sein, um das negativ geladene Röllchen anzuziehen) und das entsprechende Spannungsmessgerät ein.

2. **Ladung des Röllchens**

Aus dem Kräftegleichgewicht am Metallröllchen im Schwebezustand lässt sich eine Gleichung für den Ansatz aufstellen. Die nach unten wirkende Gewichtskraft F_G wird von der nach oben wirkenden elektrischen Kraft F_{el} betragsmäßig kompensiert:

$$F_{el} = F_G$$

Für die elektrische Kraft ist das elektrische Feld E des Plattenkondensators, das auf den Probekörper mit der Ladung q wirkt, verantwortlich:

$$F_{el} = q \cdot E = q \cdot \frac{U}{d}$$

Für die Gewichtskraft gilt:

$$F_G = m \cdot g$$

Diese Formeln werden gleichgesetzt und nach der gesuchten Ladung q umgestellt:

$$q \cdot \frac{U}{d} = m \cdot g \quad \Rightarrow \quad q = \frac{m \cdot g \cdot d}{U} \qquad (*)$$

Jetzt können die in der Aufgabenstellung gegebenen Werte eingesetzt werden:

$$q = \frac{50\ \text{mg} \cdot 9{,}81\ \frac{\text{N}}{\text{kg}} \cdot 6\ \text{cm}}{5100\ \text{V}} = \frac{50 \cdot 10^{-6}\ \text{kg} \cdot 9{,}81\ \frac{\text{N}}{\text{kg}} \cdot 0{,}06\ \text{m}}{5100\ \text{V}}$$

$$\approx 5{,}8 \cdot 10^{-9}\ \text{As} = \underline{\underline{5{,}8\ \text{nC}}}$$

Achten Sie, wenn Sie das Endergebnis einer Berechnung angeben, darauf, dass Sie den Zahlenwert gemäß der *Zahl der gültigen Ziffern* runden. Diese ist durch die in der Aufgabenstellung gegebenen Zahlenwerte bestimmt. Im Fall der Röllchenladung hat man zwei gültige Ziffern, also müssen Sie auf eine Dezimalstelle runden.

Die Einheit ergibt sich folgendermaßen:

$$1\,\frac{\text{kg}\cdot\frac{\text{N}}{\text{kg}}\cdot\text{m}}{\text{V}} = 1\,\frac{\text{Nm}}{\text{V}} = 1\,\frac{\text{VAs}}{\text{V}} = 1\,\text{As}$$

Gewöhnen Sie sich an, Ihre Ergebnisse auf korrekte physikalische Einheiten zu überprüfen. Sie merken auf diese Weise sofort, ob Sie die Umformung von Formelgleichungen richtig durchgeführt haben.

Vergleich mit dem Messergebnis
Ein sinnvoller Vergleich besteht in der Angabe der relativen Abweichung des Messwertes vom berechneten Wert:

$$\frac{5{,}8\,\text{nC} - 5{,}5\,\text{nC}}{5{,}8\,\text{nC}} \approx 0{,}05 = \underline{\underline{5\,\%}}$$

3. Formel (∗) für die Ladung q aus Teilaufgabe 2 kann nach d umgestellt werden:

$$q = \frac{m\cdot g\cdot d}{U} \quad\Leftrightarrow\quad d = \frac{q\cdot U}{m\cdot g}$$

$$d = \frac{5\,\text{nC}\cdot 6\,500\,\text{V}}{75\,\text{mg}\cdot 9{,}81\,\frac{\text{N}}{\text{kg}}} = \frac{5\cdot 10^{-9}\,\text{C}\cdot 6\,500\,\text{V}}{75\cdot 10^{-6}\,\text{kg}\cdot 9{,}81\,\frac{\text{N}}{\text{kg}}} = \underline{\underline{0{,}044\,\text{m}}}$$

Einheitenkontrolle:

$$1\,\frac{\text{C}\cdot\text{V}}{\text{kg}\cdot\frac{\text{N}}{\text{kg}}} = 1\,\frac{\text{VAs}}{\text{N}} = 1\,\frac{\text{Nm}}{\text{N}} = 1\,\text{m}$$

Verkleinerung des Plattenabstands
Wird der Abstand d der Kondensatorplatten verkleinert, vergrößert sich die elektrische Kraft gemäß der Beziehung $F_{el} = q\cdot\frac{U}{d}$ (siehe Teilaufgabe 2). Da aber F_G sich nicht ändert, wird der Probekörper nach oben gezogen (vergleichen Sie mit den in Abbildung 2 eingezeichneten Kräften).

4. Millikan bestimmte die Ladung von sehr vielen Öltröpfchen. Dabei erkannte er, dass alle Ergebnisse bei bestimmten Ladungsmengen q_1, q_2, q_3, … lagen. Messergebnisse mit $0{,}5\cdot q_1$ oder $0{,}7\cdot q_3$ etc. tauchten nicht auf. In dem Diagramm der Abbildung 3, in dem die gemessenen Ladungsmengen über der Anzahl der Versuche aufgetragen sind, wird das sehr deutlich.

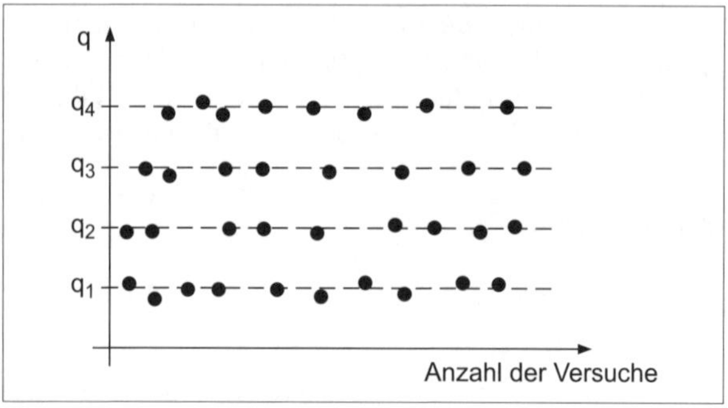

Abb. 3

Aus der Tatsache, dass der Unterschied zwischen q_1 und q_2 bzw. zwischen q_2 und q_3 usw. eine konstante, sich auch bei den vielen Experimenten nicht ändernde Ladungsmenge war, schloss er, dass diese Ladungsmenge die kleinste vorkommende Ladung sei. Diese kleinste Ladungsmenge wird als Elementarladung e bezeichnet und hat den Wert $e = 1{,}6 \cdot 10^{-19}$ C.

5. Die elektrische Feldstärke E ist über die Kraft auf eine Probeladung q definiert:

$$E = \frac{F_{el}}{q}$$

Das Feld eines Plattenkondensators ist homogen. Denkt man sich nun eine Probeladung q im Feld des Kondensators gegen die elektrische Kraft von der einen zur anderen Platte gebracht, so muss man dafür die Arbeit („Kraft mal Weg")

$$W = F_{el} \cdot d = E \cdot q \cdot d$$

aufbringen. d ist dabei der Abstand der Kondensatorplatten. Der Quotient

$$U = \frac{W}{q} = \frac{E \cdot q \cdot d}{q} = E \cdot d$$

bildet die am Kondensator anliegende elektrische Spannung U. Eine Umstellung nach E ergibt die geforderte Gleichung:

$$\underline{\underline{E = \frac{U}{d}}}$$

Stehende Wellen

Die Aufgabe erfordert mittleren mathematischen Aufwand, besitzt aber eine starke Anbindung an ein Experiment und integriert Umwelt- und Alltagsbezüge. Die Aufgabe entspricht einem Drittel eines Abiturvorschlags (eine von drei gleich gewichteten Aufgaben eines Vorschlags).

Bezug: Handreichungen der Physik GK 12.2, Mechanische und elektromagnetische Schwingungen und Wellen
Thema: Überlagerung von Wellen, stehende Wellen
Konkretisierung: Stehende Wellen durch Reflexion

Eine oben offene Glasröhre, die mit Wasser gefüllt ist, wird von oben mit einem Lautsprecher beschallt. Der Wasserspiegel in der Röhre kann durch Ablassen des Wassers gesenkt werden. Damit vergrößert sich der Luftraum im oberen Teil der Säule (siehe Abbildung 1).

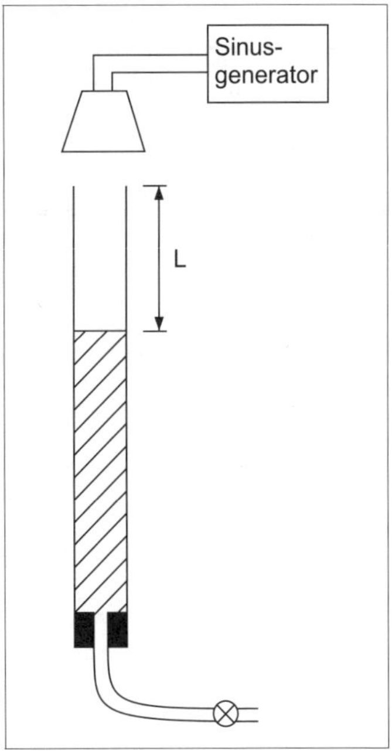

Abb. 1

1. Erläutern Sie das Zustandekommen stehender Wellen im oberen Luftraum der Glasröhre.

2. Leiten Sie mit Skizze und kurzem Text folgenden Zusammenhang zwischen der Länge L der Luftsäule und der Wellenlänge λ der stehenden Welle her:

$$L = n \cdot \frac{\lambda_n}{4} \quad (n = 1, 3, 5, \ldots)$$

3. In einem ersten Teil des Experiments wird der Sinusgenerator auf eine Frequenz von $f_1 = 1000$ Hz und konstante Lautstärke eingestellt. Die anfangs vollständig gefüllte Glasröhre wird langsam entleert. Bei einer Länge $L = 8{,}5$ cm der Luftsäule ist zum ersten Mal ein deutlich lauterer Ton zu hören. Bestimmen Sie aus diesen Angaben die Wellenlänge des Tons.

4. Bei konstantem Stand des Wasserspiegels (Länge der Luftsäule $L = 8{,}5$ cm) wird jetzt die Frequenz des Tons von 1000 Hz aus langsam erhöht. Anfangs nimmt die Lautstärke ab. Bei $f_2 = 3000$ Hz ist der Ton wieder deutlich lauter zu hören. Bestimmen Sie die Wellenlänge dieses Tons und berechnen Sie die Ausbreitungsgeschwindigkeit von Schall im Luftraum.

5. Eine vergleichbare Situation wie im Experiment stellt sich beim Hören von Musik über so genannte Ohrhörer dar. Dabei entsprechen das Trommelfell der Oberfläche des Wassers und der Gehörgang der Luftsäule in der Glasröhre. Abbildung 2 zeigt die Frequenzcharakteristik eines solchen Ohrhörers im Ohr.
Erläutern Sie auf der Grundlage der bisherigen Aufgabe das Zustandekommen der beiden Peaks.

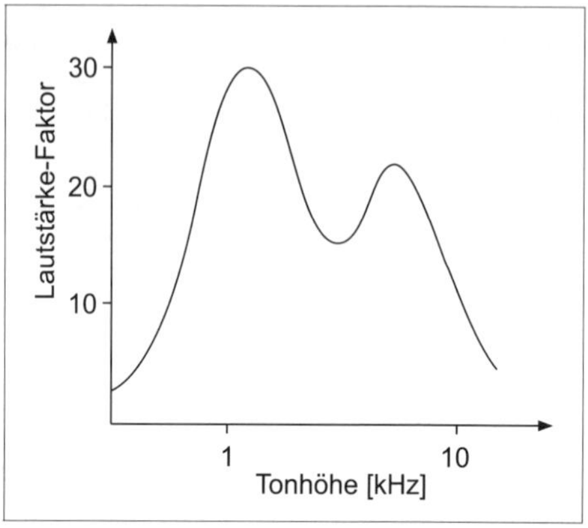

Abb. 2

Tipps und Hinweise zur Lösung von Übungsaufgabe B1

Tipps zu Teilaufgabe 1

- Wenden Sie die Definition stehender Wellen und ihre Eigenschaften auf den vorliegenden Versuch an.
- Begründen Sie dabei auch das Zustandekommen von Wellenbäuchen und Wellenknoten.

Tipps zu Teilaufgabe 2

- Zeichnen Sie zunächst die Grundschwingung, dann die ersten drei Oberschwingungen für ein System mit einem offenen und einem geschlossenen Ende.
- Leiten Sie aus der Zeichnung Bedingungen für die Wellenlängen der dabei auftretenden stehenden Wellen ab.
- Wichtige Begriffe: Überlagerung, Reflexion, Frequenz, Amplitude, Wellenlänge, Wellenknoten und -bäuche, destruktive und konstruktive Interferenz

Tipps zu Teilaufgabe 3

- Gefragt ist nach der Wellenlänge der Grundschwingung.
- Welche Bedingung muss in diesem Fall für die Länge der schwingenden Luftsäule gelten?
- Beachten Sie: Welche Größen bleiben konstant, welche werden geändert?

Tipps zu Teilaufgabe 4

- Die Bearbeitung erfolgt analog zu Teilaufgabe 3, allerdings sind jetzt L konstant und die Frequenz bzw. die Wellenlänge variabel.
- Überlegen Sie: Um welche Schwingung handelt es sich hier?
- Benutzen Sie die Ergebnisse aus Teilaufgabe 2.

Tipps zu Teilaufgabe 5

- Übertragen Sie die in den vorangegangenen Aufgabenteilen gewonnenen Erkenntnisse auf den Gehörgang und das Trommelfell.
- Beachten Sie auch hier: Welche Größen bleiben konstant, welche variieren?
- Benutzen Sie wieder die Bedingungsgleichung für stehende Wellen.

Lösungen zu Übungsaufgabe B1

1. Eine stehende Welle entsteht aus der Überlagerung zweier gegenläufiger fortschreitender Wellen gleicher Frequenz und gleicher Amplitude auf einem Wellenträger. Der Lautsprecher erzeugt eine Schallwelle, die an der Oberfläche des Wassers reflektiert wird. Die ursprüngliche Welle und die an der Oberfläche reflektierte Welle überlagern sich. Als Folge entsteht keine fortschreitende Welle mehr, sondern die Luftmoleküle vollführen Schwingungen, bei denen bestimmte Stellen in Ruhe bleiben (Wellenknoten), während andere mit großer Amplitude hin und her schwingen (Wellenbäuche). An den Wellenknoten herrscht destruktive Interferenz und an den Wellenbäuchen konstruktive Interferenz. Der Abstand zweier Wellenknoten bzw. zweier Wellenbäuche ist die halbe Wellenlänge der ursprünglichen fortschreitenden Welle.

2. Bei einer oben offenen Glasröhre handelt es sich um ein System mit einem offenen und einem festen Ende. Am unteren Ende der Luftsäule befindet sich das feste Ende und damit ein Knoten, am oberen Ende ein Bauch (offenes Ende).
   Für die Grundschwingung (n = 1) gilt demnach (siehe Skizze):

$$L = \frac{1}{4}\lambda_1$$

   Für die erste Oberschwingung (n = 3) und zweite Oberschwingung (n = 5) entsprechend:

$$L = \frac{3}{4}\lambda_3 \quad \text{und} \quad L = \frac{5}{4}\lambda_5 \quad \text{usw.}$$

   Zusammengefasst erhält man:

$$\underline{\underline{L = n \cdot \frac{\lambda_n}{4}}} \quad \text{mit } n = 1, 3, 5, \ldots$$

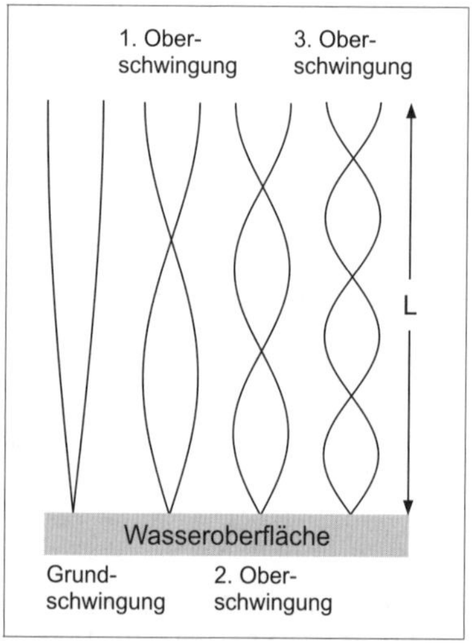

Abb. 3

3. **Wellenlänge bei konstanter Frequenz und variabler Länge der Luftsäule**
   Die Frequenz $f_1 = 1\,000$ Hz ist konstant. Die Länge L der schwingenden Luftsäule wird beginnend von L = 0 vergrößert, indem die anfangs vollständig gefüllte Glasröhre langsam geleert wird. Dabei hört man zum ersten Mal bei der Länge 8,5 cm einen lauteren Ton. Dies muss die Grundschwingung sein, weil bei fester Frequenz und damit fester Wellenlänge die minimale Länge L der schwingenden Luftsäule, für die die Beziehung

$$L = n \cdot \frac{\lambda_n}{4} \quad (n = 1, 3, 5, \ldots)$$

erfüllt ist, durch das kleinstmögliche n, also n = 1 gegeben ist:

$$L_{min} = 1 \cdot \frac{\lambda_1}{4}$$

Mit $L_{min} = 8{,}5$ cm folgt für die gesuchte Wellenlänge λ_1:

$$\lambda_1 = 4 \cdot L_{min} = 4 \cdot 8{,}5 \cdot 10^{-2}\ \text{m} = \underline{\underline{0{,}34\ \text{m} = 34\ \text{cm}}}$$

Der Ton besitzt eine Wellenlänge von $\lambda_1 = 34$ cm.

4. **Wellenlänge bei konstanter Frequenz und variabler Länge der Luftsäule**
   In diesem Experiment sind L konstant und die Frequenz bzw. die Wellenlänge variabel. Ausgehend von der Grundschwingung $f_1 = 1\,000$ Hz wird nun die Frequenz erhöht, d. h., die Wellenlänge wird kleiner. Gemäß der Beziehung

   $$L = n \cdot \frac{\lambda_n}{4} \quad \Leftrightarrow \quad \lambda_n = 4 \cdot \frac{L}{n}$$

   bedeutet das bei konstantem L, dass n größer werden muss, um die Bedingung für stehende Wellen bei der Frequenz $f_2 = 3\,000$ Hz zu erfüllen. Dies ist für n = 3 (1. Oberschwingung) der Fall, sodass für die zugehörige Wellenlänge folgt:

   $$\lambda_3 = 4 \cdot \frac{L}{3} \quad \Rightarrow \quad \lambda_3 = 4 \cdot \frac{8{,}5 \cdot 10^{-2}\ \text{m}}{3} = 0{,}11\bar{3}\ \text{m} \approx \underline{\underline{11\ \text{cm}}}$$

   Ausbreitungsgeschwindigkeit
   Die Ausbreitungsgeschwindigkeit v einer Welle berechnet sich nach der Formel $v = \lambda \cdot f$. Durch Einsetzen ergibt sich für die Ausbreitungsgeschwindigkeit der Schallwelle in Luft folgender Wert:

   $$v = \lambda \cdot f = 0{,}11\bar{3}\ \text{m} \cdot 3\,000\ \text{Hz} = \underline{\underline{340\ \tfrac{\text{m}}{\text{s}}}}$$

   Der Literaturwert beträgt bei Zimmertemperatur (20 °C) etwa $343\ \frac{\text{m}}{\text{s}}$.

5. Da für den Gehörgang und das Trommelfell ähnliche Bedingungen gelten wie für die Luftsäule und die Wasseroberfläche im beschriebenen Experiment, bilden sich auch beim Hören von Musik mit so genannten Ohrhörern unter bestimmten Bedingungen stehende Wellen im Gehörgang aus. Da sich der Gehörgang – genauer gesagt die Entfernung zwischen der Membran des Ohrhörers und des Trommelfells – nicht ändert, reduziert sich die Abhängigkeit der Entstehung stehender Wellen auf die Frequenz und damit auf die Wellenlänge des gespielten Tons. An den Stellen der beiden Peaks erfüllen die Frequenzen (etwa 1–2 kHz und 7 kHz) gerade die Bedingung zur Ausbildung von stehenden Wellen. Damit kommt es zu einer Resonanz, also das Mitschwingen eines schwingungsfähigen Systems, wenn es durch eine Anregungsfrequenz in der Nähe seiner Eigenfrequenz angeregt wird, und die Amplitude des Tons wird gemäß Abbildung 2 bis auf das 30-fache verstärkt.

   Diese hohen Lautstärken können zur Schädigung des Hörvermögens führen.

Abiturprüfung Physik (Hessen) – Grundkurs
Übungsaufgabe B2: Mechanische Schwingungen

Fadenpendel und Federpendel

In den ersten beiden Aufgabenteilen ist der Umgang mit der Schwingungsgleichung für das Fadenpendel gefragt. Zusätzlich wird in Teilaufgabe 3 das Aufstellen der Schwingungsgleichung gefordert. Ein Vergleich mit einem Federpendel und die Erweiterung der Problemstellung auf ein Galilei' sches Hemmungspendel runden die Aufgabe ab. Die Aufgabe ist insgesamt eher im leichten Bereich anzusiedeln. Die Aufgabe entspricht einem Drittel eines Abiturvorschlags (eine von drei gleich gewichteten Aufgaben eines Vorschlags).

Bezug: Handreichungen der Physik GK 12.2, Mechanische und elektromagnetische Schwingungen und Wellen
Thema: Harmonische Schwingungen, charakteristische Größen
Konkretisierung: Fadenpendel und Federpendel, Schwingungsgleichung, Formeln für Schwingungsdauer

1. Ein Fadenpendel der Länge $\ell = 72{,}0$ cm führt in $t = 20{,}5$ s $n = 12$ Schwingungen aus. Bestimmen Sie die Schwingungsdauer und die Frequenz des Pendels. Vergleichen Sie die aus den Messwerten errechneten Werte für Schwingungsdauer und Frequenz mit den theoretischen Werten aus der Formel und bestimmen Sie die prozentuale Abweichung.

2. Ermitteln Sie aus den gemessenen Werten die Erdbeschleunigung g.

3. Die Amplitude des Fadenpendels beträgt 45,0 cm. Der Pendelkörper bewegt sich zum Zeitpunkt $t = 0$ durch die Gleichgewichtslage ($s = 0$) in positiver Richtung. Stellen Sie die vollständige Gleichung von s(t) für diese Schwingung auf und bestimmen Sie rechnerisch die Elongation für $t = 2{,}5$ s.

4. Zeichnen Sie ein t-s-Diagramm dieser Schwingung.
Bestimmen Sie rechnerisch die maximale Geschwindigkeit des Pendelkörpers und zeichnen Sie in dieses Diagramm auch den Verlauf der Geschwindigkeit des Oszillators ein.

5. Ein Federpendel soll die gleiche Schwingungsdauer besitzen wie das oben genannte Fadenpendel. Dazu verwenden Sie eine Feder der Härte $D = 10\,\frac{N}{m}$. Welches Gewichtsstück wird benötigt?

6. Nun wird 54 cm senkrecht unter der Aufhängung des Pendels eine Hemmung angebracht. Das Pendel führt jetzt in t = 19,4 s n = 15 Schwingungen aus.
   Bestimmen Sie die Schwingungsdauer T dieses Hemmungspendels aus den Messwerten.
   Berechnen Sie die theoretische Schwingungsdauer des Hemmungspendels und skizzieren Sie das Zeit-Elongation-Diagramm für einige Schwingungen.
   Begründen Sie den Verlauf der Schwingungskurve.

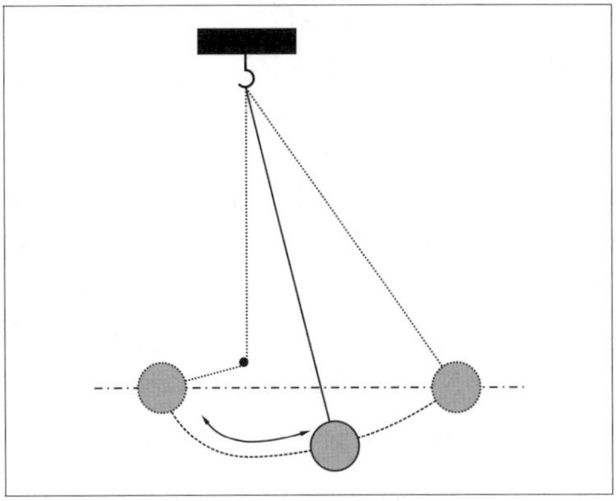

Abb. 1

Tipps und Hinweise zur Lösung von Übungsaufgabe B2

Tipps zu Teilaufgabe 1

- Die Schwingungsdauer T berechnet sich aus den Versuchsdaten, indem man die Gesamtzeit für n Schwingungen durch die Anzahl n der Schwingungen teilt.
- Die Frequenz f ist der Kehrwert der Schwingungsdauer T.
- Die Formel für die Schwingungsdauer T finden Sie in Ihrer Formelsammlung.

Tipps zu Teilaufgabe 2

- Stellen Sie die Formel für die Schwingungsdauer T nach g um. Durch Einsetzen der Zahlenwerte ergibt sich die Erdbeschleunigung g.
- Überlegen Sie: Welchen Wert von T müssen Sie verwenden, damit die Berechnung sinnvoll ist?

Tipps zu Teilaufgabe 3

- In der Formelsammlung finden Sie die allgemeine Form der Schwingungsgleichung (Zeit-Elongations-Gesetz) einer harmonischen Schwingung und eine Formel für die Winkelgeschwindigkeit ω.
- Berechnen Sie anhand dieser Formel die Winkelgeschwindigkeit ω. Berücksichtigen Sie die Anfangsbedingungen für Elongation und Bewegungsrichtung und setzen Sie die ermittelten Werte in die Schwingungsgleichung ein.
- Achten Sie darauf, dass die Winkelgrößen im Bogenmaß gegeben sind.

Tipps zu Teilaufgabe 4

- Überlegen Sie: Wie hängen die Zeitabhängigkeit von Elongation und Geschwindigkeit einer harmonischen Schwingung mathematisch zusammen?
- Das Pendel besitzt die maximale Geschwindigkeit beim Durchgang durch die Gleichgewichtslage.
- Da Sie *zeichnen* und nicht *skizzieren* sollen, muss der Graph quantitativ richtig sein, sie müssen also einige Zahlenwerte bestimmen. Nutzen Sie die zuvor berechneten Werte für Null- und Extremstellen.

Tipps zu Teilaufgabe 5

- Die Formel für die Schwingungsdauer T eines Federpendels finden Sie in Ihrer Formelsammlung.
- Gesucht ist die Masse des benötigten Gewichtsstücks. Lösen Sie die Formel nach m auf und setzen Sie die gegebenen Werte ein.

Tipps zu Teilaufgabe 6

- Übersehen Sie nicht, die Schwingungsdauer sowohl aus den Messwerten als auch theoretisch zu berechnen.
- Betrachten Sie für die theoretische Berechnung die zwei Halbschwingungen nach rechts und links getrennt.
- Überlegen Sie bei der Erstellung des Diagramms (Skizze, keine exakte Zeichnung!), wie sich die Schwingungsdauern und die Elongationen der beiden Halbschwingungen zueinander verhalten.

Lösungen zu Übungsaufgabe B2

1. Die Schwingungsdauer ist die Zeit, die ein Pendel für eine komplette Hin- und Herbewegung benötigt. Sie ergibt sich als Quotient aus der Zeit t für n Schwingungen und der Anzahl n der Schwingungen.

$$T = \frac{t}{n} \quad \Rightarrow \quad T = \frac{20{,}5\ \text{s}}{12} \approx \underline{\underline{1{,}71\ \text{s}}}$$

Die Frequenz gibt die Anzahl der Schwingungen pro Sekunde an. Man kann die Frequenz aus der Schwingungsdauer berechnen:

$$f = \frac{1}{T} \quad \Rightarrow \quad f = \frac{1}{1{,}71\ \text{s}} \approx \underline{\underline{0{,}58\ \text{Hz}}}$$

Vergleich mit den theoretischen Werten
Die Schwingungsdauer eines Fadenpendels lautet:

$$T = 2\pi \cdot \sqrt{\frac{\ell}{g}} \quad \Rightarrow \quad T = 2\pi \cdot \sqrt{\frac{0{,}72\ \text{m}}{9{,}81\ \frac{\text{m}}{\text{s}^2}}} \approx \underline{\underline{1{,}70\ \text{s}}} \quad \Rightarrow \quad f = \frac{1}{T} = \frac{1}{1{,}70\ \text{s}} \approx \underline{\underline{0{,}59\ \text{Hz}}}$$

Die gemessenen und die errechneten Werte stimmen im Rahmen der Messgenauigkeit überein.

In der Aufgabe wird stillschweigend vorausgesetzt, dass Sie die Schwingung als harmonisch auffassen dürfen. Diese Annahme ist für kleine Auslenkungen des Fadenpendels gut, im vorliegenden Fall bei einer Auslenkung von umgerechnet 36° nur näherungsweise erfüllt. Neben Messfehlern tritt hier also auch ein systematischer Fehler auf.

2. Um die Erdbeschleunigung g zu bestimmen, setzt man die gemessene Schwingungsdauer in die Formel ein und löst diese nach g auf:

$$T = 2\pi \cdot \sqrt{\frac{\ell}{g}} \quad \Leftrightarrow \quad g = \frac{\ell}{\left(\frac{T}{2\pi}\right)^2} = \frac{\ell \cdot 4\pi^2}{T^2} \quad \Rightarrow \quad g = \frac{0{,}72\ \text{m} \cdot 4\pi^2}{1{,}71^2\ \text{s}^2} \approx \underline{\underline{9{,}72\ \frac{\text{m}}{\text{s}^2}}}$$

Beachten Sie, dass Sie nicht den theoretischen Wert der Schwingungsdauer einsetzen, da dieser bereits unter Zuhilfenahme von $9{,}81\ \frac{\text{m}}{\text{s}^2}$ bestimmt wurde.

3. Die allgemeine Form der **Schwingungsgleichung** (Zeit-Elongations-Gesetz) einer harmonischen Schwingung lautet:

$$s(t) = \hat{s} \cdot \sin(\omega \cdot t + \varphi_0)$$

Dabei bezeichnen $\hat{s}$ die Amplitude, $\omega = \frac{\varphi}{t} = \frac{2\pi}{T} = 2\pi \cdot f$ die Winkelgeschwindigkeit und φ_0 den Phasenwinkel.

Da $s(0) = 0$ gelten soll, folgt zunächst:

$$s(0) = \hat{s} \cdot \sin(\omega \cdot 0 + \varphi_0) = \hat{s} \cdot \sin \varphi_0 = 0 \quad \Rightarrow \quad \varphi_0 = 0$$

Aufgrund der positiven Durchgangsrichtung bei $t = 0$ muss die Elongation während der ersten halben Schwingungsperiode außerdem positive Werte annehmen. Mit den Zahlenwerten

$$\omega = \frac{2\pi}{T} = \frac{2\pi}{1{,}7\ \text{s}} \approx 3{,}7\ \frac{1}{\text{s}} \quad \text{und} \quad \hat{s} = 0{,}45\ \text{m}$$

ergibt sich damit für unsere Schwingungsgleichung:

$$\underline{\underline{s(t) = +0{,}45\ \text{m} \cdot \sin(3{,}7\ \tfrac{1}{\text{s}} \cdot t)}}$$

Für $t = 2{,}5$ s erhält man daraus die **Elongation**:

$$s(2{,}5\ \text{s}) = 0{,}45\ \text{m} \cdot \sin(3{,}7\ \tfrac{1}{\text{s}} \cdot 2{,}5\ \text{s}) \approx \underline{\underline{0{,}078\ \text{m} = 7{,}8\ \text{cm}}}$$

Denken Sie daran, dass Sie Ihren Taschenrechner für diese Rechnung auf den Modus „Bogenmaß“ (RAD) einstellen.

4. Abbildung 2 zeigt das **t-s-Diagramm**.
   Für die harmonische Schwingung eines Pendels ergibt sich das Zeit-Geschwindigkeits-Gesetz als erste Ableitung der allgemeinen Schwingungsgleichung:

   $$s'(t) = v(t) = \omega \cdot \hat{s} \cdot \cos(\omega \cdot t)$$

Berücksichtigen Sie beim Ableiten die Kettenregel.

Die **maximale Geschwindigkeit** besitzt der Pendelkörper beim Durchgang durch die Gleichgewichtslage ($s = 0$). Dies ist gerade zum Zeitpunkt $t = 0$ der Fall:

$$v(0\ \text{s}) = \omega \cdot \hat{s} \cdot \cos(\omega \cdot 0\ \text{s}) = \omega \cdot \hat{s} \quad \Rightarrow \quad v(0\ \text{s}) = 3{,}7\ \tfrac{1}{\text{s}} \cdot 0{,}45\ \text{m} \approx \underline{\underline{1{,}7\ \tfrac{\text{m}}{\text{s}}}}$$

Das **t-v-Diagramm** ist ebenfalls in Abbildung 2 eingezeichnet.

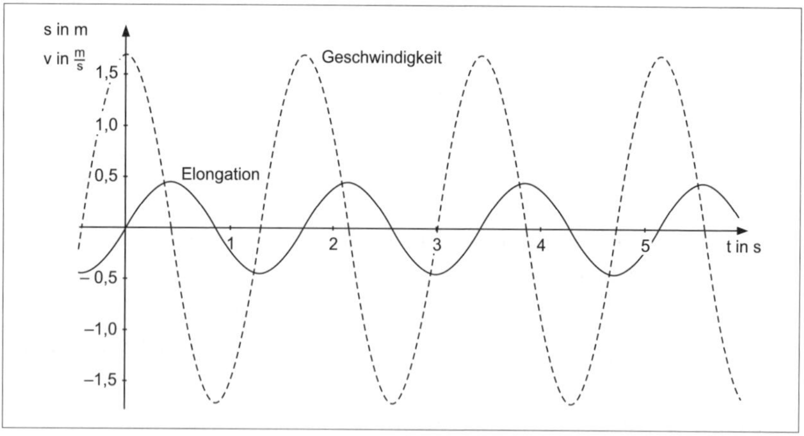

Abb. 2

Achten Sie stets auf vollständige und eindeutige Beschriftung der Graphen und Koordinatenachsen. Auf der Hochachse sind hier sowohl s als auch v abgetragen.

5. Die Schwingungsdauer eines Federpendels der Masse m und der Federkonstanten D beträgt:

$$T = 2\pi \cdot \sqrt{\frac{m}{D}}$$

Gesucht ist die **Masse** m des Gewichtsstücks. Dazu löst man die Formel für die Schwingungsdauer T nach m auf und setzt die Federkonstante D ein:

$$T = 2\pi \cdot \sqrt{\frac{m}{D}}$$

$$\Leftrightarrow \quad m = D \cdot \frac{T^2}{4\pi^2} = 10\,\frac{N}{m} \cdot \frac{1{,}7^2\ s^2}{4\pi^2} \approx \underline{\underline{0{,}73\ kg}}$$

Das Gewichtsstück muss eine Masse von etwa 0,73 kg besitzen.

6. Analog zu Teilaufgabe 1 erhalten wir für T aus den **Messwerten**:

$$T_{ges,\ mess} = \frac{t}{n} = \frac{19{,}4\ s}{15} \approx \underline{\underline{1{,}29\ s}}$$

Der **theoretische** Wert der Schwingungsdauer des Hemmungspendels berechnet sich aus der Schwingungsdauer des ursprünglichen Pendels und derjenigen des „verkürzten" Pendels: Vom **rechten** Umkehrpunkt bis zum Durchgang durch die Gleichgewichtslage ändert sich durch die Hemmung nichts an der Schwingungsdauer; sie beträgt für diese halbe Schwingung $T_{halb,\ rechts} = \frac{1}{2} \cdot 1{,}7\ s = 0{,}85\ s$.

Im **linken** Abschnitt der Gesamtschwingung verkürzt sich das Pendel durch die Hemmung auf eine Länge von $\ell_{Hemmung} = 0{,}72\ m - 0{,}54\ m = 0{,}18\ m$. Mithilfe der Formel aus Teilaufgabe 1 ergibt sich für die halbe Schwingungsdauer:

$$T_{halb,\ links} = \frac{1}{2} \cdot 2\pi \cdot \sqrt{\frac{\ell_{Hemmung}}{g}} = \frac{1}{2} \cdot 2\pi \cdot \sqrt{\frac{0{,}18\ m}{9{,}81\ \frac{m}{s^2}}} \approx 0{,}43\ s$$

Für die Schwingungsdauer T_{ges} des Hemmungspendels erhält man somit:

$$T_{ges} = T_{halb,\ rechts} + T_{halb,\ links} = 0{,}85\ s + 0{,}43\ s = \underline{\underline{1{,}28\ s}} \approx T_{ges,\ mess}$$

Im t-s-Diagramm der Abbildung 3 ist ein möglicher Schwingungsverlauf skizziert. Die Kurve

- besitzt **unterschiedlich große Abstände** aufeinander folgender Nulldurchgänge.
  Begründung: $T_{halb,\ rechts} \neq T_{halb,\ links}$
- ist im Allgemeinen **asymmetrisch bezüglich der Zeitachse**.
  Begründung: Infolge der Energieerhaltung ist zwar die maximale Höhe, die der Pendelkörper erreichen kann, für die Auslenkung nach links genauso groß wie

für die Auslenkung nach rechts. Die Elongationen hängen aber von Auslenkungswinkel (links größer als rechts) und Pendellänge (links kleiner als rechts) ab und unterscheiden sich daher im Allgemeinen.

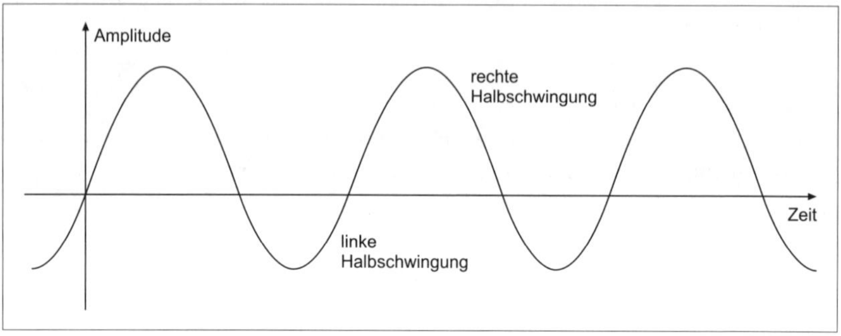

Abb. 3

Es sind durchaus andere Kurvenverläufe als der in Abbildung 3 gezeigte denkbar. Wichtig ist allein die qualitative Übereinstimmung mit den genannten Kurveneigenschaften.

Abiturprüfung Physik (Hessen) – Grundkurs
Übungsaufgabe C1: Linienspektren, Bohr'sches Atommodell

Das Gitterspektrometer

Die Aufgabe stellt eine Anwendung (Gitterspektrometer) in den Vordergrund. Diese Anwendung soll zunächst in ihrer Funktion beschrieben werden. Danach wird systematisch der Zugang zur Atomphysik vorbereitet. Die Teilaufgaben 2 und 3 sind stark geleitet. In Teilaufgabe 4 ist Platz für Interpretationen. Die Teilaufgaben 1 bis 3 sollen hier in einen größeren physikalischen Kontext eingebunden werden. Die Aufgabe entspricht einem Drittel eines Abiturvorschlags (eine von drei gleich gewichteten Aufgaben eines Vorschlags).

Bezug: Handreichungen der Physik GK 13.1, Quanten- und Atomphysik
Thema: Vorstellungen vom Licht, Überblick über die klassischen Atommodelle
Konkretisierung: Quantenhafte Absorption und Emission, empirische Balmer-Formel, das Bohr'sche Atommodell

Gitterspektrometer ermöglichen die Ausmessung von Linienspektren unterschiedlicher Stoffe. Dadurch eröffnen sie einen Zugang zur Atomphysik.

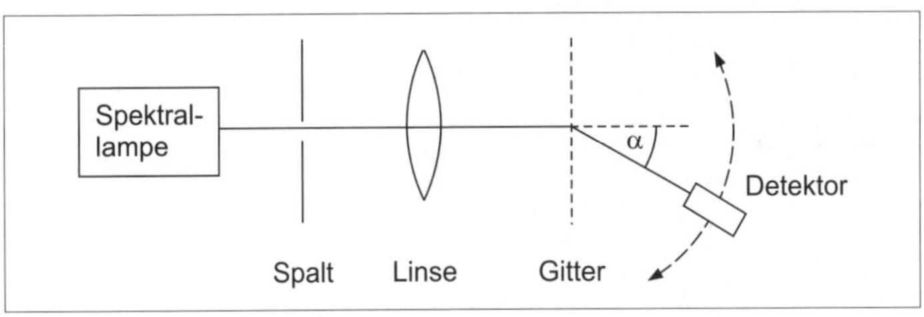

Abb. 1

1. Erläutern Sie anhand der Skizze in Abbildung 1 die Funktionsweise eines Gitterspektrometers. Gehen Sie dabei auch auf die Funktion von Spalt, Linse und Gitter ein.

2. Für eine Linie der n-ten Ordnung gilt die Formel

$$\sin\alpha_n = \frac{n \cdot \lambda}{g} \quad (n \in \mathbb{N}).$$

Die rote Wasserstofflinie $\lambda = 657$ nm wird in der ersten Ordnung unter einem Winkel von $\alpha_1 = 41{,}1°$ wahrgenommen. Bestimmen Sie die Anzahl der Striche pro Zentimeter des Gitters.

3. Mit einem Gitterspektrometer und einem Gitter der Gitterkonstanten $g = 1 \cdot 10^{-6}$ m wurden die in folgender Tabelle eingetragenen Werte aufgenommen:

m	3	4	5	6
α	41,1°	29,2°	25,7°	24,2°
λ in nm	657			
f in 10^{14} Hz				

Der Physiker Johann Jakob Balmer entdeckte im Jahre 1855, dass die vier sichtbaren Spektralfrequenzen von Wasserstoff einem Gesetz der Form

$$f = R \cdot c \cdot \left(\frac{1}{2^2} - \frac{1}{m^2}\right) \quad \text{mit} \quad m = 3, 4, 5, 6, \ldots$$

genügen.
Vervollständigen Sie die Tabelle und bestimmen Sie aus den Tabellenwerten die Rydbergkonstante R.
Vergleichen Sie mit dem Literaturwert.

4. In der modernen Physik werden die Vorgänge bei Wasserstoff in einem so genannten Energieniveauschema dargestellt (siehe Abbildung 2).
Erläutern Sie anhand dieses Schemas die Entstehung von Licht und ordnen Sie die Ergebnisse aus Teilaufgabe 3 dort ein.

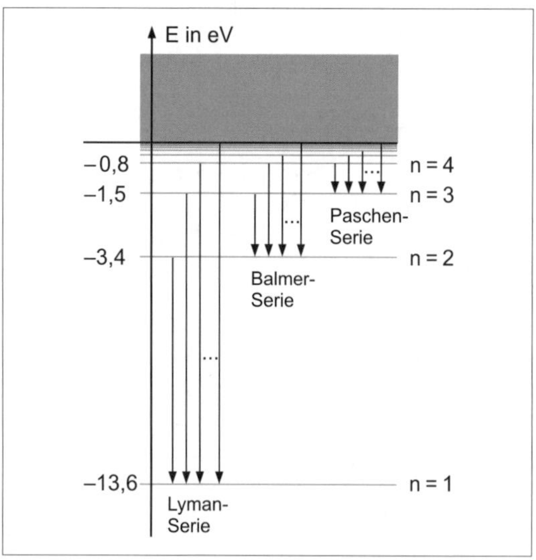

Abb. 2

Tipps und Hinweise zur Lösung von Übungsaufgabe C1

Tipp zu Teilaufgabe 1

- Erläutern Sie die Funktion der einzelnen Bauteile (Spektrallampe, Spalt, Linse, Gitter, Detektor) und verfolgen sie den Weg des Lichts von der Lampe zum Detektor.
- Wichtige Begriffe: Beugung, Interferenz, Kohärenz

Tipp zu Teilaufgabe 2

- Stellen Sie die angegebene Formel nach der gesuchten Größe um. Durch Einsetzen der gegebenen Werte ergibt sich die gesuchte Gitterkonstante.
- Wie hängt die gesuchte Anzahl der Striche mit der Gitterkonstante zusammen?

Tipps zu Teilaufgabe 3

- Sie müssen hier in mehreren Schritten vorgehen: Berechnen Sie zunächst die Wellenlängen, dann die Frequenzen, dann R für jeden Wert von m.
- Verwenden Sie zur Bestimmung der Wellenlängen die aus Teilaufgabe 2 bekannte Beugungsformel. Wellenlänge und Frequenz hängen über die Lichtgeschwindigkeit zusammen.
- Verwechseln Sie nicht den Laufparameter m aus der Balmer-Formel mit der Beugungsordnung n. Diese beträgt hier stets 1: Vergleichen Sie die gegebenen Tabellenwerte von Winkel und Wellenlänge für $m = 3$ mit den Angaben aus Teilaufgabe 2.
- Mit der Balmer-Formel können Sie aus den berechneten Frequenzen zu jedem Wert von m die Rydbergkonstante bestimmen und diese Werte mitteln.
- Vergessen Sie nicht, das Ergebnis mit dem Literaturwert zu vergleichen.

Tipps zu Teilaufgabe 4

- Beschreiben Sie zunächst das Energieniveauschema und erklären Sie dessen Zustandekommen anhand des Bohr'schen Atommodells. Verwenden Sie hierbei die nötigen physikalischen Fachbegriffe.
- Licht besteht aus einzelnen Photonen mit einer bestimmten Energie. Aus den Energiedifferenzen im Energieniveauschema lassen sich diese Energien berechnen.
- Gehen Sie konkret auf die Lichtentstehung beim Wasserstoffatom ein. Unter welchen Bedingungen entsteht Licht? Welche Energien haben die entstehenden Photonen?
- Zur Einordnung der Ergebnisse aus Teilaufgabe 3 müssen Sie die dort berechneten Frequenzen in Photonenenergien umrechnen und mit den Energiedifferenzen der einzelnen Serien vergleichen, die Sie aus dem Energieniveauschema ablesen können. Um welche Serie handelt es sich bei den gemessenen Werten?

Lösungen zu Übungsaufgabe C1

1. In der **Spektrallampe** befindet sich das zu untersuchende Gas in geringem Druck. Der Wasserstoff wird in der Spektrallampe durch eine anliegende Spannung zum Leuchten angeregt. Der **Spalt** ist so aufgestellt, dass er sich genau im Brennpunkt der **Sammellinse** befindet. Das bedeutet, dass das Lichtbündel, welches durch den Spalt fällt, nach der Linse parallel ist. Dieses parallele Lichtbündel trifft dann auf das **Gitter**. Dort wird das Licht spektral zerlegt. Die daraus resultierenden Spektrallinien können mithilfe eines **Detektors** unter den auszumessenden Winkeln α beobachtet werden.
   Der Spalt dient einerseits dazu, kohärentes Licht zu erzeugen und andererseits verhindert er, dass störendes Streulicht auf den Detektor gelangt. Eine feste Phasenbeziehung (Kohärenz) ist eine notwendige Voraussetzung dafür, dass zwei unterschiedliche Wellen miteinander interferieren: Zwei oder mehrere Wellen erzeugen nur dann eine zeitlich unveränderliche Interferenzerscheinung, wenn sie kohärent sind.
   Aus dem sich divergent ausbreitenden Licht der Spektrallampe wird beim Durchgang durch die Sammellinse ein paralleles Lichtbündel erzeugt.
   Am Ort des Gitters tritt das Phänomen der Beugung von Licht auf. Durch konstruktive bzw. destruktive Überlagerung am Ort des Detektors entsteht Interferenz; die Spektrallinien werden als Interferenzmuster sichtbar.

2. Wir bestimmen zunächst die Gitterkonstante g des verwendeten Gitters. Aus der angegebenen Formel ergibt sich durch Umformung nach g:

   $$\sin\alpha_n = \frac{n\cdot\lambda}{g} \quad\Rightarrow\quad g = \frac{n\cdot\lambda}{\sin\alpha_n} \quad (n\in\mathbb{N})$$

   Durch Einsetzen der Wellenlänge $\lambda = 657$ nm, dem vom Detektor gemessenen Winkel $\alpha_1 = 41{,}1°$ und der Ordnung $n = 1$ erhält man für die Gitterkonstante:

   $$g = \frac{1\cdot 657\cdot 10^{-9}\,\text{nm}}{\sin 41{,}1°} \approx 1\cdot 10^{-6}\,\text{m}$$

   Die Anzahl N der Striche pro Zentimeter des Gitters ist der Kehrwert von g:

   $$N = \frac{1}{g} = \frac{1}{1\cdot 10^{-6}\,\text{m}} = 1\cdot 10^{6}\,\frac{1}{\text{m}} = \underline{\underline{10^{4}\,\frac{1}{\text{cm}}}}$$

   Somit handelt es sich um ein Gitter mit etwa 10 000 Strichen pro cm.

3. **Bestimmung der Lichtfrequenzen**

   Zunächst werden die fehlenden Wellenlängen λ und die fehlenden Frequenzen f in der Tabelle berechnet. Dies geschieht mithilfe der aus Teilaufgabe 2 bekannten Formel für die Beugungswinkel. Auflösen nach der Wellenlänge λ ergibt:

   $$\lambda = \frac{g\cdot\sin\alpha_n}{n}$$

Die Frequenz f berechnet sich aus den Wellenlängen λ über die Formel

$$c = \lambda \cdot f \quad \Leftrightarrow \quad f = \frac{c}{\lambda}$$

Dabei ist c die Lichtgeschwindigkeit mit $c \approx 3 \cdot 10^8 \, \frac{m}{s}$.

Berechnung für m = 4:

$$\lambda = \frac{g \cdot \sin \alpha_1}{1} = 1 \cdot 10^{-6}\,m \cdot \sin(29{,}2°) \approx 4{,}879 \cdot 10^{-7}\ m \approx 488\ nm$$

$$f = \frac{c}{\lambda} = \frac{3 \cdot 10^8\,\frac{m}{s}}{488 \cdot 10^{-9}\,m} \approx \underline{\underline{6{,}15 \cdot 10^{14}\ Hz}}$$

Die Beugungsordnung ist hier stets n = 1 (vgl. Angabentext zu Teilaufgabe 2).

Die analoge Rechnung liefert für m = 5 und m = 6 folgende Ergebnisse:

m	3	4	5	6
α	41,1°	29,2°	25,7°	24,2°
λ in nm	657	488	434	410
f in 10^{14} Hz	4,57	6,17	6,91	7,32

Rydbergkonstante

Mithilfe der von Balmer gefundenen Formel

$$f = R \cdot c \cdot \left(\frac{1}{2^2} - \frac{1}{m^2}\right) \quad \text{mit} \quad m = 3, 4, 5, 6, \ldots$$

kann man die Rydbergkonstante R zu jedem Wert m in der Tabelle bestimmen. Durch Umformen ergibt sich:

$$R = \frac{f}{c \cdot \left(\frac{1}{2^2} - \frac{1}{m^2}\right)} \quad \text{mit} \quad m = 3, 4, 5, 6, \ldots$$

Für f setzt man die zu m gehörenden Frequenzen ein. Damit ergeben sich folgende Werte für die einzelnen Messungen:

m	3	4	5	6
α	41,1°	29,2°	25,7°	24,2°
f in 10^{14} Hz	4,57	6,17	6,91	7,32
R in $10^7\,\frac{1}{m}$	1,096	1,097	1,097	1,098

Mittelwertbildung und Rundung auf drei gültige Ziffern liefert den Wert:

$$\underline{\underline{\overline{R} = 1{,}10 \cdot 10^7\,\frac{1}{m}}}$$

Der Wert stimmt im Rahmen der Messgenauigkeit sehr gut mit dem Literaturwert $R_H \approx 1{,}0968 \cdot 10^7\,\frac{1}{m}$ überein.

4. **Entstehung von Licht durch Photonenemission**

Ein Energieniveauschema ist die Zusammenstellung aller Energieniveaus eines Atoms in einer zeichnerischen Darstellung. Die Energien der einzelnen Niveaus werden maßstäblich als waagerechte Striche so aufgetragen, dass der Strich mit der niedrigsten Energie (Grundzustand) am weitesten unten liegt.

Bei einem Übergang zwischen zwei Niveaus entspricht der Abstand zwischen dem Ausgangsniveau und dem Endniveau der Energie einer emittierten Spektrallinie. Dies lässt sich mithilfe des Bohr'schen Atommodells erklären:

Ein Elektron kann seine Bahn verlassen. Dies geschieht sprunghaft unter Abgabe oder Aufnahme eines Photons, dessen Energie gleich der Differenz der Bahnen ist. Für den „Sprung" von einem höheren Energieniveau auf ein niedrigeres beträgt daher die Energie des abgegebenen Photons:

$$\Delta E = h \cdot f = E_m - E_n \qquad (*)$$

Einordnung der Ergebnisse aus Teilaufgabe 3

Wir berechnen zunächst mit der Formel (∗) die Energien der Photonen der Spektrallinien und erhalten folgende Tabelle:

m	3	4	5	6
f in 10^{14} Hz	4,57	6,17	6,91	7,32
E in eV	1,89	2,55	2,86	3,03

Berechnen Sie die Energien in Einheiten von eV, damit Sie mit den Werten aus dem Energieniveauschema vergleichen können (verwenden Sie z. B. die Planck-Konstante in der Form $h \approx 4{,}136 \cdot 10^{-15}$ eVs).

Diese Energien der abgestrahlten Photonen entsprechen den Energiedifferenzen der einzelnen Niveaus. Für die Balmer-Serie mit $n = 2$ liest man die in die dritte Tabellenzeile eingetragenen Energiedifferenzen ab:

m von	3 nach 2	4 nach 2	5 nach 2	6 nach 2
E in eV	1,89	2,55	2,86	3,03
ΔE in eV	1,9	2,6	nicht ablesbar	nicht ablesbar

Man sieht, dass die gemessenen Energiewerte E mit den abgelesenen Energiedifferenzen ΔE gut übereinstimmen. Es handelt sich also dabei vermutlich um die **Balmer-Serie**. Darüber hinaus spricht für diese Vermutung, dass die gemessenen Wellenlängen alle im sichtbaren Bereich des Spektrums liegen; die Balmer-Serie liegt auch komplett im sichtbaren Bereich. Ein weiterer Beleg ist die korrekte Bestimmung der Rydbergkonstanten mithilfe der Balmer-Formel in Teilaufgabe 3.

Abiturprüfung Physik (Hessen) – Leistungskurs
Übungsaufgabe A1: Schwingungen und Wellen

Schwingungen einer Wassersäule im U-Rohr

Die Aufgabe basiert auf einem vorgestellten Experiment mit Auswertungsmaterial in Form einer Wertetabelle. Bei der geforderten Auswertung ist eine grafische Linearisierung notwendig. Die wesentlichen Schwierigkeiten liegen im letzten Teil der Aufgabe, in der eine Kräftezerlegung zum Ziel führt. Die Aufgabe entspricht einem Drittel eines Abiturvorschlags (eine von drei gleich gewichteten Aufgaben eines Vorschlags).

Bezug: Handreichungen der Physik LK 12.2, Mechanische und elektromagnetische Schwingungen und Wellen
Thema: Mechanische und elektromagnetische Schwingungen, harmonische Schwingungen; charakteristische Größen: Schwingungsdauer, Frequenz, Kreisfrequenz
Konkretisierung: lineare Rückstellkraft bei mechanischen Schwingungen, Fadenpendel, Federpendel, U-Rohr; charakteristische Größen: Schwingungsgleichung, Formel für Schwingungsdauer, Energieerhaltung

Eine Wassersäule in einem großen U-Rohr wird zu harmonischen Schwingungen angeregt, indem einmal kurz in einen Schenkel hineingeblasen wird.
Abbildung 1 zeigt das Prinzip des Versuchsaufbaus mit einer Auslenkung aus der Ruhelage um die Länge s.
Die Dauer für 10 Perioden der auftretenden Schwingung wird für unterschiedliche Wasservolumina V gemessen. Die Querschnittsfläche beträgt $A = 3\ \text{cm}^2$.

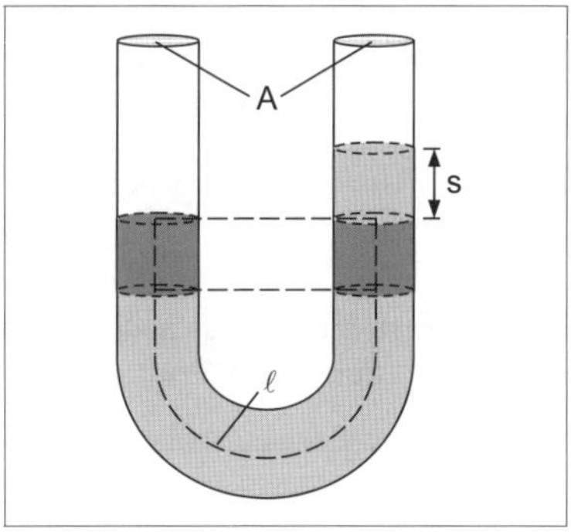

Abb. 1

Die Messergebnisse sind in der folgenden Tabelle dargestellt:

Volumen V in cm^3	100	150	200	250	300
$10 \cdot T$ in s	8,45	10,9	11,4	13,8	14,0

1. Leiten Sie das lineare Kraftgesetz

$$F_R = -2 \cdot \rho \cdot A \cdot g \cdot s$$

für die Rückstellkraft der beschriebenen Schwingung her.
Kommentieren Sie Ihren Ansatz.

Folgern Sie aus dem linearen Kraftgesetz die Formel

$$T = 2\pi \cdot \sqrt{\frac{\ell}{2 \cdot g}}$$

für die Periodendauer der auftretenden harmonischen Schwingung.

Bezeichnungen:
A: Querschnittfläche des U-Rohrs
ℓ: Länge der Wassersäule im U-Rohr
ρ: Dichte der Flüssigkeit ($\rho_{Wasser} = 1\ \frac{g}{cm^3}$)
g: Erdbeschleunigung

2. Werten Sie diesen Versuch aus.
Berechnen Sie dazu jeweils die Länge ℓ der Wassersäule aus dem gegebenen Volumen V und weisen Sie die Proportionalität $T \sim \sqrt{\ell}$ anhand der Messwerte rechnerisch und grafisch nach.
Bestimmen Sie die Erdbeschleunigung g aus den Messwerten und geben Sie die Abweichung vom Literaturwert an.

3. Bestimmen Sie für die letzte der aufgenommenen Schwingungen ($V = 300\ cm^3$) die Schwingungsgleichung in einer möglichst einfachen Form.
Berechnen Sie für $\hat{s} = 10\ cm$ die Geschwindigkeit der Wassersäule beim Durchgang durch die Gleichgewichtslage und die Gesamtenergie des schwingenden Systems.

4. Bei einer weiteren Messreihe sei das U-Rohr um den Winkel φ aus der Senkrechten geneigt. Weisen Sie für diesen Fall nach, dass für die Schwingungsdauer T gilt:

$$T \sim \sqrt{\frac{1}{\cos\varphi}}$$

Erläutern Sie das Zustandekommen des Wurzelterms, indem Sie die Veränderung der rücktreibenden Kraft gegenüber dem nicht geneigten U-Rohr untersuchen.

Tipps und Hinweise zur Lösung von Übungsaufgabe A1

Tipps zu Teilaufgabe 1

- Gehen Sie von der vorgegebenen Skizze aus. Erweitern Sie für die Herleitung die Skizze, indem Sie die Richtung der Auslenkung festlegen und die rücktreibende Kraft einzeichnen.
- Rechnen Sie erst mit den Beträgen und begründen Sie anschließend die Richtungen bzw. die Vorzeichen.
- Für die rücktreibende Kraft ist das Wasservolumen der Länge 2s verantwortlich.
- Da F_R linear von s abhängt, können Sie die Richtgröße D* bestimmen und in die allgemeine Gleichung für die Schwingungsdauer einsetzen.

Tipps zu Teilaufgabe 2

- Eine Proportionalität wird rechnerisch durch Quotientengleichheit nachgewiesen, grafisch entspricht dem eine Gerade durch den Ursprung im zugehörigen Diagramm. Erweitern Sie die Tabelle und rechnen Sie die Quotienten aus.
- Um g aus allen Messwerten zu bestimmen haben Sie mehrere Möglichkeiten. Eine besteht darin, den Mittelwert der berechneten Quotienten zu verwerten.

Tipps zu Teilaufgabe 3

- Gehen Sie von der allgemeinen Schwingungsgleichung für die harmonische Schwingung aus und setzen Sie die bekannten Zahlenwerte soweit vorhanden ein. Wählen Sie eine sinnvolle Anfangsbedingung für $s(t=0)$.
- Überlegen Sie: Wie hängt die Geschwindigkeit mit der Elongation der Wassersäule zusammen? Wann bzw. bei welcher Elongation erreicht ein mechanischer Schwinger die die größte Geschwindigkeit?
- Da bei der Schwingung die Gesamtenergie konstant bleibt und ein ständiges Umwandeln zwischen potenzieller und kinetischer Energie erfolgt, können Sie die Gesamtenergie auf zweierlei Arten berechnen.

Tipp zu Teilaufgabe 4

- Fertigen Sie eine neue Skizze mit dem geneigten U-Rohr an und tragen Sie Winkel und rücktreibende Kraft (in Richtung Wassersäule) ein. Die rücktreibende Kraft ist jetzt nur eine Komponente der Gewichtskraft!

Lösungen zu Übungsaufgabe A1

1. **Lineares Kraftgesetz**

Abbildung 2 zeigt ein Momentbild der um die Strecke s ausgelenkten Wassersäule. Darin ist die Auslenkung des rechten Säulenschenkels nach oben als positive Bewegungsrichtung festgelegt. Die rücktreibende Kraft F_R ist durch die Gewichtskraft des Wasservolumens der Länge 2s gegeben. Für den Betrag der Rückstellkraft gilt daher:

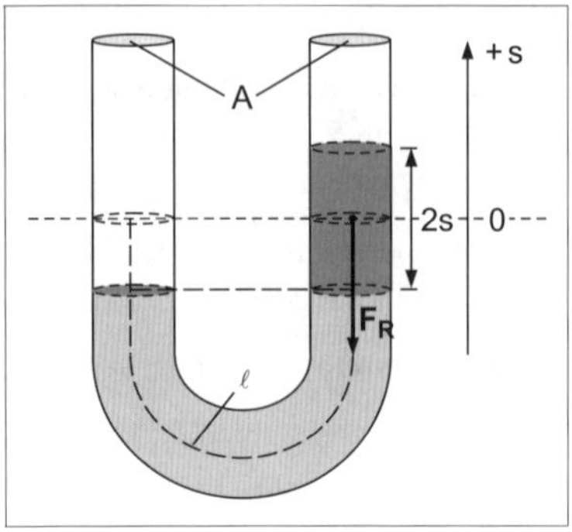

Abb. 2

$$F_R = m \cdot g$$
$$= \rho \cdot V_{2s} \cdot g$$
$$= \rho \cdot A \cdot 2s \cdot g \quad \text{bzw.}$$
$$\underline{\underline{F_R = 2 \cdot \rho \cdot A \cdot g \cdot s}} \quad (*)$$

F_R weist immer in die entgegengesetzte Richtung von s: nach unten, wenn s im rechten Schenkel positiv ist (siehe Abbildung 2), nach oben, wenn s negativ ist. Da F_R wegen der Konstanz von ρ, A und g linear von s abhängt, lässt sich die Richtgröße D* der Schwingung sofort aus Gleichung (*) ablesen:

$$F_R = D^* \cdot s \quad \text{mit} \quad D^* = 2 \cdot \rho \cdot A \cdot g$$

Für die Schwingungsdauer einer harmonischen Schwingung gilt:

$$T = 2\pi \cdot \sqrt{\frac{m}{D^*}}$$

Setzt man darin das Ergebnis für D* sowie für die gesamte schwingende Masse der Wassersäule $m = \rho \cdot V = \rho \cdot A \cdot \ell$ ein, so folgt:

$$T = 2\pi \cdot \sqrt{\frac{\rho \cdot A \cdot \ell}{2 \cdot \rho \cdot A \cdot g}} = \underline{\underline{2\pi \cdot \sqrt{\frac{\ell}{2g}}}}$$

2. **Rechnerischer Nachweis**

Der rechnerische Nachweis der Proportionalität $T \sim \sqrt{\ell}$ erfolgt am übersichtlichsten in Form einer Tabelle, in der die Konstanz des Quotienten $\frac{T}{\sqrt{\ell}}$ untersucht wird. Die Länge ℓ der Wassersäule ergibt sich aus

$$V = A \cdot \ell \quad \Leftrightarrow \quad = \frac{V}{A} \quad \text{mit } A = 3\,\text{cm}^2.$$

T entnimmt man der in der Aufgabenstellung gegebenen Tabelle.

Beachten Sie, dass in der Tabelle die zehnfache Schwingungsdauer gegeben ist.

Volumen V in cm^3	100	150	200	250	300
ℓ in cm	33,3	50,0	66,7	83,3	100
T in s	0,845	1,09	1,14	1,38	1,40
$\frac{T}{\sqrt{\ell}}$ in $\frac{s}{\sqrt{cm}}$	0,146	0,154	0,140	0,151	0,140

Für den Mittelwert der Quotienten der letzten Tabellenzeile ergibt sich:

$$\overline{\left(\frac{T}{\sqrt{\ell}}\right)} = 0{,}146\,\frac{s}{\sqrt{cm}}$$

Die größte relative Abweichung beträgt:

$$\frac{0{,}154 - 0{,}146}{0{,}146} = 0{,}055 = 5{,}5\ \%$$

Damit kann die Proportionalität als erfüllt gelten.

Grafischer Nachweis

Der grafische Nachweis erfordert eine Darstellung der Messwerte in einem $\sqrt{\ell}$-T-Diagramm. Wenn eine Proportionalität vorliegt, sollte dort eine Ursprungsgerade entstehen. Dies ist gut erfüllt, wie Abbildung 2 zeigt. Die Steigung der Ursprungsgeraden sollte annähernd dem konstanten Quotienten aus der tabellarischen Auswertung entsprechen.

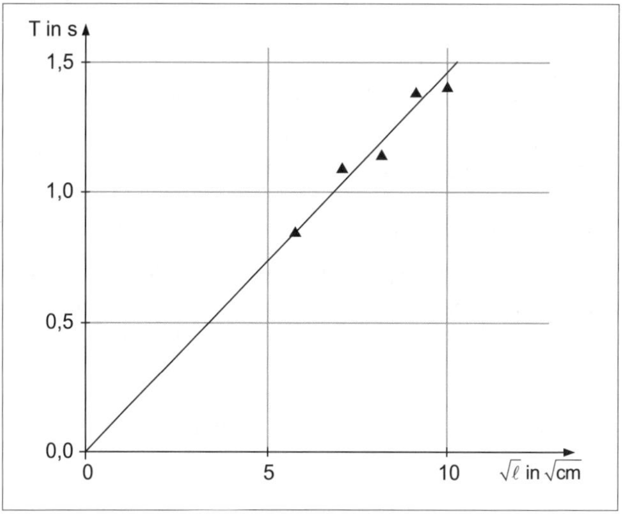

Abb. 2

Bestimmung der Erdbeschleunigung

Die Erdbeschleunigung erhält man aus der in Teilaufgabe 1 hergeleiteten Formel für die Periodendauer, indem man nach g umstellt:

$$T = 2\pi \cdot \sqrt{\frac{\ell}{2g}} \quad \Rightarrow \quad g = 2\pi^2 \cdot \frac{\ell}{T^2} \qquad (**)$$

Es ergeben sich drei Möglichkeiten g zu bestimmen:

Möglichkeit 1: Sie erweitern die Tabelle um eine weitere Zeile, bestimmen für jede Spalte g nach der Formel (**), bilden den Mittelwert und bestimmen die relative Abweichung vom Literaturwert.

Volumen V in cm^3	100	150	200	250	300
ℓ in cm	33,3	50,0	66,7	83,3	100
T in s	0,845	1,09	1,14	1,38	1,40
g in $\frac{m}{s^2}$	9,21	8,31	10,13	8,63	10,07

Als Mittelwert ergibt sich:

$$\overline{g} = 9{,}27\,\frac{m}{s^2} \approx \underline{\underline{9{,}3\,\frac{m}{s^2}}}$$

Die Abweichung vom Literaturwert 9,81 $\frac{m}{s^2}$ beträgt 5,5 %.

Möglichkeit 2: Sie benutzen die Tatsache, dass Sie den Mittelwert des Quotienten $\frac{T}{\sqrt{\ell}}$ schon errechnet haben.

$$\frac{T}{\sqrt{\ell}} = 0{,}146\,\frac{s}{\sqrt{cm}} \quad \Rightarrow \quad \frac{T^2}{\ell} = 0{,}0213\,\frac{s^2}{cm} = 2{,}13\,\frac{s^2}{m}$$

$$\overset{(**)}{\Rightarrow} \quad g = 2\pi^2 \cdot \frac{\ell}{T^2} = 2\pi^2 \cdot \frac{1}{2{,}13\,\frac{s^2}{m}} \approx \underline{\underline{9{,}3\,\frac{m}{s^2}}}$$

Die Abweichung vom Literaturwert beträgt 5,5 %.

Möglichkeit 3: Sie benutzen wie bei Möglichkeit 2 die Formel (**), verwenden für den Quotienten aber die ermittelten Steigung aus dem $\sqrt{\ell}$-T-Diagramm.
Sie müssen von den genannten Möglichkeiten nur eine angeben und ausführen.

3. Da die Schwingung harmonisch ist, besitzt die Elongation s eine sinusförmige Abhängigkeit von der Zeit t. Die allgemeine **Schwingungsgleichung** lautet dann:

$$s(t) = \hat{s} \cdot \sin(\omega t + \varphi_0) \quad \text{mit } \omega = \frac{2\pi}{T}$$

Da nach einer möglichst einfachen Form der Gleichung gefragt ist, setzen wir $\varphi_0 = 0$, sodass zum Zeitpunkt $t = 0$ die Auslenkung $s = 0$ beträgt:

$$\underline{\underline{s(t) = \hat{s} \cdot \sin\left(\frac{2\pi}{0{,}845\,s} \cdot t\right)}}$$

Die **Geschwindigkeit** der Wassersäule lässt sich durch Ableiten aus dem Weg-Zeit-Gesetz ermitteln:

$$v(t) = \dot{s}(t) = \hat{s} \cdot \omega \cdot \cos(\omega t) = \hat{v} \cdot \cos(\omega t) \quad \text{mit} \quad \hat{v} = \hat{s} \cdot \omega$$

Die größte Geschwindigkeit erreicht ein mechanischer Schwinger beim Durchgang durch die Gleichgewichtslage (hier: $t = 0$); sie ist gleich dem Scheitelwert $\hat{v}$:

$$v_{max} = \hat{v} = \hat{s} \cdot \omega = \hat{s} \cdot \frac{2\pi}{T} \quad \Rightarrow \quad v_{max} = 0{,}1\,\text{m} \cdot \frac{2\pi}{1{,}4\,\text{s}} = \underline{\underline{0{,}449\,\tfrac{\text{m}}{\text{s}}}}$$

Die **Gesamtenergie** des schwingenden Systems $E_{ges} = E_{kin,\,max} = E_{pot,\,max}$ lässt sich entweder aus $E_{kin,\,max}$ oder $E_{pot,\,max}$ bestimmen:

$$E_{kin,\,max} = \frac{1}{2} \cdot m \cdot v_{max}^2 = \frac{1}{2} \cdot \rho \cdot V \cdot v_{max}^2$$

$$= \frac{1}{2} \cdot 1000\,\frac{\text{kg}}{\text{m}^3} \cdot 300 \cdot 10^{-6}\,\text{m}^3 \cdot \left(0{,}449\,\tfrac{\text{m}}{\text{s}}\right)^2 = \underline{\underline{0{,}03\,\text{J}}}$$

$$E_{pot,\,max} = \frac{1}{2} \cdot D^* \cdot \hat{s}^2 = \frac{1}{2} \cdot 2 \cdot \rho \cdot A \cdot g \cdot \hat{s}^2 = \rho \cdot A \cdot g \cdot \hat{s}^2$$

$$= 1000\,\frac{\text{kg}}{\text{m}^3} \cdot 3 \cdot 10^{-4}\,\text{m}^2 \cdot 9{,}81\,\frac{\text{m}}{\text{s}^2} \cdot (0{,}1\,\text{m})^2 = \underline{\underline{0{,}03\,\text{J}}}$$

Auch hier müssen Sie nur eine der beiden Lösungswege angeben. Der jeweils andere kann aber als Ergebniskontrolle dienen.

4. Für die Schwingungsdauer ist, wie in Teilaufgabe 1 ausgeführt, die Größe der rücktreibenden Kraft, die durch die Gewichtskraft der ausgelenkten Wassersäule erzeugt wird, entscheidend. Da das U-Rohr jetzt um einen Winkel geneigt ist, bringt aber in diesem Fall nur eine Teilkomponente der Gewichtskraft die Rückstellkraft auf (die andere Teilkomponente drückt an die Glaswand). Es muss eine Kraftzerlegung durchgeführt werden. In dem entstehenden Kräftedreieck findet sich der Neigungswinkel wieder (siehe Abbildung 3). In dem Dreieck gilt:

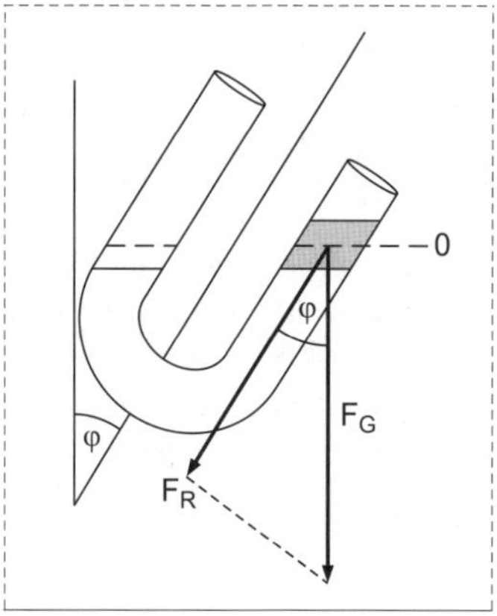

Abb. 3

$$\cos\varphi = \frac{F_R}{F_G}$$

Also gilt für die Rückstellkraft in dieser Situation $F_R = F_G \cdot \cos\varphi$ und für die Richtgröße der Schwingung $D_\varphi^* = D^* \cdot \cos\varphi$. Da die Periodendauer umgekehrt proportional zu $\sqrt{D^*}$ ist, gilt für den geneigten Fall folglich:

$$\underline{\underline{T \sim \sqrt{\frac{1}{\cos\varphi}}}}$$

Abiturprüfung Physik (Hessen) – Leistungskurs
Übungsaufgabe A2: Elektrische und magnetische Felder

Das Feld einer geladenen Kugel

Ausgehend von realen Versuchsdaten wird in dieser Aufgabe Wert auf deren grafische und rechnerische Auswertung gelegt. Der Transfer liegt bei dieser Aufgabe insbesondere in den Aufgabenteilen 4 und 5. Die Aufgabe entspricht einem Drittel eines Abiturvorschlags (eine von drei gleich gewichteten Aufgaben eines Vorschlags).

Bezug: Handreichungen der Physik LK 12.1, Elektrisches Feld
Thema: Homogenes und inhomogenes Feld
Konkretisierung: radialsymmetrisches Feld einer Punktladung

In zwei Experimenten soll das elektrische Feld einer geladenen Kugel untersucht werden.

Im Versuchsteil 1 wird eine isoliert aufgestellte Metallkugel bei verschiedenen Spannungen U aufgeladen und die jeweils aufgenommene Ladungsmenge Q mithilfe eines Ladungsmessverstärkers gemessen. Mit einem so genannten Elektrofeldmeter wird für jede durchgeführte Aufladung bei einem konstanten Abstand $r = 0{,}15$ m vom Mittelpunkt der Konduktorkugel die Feldstärke E gemessen. Vor jeder erneuten Aufladung wird die Kugel entladen.

Folgende Messwerte werden aufgenommen:

Q in nC	6,9	13,8	20,6	27,5	34,4	41,3
E in $10^3 \frac{\text{V}}{\text{m}}$	3,1	5,5	8,3	12,0	14,0	16,0

Im Versuchsteil 2 wird mit dem Elektrofeldmeter die elektrische Feldstärke E in Abhängigkeit von der Entfernung r vom Kugelmittelpunkt gemessen. Die Ladungsmenge Q der Metallkugel beträgt bei diesem Versuchsteil konstant 27,5 nC.

Folgende Messwerte werden aufgenommen:

r in m	0,15	0,20	0,25	0,30	0,35	0,40
E in $10^3 \frac{\text{V}}{\text{m}}$	12,0	7,3	4,0	3,0	2,3	1,9

1. Werten Sie die Messergebnisse des Versuchsteils 1 grafisch und rechnerisch aus und ermitteln Sie einen mathematischen Zusammenhang zwischen der Feldstärke E und der Ladungsmenge Q, indem Sie eine konstante Größe aus den Messwerten bestimmen.
   Bewerten Sie aufgrund Ihrer Auswertung die Messung.

2. Werten Sie den Versuchsteil 2 numerisch aus und überprüfen Sie, ob E umgekehrt proportional zu r oder r^2 ist.
   Bestimmen Sie auch hierzu eine konstante Größe aus den Messwerten.

3. Kombinieren Sie die Ergebnisse von Teilaufgabe 1 und 2 miteinander zu einer Gleichung für die elektrische Feldstärke E in Abhängigkeit von Q und r.
   Ermitteln Sie durch Auswertung eines Messwertes des Versuchsteils 2 den Wert der in der Gleichung vorkommenden Konstanten und vergleichen Sie ihn mit dem Literaturwert ($k \approx 9 \cdot 10^9 \frac{Vm}{C}$).
   Wie lautet das vollständige Gesetz für die Feldstärke einer Punktladung?

4. Welche Auswirkung auf die Feldstärke E um die Konduktorkugel hätte eine Verkleinerung bzw. Vergrößerung des Durchmessers der Kugel?
   Erläutern Sie, warum man trotz des großen Durchmessers der felderzeugenden Kugel mit den oben angeführten Versuchen das Feld einer Punktladung ausmessen kann.

5. Begründen Sie, warum für die Konstante k (siehe oben) gilt:

$$k = \frac{1}{4 \cdot \pi \cdot \varepsilon_0}$$

Tipps und Hinweise zur Lösung von Übungsaufgabe A2

Tipps zu Teilaufgabe 1

- Sie müssen Versuch 1 graphisch *und* rechnerisch auswerten.
- Zur graphischen Auswertung zeichnen Sie die Messwerte in ein Q-E-Diagramm ein und verbinden die Punkte. Welcher Graph entsteht? Welche Bedeutung hat die in der Aufgabenstellung genannte konstante Größe?
- Für die rechnerische Auswertung bestätigen Sie die den aufgrund des Diagramms vermuteten Zusammenhang zwischen E und Q durch Quotientenbildung. Begründen Sie diesen Schritt in Worten.
- Führen Sie eine kurze Fehlerbetrachtung durch.
- Wichtige Begriffe: Proportionalität, Ursprungsgerade, Steigung

Tipps zu Teilaufgabe 2

- Sie müssen Versuch 2 *nur* rechnerisch auswerten.
- Hier ist der vermutete Zusammenhang zwischen den Messgrößen direkt genannt: umgekehrte Proportionalität. Wie müssen Sie folglich E und r bzw. r^2 miteinander verknüpfen, um die geforderte konstante Größe zu erhalten? Überprüfen Sie beide Vermutungen.

Tipps zu Teilaufgabe 3

- Überlegen Sie, wie sich zwei Proportionalitäten zusammenfassen lassen.
- Für drei Größen x, y, z gilt: $y \sim x$ und $y \sim z \;\Leftrightarrow\; y \sim x \cdot z \;\Leftrightarrow\; y = k \cdot x \cdot z^2$ (k = konst.)
- Bestimmen Sie die Proportionalitätskonstante durch Einsetzen der bekannten Messwerte für E, Q und r.
- Geben Sie die relative Abweichung des Ergebnisses vom Literaturwert (Formelsammlung) an.

Tipp zu Teilaufgabe 4

- Zur Veranschaulichung skizzieren Sie eine Kugel und das zugehörige elektrische Feld. Bedenken Sie, dass das Feld auf der Kugeloberfläche beginnt und senkrecht auf ihr steht. Anschließend vergrößern bzw. verkleinern Sie gedanklich den Radius der Kugel. Vergleichen Sie das Feld einer Kugel mit dem Feld einer Punktladung.

Tipp zu Teilaufgabe 5

- Argumentieren Sie mit der Flächenladungsdichte und der Oberfläche der Kugel.

Lösungen zu Übungsaufgabe A2

1. **Grafische Auswertung**
Das Einzeichnen der Messwerte in ein Q-E-Diagramm liefert das in Abbildung 1 gezeigte Schaubild.
Es handelt sich um eine Ursprungsgerade, d. h., E und Q sind zueinander proportional:

$$\underline{\underline{E \sim Q}}$$

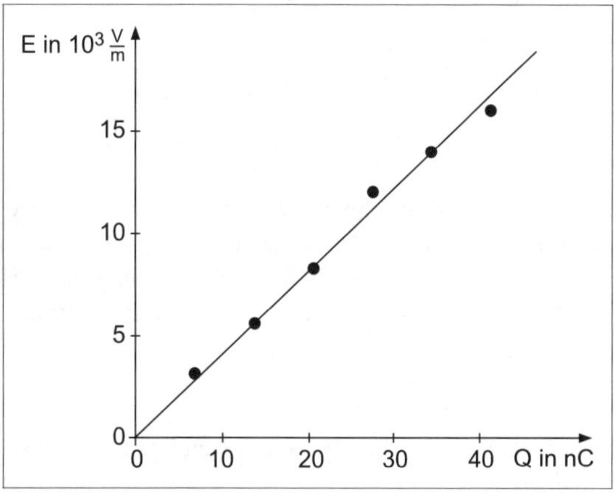

Abb. 1

Dies gilt für die in diesem Versuch erfüllte Nebenbedingung, dass der Abstand r zwischen dem Mittelpunkt der Konduktorkugel und dem Elektrofeldmeter konstant ist. Die Abweichungen der Messwerte nach oben und nach unten (bezogen auf die Gerade) lassen sich durch Messfehler erklären.

Rechnerische Auswertung
Wenn E ~ Q gilt, dann muss der Quotient aus Q und E konstant sein:

Q in nC	6,9	13,8	20,6	27,5	34,4	41,3
E in $10^3 \frac{V}{m}$	3,1	5,5	8,3	12,0	14,0	16,0
$\frac{Q}{E}$ in $10^{-3} \frac{nC \cdot m}{V}$	2,23	2,51	2,48	2,29	2,46	2,58

Der Mittelwert von $\frac{Q}{E}$ beträgt

$$\overline{\left(\frac{Q}{E}\right)} = \underline{\underline{2{,}43 \cdot 10^{-3} \frac{nC \cdot m}{V}}}$$

mit der größten relativen Abweichung von

$$\frac{2{,}42 - 2{,}23}{2{,}42} \approx 0{,}08 = 8\,\%.$$

Im Rahmen der zu erwartenden Messgenauigkeit ist damit die Proportionalität von E und Q bestätigt.

Für die Feststellung der Proportionalität ist es unerheblich, ob Sie den Quotienten $\frac{Q}{E}$ oder $\frac{E}{Q}$ bilden – entscheidend ist nur die Konstanz des Quotienten.

2. **Rechnerische Auswertung** (Angabe auf zwei gültige Ziffern)

r in m	0,15	0,20	0,25	0,30	0,35	0,40
E in $10^3 \frac{V}{m}$	12,0	7,3	4,0	3,0	2,3	1,9
$E \cdot r$ in V	1800	1460	1000	900	810	760
$E \cdot r^2$ in Vm	270	290	250	270	280	300

Während das Produkt $E \cdot r$ kontinuierlich kleiner wird, bleibt das Produkt $E \cdot r^2$ nahezu konstant (Mittelwert etwa 280 Vm, größte relative Abweichung ca. 11 %). Daraus ergibt sich unter der Nebenbedingung, dass die Ladungsmenge der Konduktorkugel konstant bleibt, die Proportionalität:

$$E \sim \frac{1}{r^2}$$

Ebenso wie bei Versuch 1 sind auch hier die Abweichungen durch Messfehler bedingt.

3. Die beiden Proportionalitäten aus den Teilaufgaben 1 und 2 lassen sich zu einer Gleichung zusammenfassen:

$$\left.\begin{array}{l} E \sim Q \\ E \sim \frac{1}{r^2} \end{array}\right\} \Rightarrow E \sim \frac{Q}{r^2} \Rightarrow E = k \cdot \frac{Q}{r^2} \qquad (*)$$

Für die Konstante

$$k = \frac{E \cdot r^2}{Q}$$

erhält man z. B. aus dem dritten Messwert von Versuch 2:

$$k = \frac{250\ \text{Vm}}{27{,}5 \cdot 10^{-9}\ \text{C}} \approx 9{,}1 \cdot 10^9\ \frac{\text{Vm}}{\text{C}}$$

Ein Vergleich mit dem Literaturwert

$$k_{Lit} = \frac{1}{4 \cdot \pi \cdot \varepsilon_0} \approx 8{,}99 \cdot 10^9\ \frac{\text{Vm}}{\text{C}}$$

ergibt eine Abweichung von etwa 1 %. Damit lautet das vollständige Gesetz für das elektrische Feld einer Punktladung:

$$E = 9 \cdot 10^9\ \frac{\text{Vm}}{\text{C}} \cdot \frac{Q}{r^2}$$

4. Die Feldlinien stehen senkrecht auf der Konduktorkugeloberfläche, verlaufen also radial nach außen. Die rückwärtigen Verlängerungen treffen sich alle im Mittelpunkt der Konduktorkugel. Eine Verkleinerung oder Vergrößerung des

Konduktorkugelradius r bei gleich bleibender Ladungsmenge Q hat keinen Einfluss auf das Feldlinienbild des elektrischen Feldes außerhalb der Kugel. Dies gilt auch für die Feldliniendichte, die ein Maß für die Stärke des Feldes ist. Die Feldstärke ist also unabhängig vom Kugeldurchmesser und daher auch gleich für eine Punktladung gleicher Ladung.

5. Die Flächenladungsdichte σ ist einerseits gegeben durch

$$\sigma = \frac{Q}{A},$$

andrerseits gilt:

$$\sigma = \varepsilon_0 \cdot E$$

Für die Oberfläche einer Kugel mit dem Radius r gilt $A = 4 \cdot \pi \cdot r^2$. Damit folgt für die elektrische Feldstärke:

$$E = \frac{\sigma}{\varepsilon_0} = \frac{Q}{\varepsilon_0 \cdot A} = \frac{Q}{\varepsilon_0 \cdot 4 \cdot \pi \cdot r^2} = \frac{1}{4 \cdot \pi \cdot \varepsilon_0} \cdot \frac{Q}{r^2}$$

Der Vergleich mit Formel (*) aus Teilaufgabe 3 zeigt:

$$\underline{\underline{k = \frac{1}{4 \cdot \pi \cdot \varepsilon_0}}}$$

Abiturprüfung Physik (Hessen) – Leistungskurs
Übungsaufgabe B1: Schwingungen und Wellen

Die CD als Reflexionsgitter

Die Aufgabe basiert auf einem dargestellten Realexperiment, das durch den Einfallswinkel $\alpha \neq 90°$ einen erhöhten Schwierigkeitsgrad besitzt. Im Unterricht wird in der Regel nur der senkrechte Lichteinfall besprochen. Die geforderte Herleitung ist relativ komplex. Die Aufgabe entspricht einem Drittel eines Abiturvorschlags (eine von drei gleich gewichteten Aufgaben eines Vorschlags).

Bezug: Handreichungen der Physik LK 12.2, Mechanische und elektromagnetische Schwingungen und Wellen
Thema: Überlagerung von Wellen, Beugung und Interferenz
Konkretisierung: Interferenzbedingungen am Spalt, Doppelspalt und Gitter (auch Reflexionsgitter) herleiten können, Interferenzen von weißem und monochromatischem Licht am Gitter

Eine CD, die flach mit der informationstragenden Seite nach oben auf einem Tisch liegt, wird unter einem Winkel α (gegen die CD-Ebene gemessen, siehe Skizze in Abbildung 1) mit einem Laserstrahl beleuchtet. Auf der gegenüberliegenden Wand lassen sich mehrere punktförmige Maxima beobachten, die so wie in der Skizze dargestellt gezählt werden.

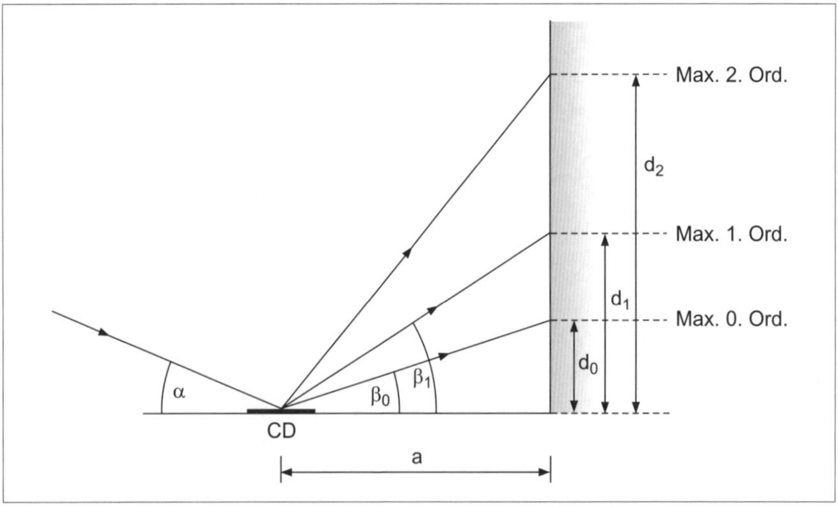

Abb. 1

Der Rillenabstand der CD beträgt $g = 1{,}60\ \mu m$ und die Wellenlänge des benutzten Lasers $\lambda = 632$ nm. Folgende Werte werden gemessen:

$$\alpha = 21°;\quad a = 29{,}4\text{ cm};\quad d_0 = 11{,}5\text{ cm};\quad d_1 = 45{,}3\text{ cm};\quad d_2 = 172\text{ cm}$$

1. Erläutern Sie qualitativ (also ohne Formeln), wie es zur Entstehung der Maxima kommt.

2. Zeigen Sie, dass für das Maximum n-ter Ordnung an der Wand die folgende Bedingung gelten muss:

$$g \cdot (\cos\alpha - \cos\beta_n) = n \cdot \lambda,\quad n = 0, 1, 2, \ldots$$

(Benutzen Sie Abbildung 2 als Anleitung.)

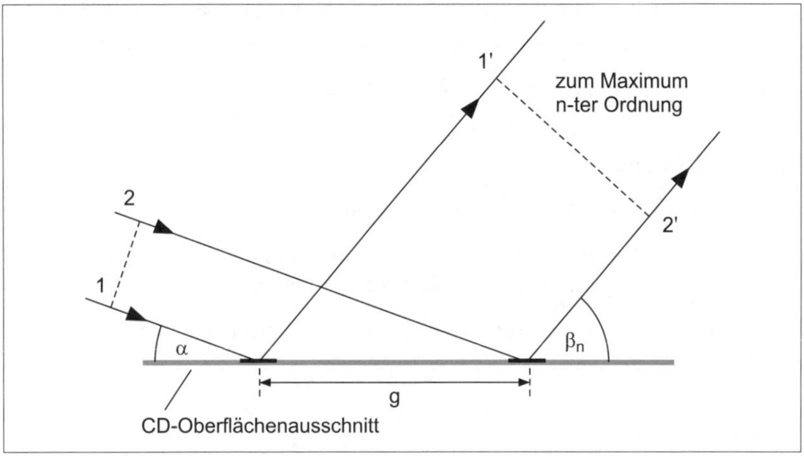

Abb. 2

3. Berechnen Sie mit der Bedingung aus Teilaufgabe 2 die Winkel β_n für alle Maxima auf der Wand (n = 0, 1, 2).
Vergleichen Sie Ihre berechneten Winkelwerte für β_n mit den Winkelwerten, die sich aus den Messungen ergeben (relative Fehler bezüglich des theoretischen Wertes).

4. Begründen Sie, was sich an dem Ergebnis des Experimentes an der Wand ändert, wenn Sie eine DVD (Rillenabstand $0{,}75\ \mu m$) statt einer CD verwenden.

5. In einem Gedankenexperiment verwendet man statt des Laserlichts einen Lichtstrahl einer Quecksilberdampflampe, deren weißes Licht sich aus einem gelben (576 nm), grünen (549 nm) und blauen (436 nm) Anteil zusammensetzt und schräg auf eine CD fällt.
Geben Sie von unten nach oben die Farbreihenfolge der Punkte bei beliebig hoher Wand an.

Tipps und Hinweise zur Lösung von Übungsaufgabe B1

Tipps zu Teilaufgabe 1

- Benutzen Sie das Huygens' sche Prinzip und argumentieren Sie mit den entstehenden Gangunterschieden.
- Wichtige Begriffe: Elementarwellen, Gangunterschied, konstruktive Interferenz

Tipps zu Teilaufgabe 2

- Übernehmen Sie die Skizze. Es entstehen zwei Gangunterschiede: vor und nach dem Auftreffen der beiden Strahlen auf die CD. Wie groß sind diese jeweils (Dreiecke suchen!)? Wie setzen sie sich zum gesamten Gangunterschied zusammen?
- Benutzen Sie die Formel für konstruktive Interferenz.

Tipps zu Teilaufgabe 3

- Die berechneten Winkelwerte gewinnen Sie durch Einsetzen.
- Für die Winkel, die bei der Messung entstehen, müssen Sie sich noch einmal die Skizze in Abbildung 1 anschauen: Geometrie in rechtwinkligen Dreiecken!
- Für den relativen Fehler müssen Sie die absolute Abweichung durch den theoretischen Wert dividieren.

Tipps zu Teilaufgabe 4

- Interpretieren Sie die in Teilaufgabe 3 hergeleitete Formel für den Beugungswinkel bezüglich der Verkleinerung von g.
- Bedenken Sie, für welche Winkelwerte Interferenzpunkte auf der Wand erscheinen können.

Tipps zu Teilaufgabe 5

- Überlegen Sie den Einfluss der Wellenlänge auf die Beugung für jede Beugungsordnung. Worin unterscheidet sich das Beugungsbild nullter Ordnung von denjenigen höherer Ordnung?
- Berücksichtigen Sie bei der Angabe der berechneten Beugungswinkel (Farbreihenfolge) den maximal möglichen Winkel.

Lösungen zu Übungsaufgabe B1

1. An der Auftreffstelle der Wellenfront auf der CD entstehen an jedem spiegelnden Zwischenraum zwischen den Information tragenden Spuren Elementarwellen nach dem Huygens' schen Prinzip. Diese Elementarwellen breiten sich kugelförmig in alle Richtungen aus. Für diejenigen Richtungen, für die benachbarte Strahlen einen Gangunterschied von $n \cdot \lambda$ ($n = 0, 1, 2, \ldots$) haben, verstärken sich die Wellenzüge und es ergibt sich durch konstruktive Interferenz ein Maximum.

2. Die Punkte 1 und 2 der skizzierten einfallenden Strahlen sind in Phase. Aufgrund der Reflexion an unterschiedlichen Orten auf der CD durchläuft der Strahl durch Punkt 2 bis zum Auftreffen auf die CD einen um die Strecke δ_1 längeren Weg als der Strahl durch Punkt 1. Umgekehrt legt dieser nach der Reflexion die zusätzliche Strecke δ_2 zurück (siehe Abbildung 3).

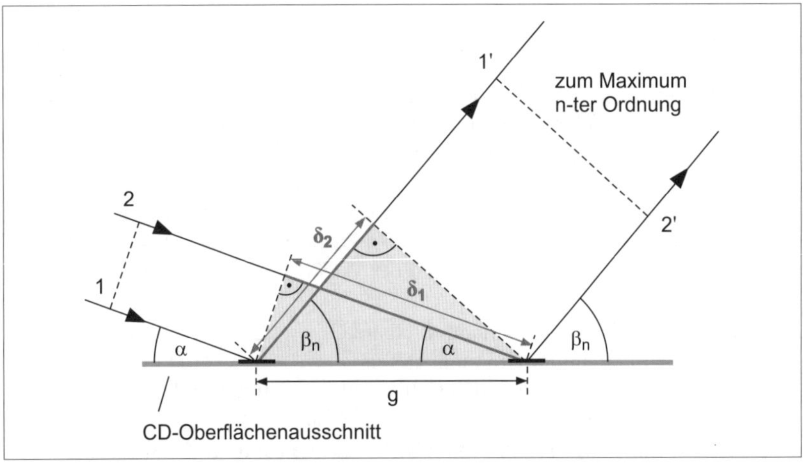

Abb. 3

Ermittelt man aus beiden Strecken den gesamten Gangunterschied δ, den die reflektierten Strahlen an den Punkten 1' und 2' besitzen, so ergibt sich (Winkelbeziehungen am rechtwinkligen Dreieck):

$$\delta = \delta_1 - \delta_2 = g \cdot \cos\alpha - g \cdot \cos\beta_n = g \cdot (\cos\alpha - \cos\beta_n)$$

Konstruktive Interferenz an der Wand liegt vor, wenn der gesamte Gangunterschied δ ein Vielfaches der benutzten Wellenlänge ist:

$$\underline{\underline{g \cdot (\cos\alpha - \cos\beta_n) = n \cdot \lambda, \quad n = 0, 1, 2, \ldots}}$$

3. Für die Beugungswinkel β_n gilt nach der Formel aus Teilaufgabe 2:

$$g \cdot (\cos\alpha - \cos\beta_n) = n \cdot \lambda \;\Rightarrow\; \cos\beta_n = \cos\alpha - \frac{n \cdot \lambda}{g} \qquad (*)$$

Mit den Messwerten $\alpha = 21°$, $g = 1{,}6\ \mu m$ und $\lambda = 632$ ergeben sich daraus die theoretisch zu erwartenden Winkel für die Beugungsordnungen 0, 1 und 2 (siehe zweite Spalte in der nachfolgenden Tabelle).
Aus den Messwerten erhält man die Winkel direkt mithilfe der Abbildung 1 über die Geometrie am rechtwinkligen Dreieck, denn es gilt (dritte Tabellenspalte):

$$\tan\beta_n = \frac{d_n}{a}$$

Schließlich ist in der vierten Spalte die prozentuale Abweichung zwischen theoretischen und gemessenen Werten angegeben.

n	β_n in Grad (Theorie)	β_n in Grad (Messung)	Abweichung in %
0	21	21,4	1,9
1	57,4	57,0	0,7
2	81,7	80,3	1,7

4. Den Einfluss des Rillenabstands g auf das Beugungsbild zeigt die in Teilaufgabe 3 abgeleitete Formel (∗) für die Beugungswinkel:
   - Der Wert für β_0 und damit d_0 verändern sich nicht, da der Term $\frac{n \cdot \lambda}{g}$ für $n = 0$ stets null wird.
   - Für $n = 1$ und $n = 2$ müssen die Werte für β und d bei konstanten α und λ größer werden: Für β_1 ergibt sich ca. 85°, für $\beta_2 = 139°$ (das Maximum zweiter Ordnung liegt jetzt nicht mehr auf der Wand).

5. Aus der Formel (∗) lässt sich unmittelbar ablesen, dass
   - das Maximum nullter Ordnung weiß ist,
   - die Maxima höherer Ordnung sich aus blauen, grünen und gelben Punkten zusammensetzen,
   - die jeweilige Lage durch den zu bestimmenden Winkel β festgelegt ist und
   - eine Begrenzung durch $\beta_{max} = 90°$ gegeben ist.

   Einsetzen der Zahlenwerte in (∗) liefert für die Beugungswinkel und die zugehörigen Farbpunkte folgende Reihenfolge:

Farbe	weiß	blau	grün	gelb	blau	grün	gelb	blau
Beugungswinkel	21°	49°	54°	55°	67°	76°	78°	83°

   Alle weiteren „Punkte“ besitzen einen Winkel $\beta > 90°$ und sind nicht mehr auf der Wand zu sehen.

Abiturprüfung Physik (Hessen) – Leistungskurs
Übungsaufgabe C1: Vorstellungen vom Licht

Der Fotoeffekt

Ausgehend von realen Versuchsdaten wird in dieser Aufgabe Wert auf deren grafischer und rechnerischer Auswertung gelegt. Zudem soll in eigenen Worten die Einstein' sche Gleichung des Fotoeffekts und deren Interpretation wiedergegeben werden. Eine über den Unterrichtsstoff hinausgehende Beschreibung und Deutung einer Kennlinie (Gegenfeldmethode) beendet die Aufgabe. Teilaufgabe 6 bildet einen Transfer insbesondere bei der Interpretation des U-I-Diagramms. Formelrechnungen treten eher in den Hintergrund. Die Aufgabe entspricht einem Drittel eines Abiturvorschlags (eine von drei gleich gewichteten Aufgaben eines Vorschlags).

Bezug: Handreichungen der Physik LK 13.1, Quanten- und Atomphysik
Thema: Fotoeffekt/Einstein'sche Deutung
Konkretisierung: Einstein' sche Deutung und Widersprüche zur Wellentheorie, Messung der kinetischen Energie der Fotoelektronen mit der Gegenfeldmethode, Grenzfrequenz, Austrittsenergie, Planck' sches Wirkungsquantum, Energie eines Photons

Beim so genannten äußeren fotoelektrischen Effekt kann Licht aus bestimmten Metallen Elektronen herauslösen. Diese ausgelösten Elektronen nennt man Fotoelektronen. Wenn man den Fotoeffekt quantitativ untersucht, dann misst man für jede Wellenlänge λ des einfallenden Lichts eine andere Bewegungsenergie E_{kin} der schnellsten ausgelösten Fotoelektronen:

λ in 10^{-9} m	576	549	436	366
E_{kin} in eV	0,21	0,30	1,00	1,40

1. Stellen Sie die Werte in einem f-E_{kin}-Diagramm grafisch dar.

2. Welche Hypothese liegt der Einstein' schen Interpretation des Fotoeffektes zugrunde?

3. Erläutern Sie in eigenen Worten die Einstein' sche Interpretation des Fotoeffekts. Gehen Sie dabei auf Bedeutung und Zusammenhang der einzelnen Größen in der Einstein' schen Gleichung für den Fotoeffekt ein:

   $$E_{kin} = h \cdot f - W_A$$

   Begründen Sie den Begriff Grenzfrequenz.

4. Interpretieren Sie die Gleichung auf der Grundlage des in Teilaufgabe 1 gezeichneten Diagramms und bestimmen Sie daraus die Planck' sche Konstante h.

5. Wie ändern sich die Anzahl und die Geschwindigkeit der ausgelösten Elektronen, wenn man die Intensität des Lichts vergrößert? Was passiert bei einer Erhöhung der Wellenlänge des eingestrahlten Lichts?

6. In Abbildung 1 ist ein Versuch zum Fotoeffekt schematisch dargestellt. Licht fällt im Inneren einer luftleeren Fotozelle auf Cäsiummetall. Zwischen dem Metall und dem Ring liegt ein Spannungsmesser U_F. Die vom Licht aus dem Cäsiummetall ausgelösten Fotoelektronen landen teilweise auf dem Ring. Der Fotostrom I_F und die Fotospannung U_F werden gemessen. Zusätzlich wird von außen eine veränderbare Spannung U angelegt.

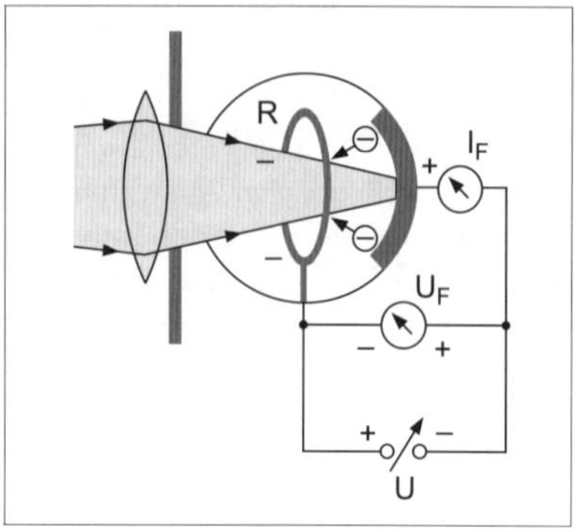

Abb. 1

Abbildung 2 zeigt den Verlauf des Stromes I_F der Fotozelle in Abhängigkeit der Spannung U bei Bestrahlung mit monochromatischem Licht.

Beschreiben und erklären Sie den Verlauf der Kurve

- für $U > +1$ V,
- für $U = 0$ V,
- für $U < 0$ V

und deuten Sie die Spannung U_m.
Wie kann man aus dem Diagramm die Energie der Photonen ablesen?

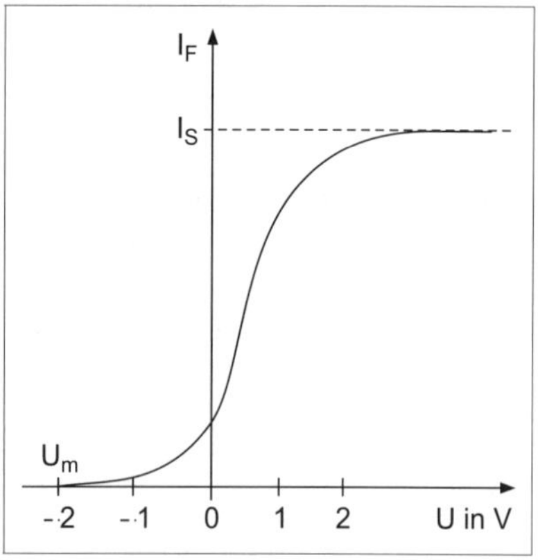

Abb. 2

Tipps und Hinweise zur Lösung von Übungsaufgabe C1

Tipp zu Teilaufgabe 1

- Bestimmen Sie zunächst die zu den Wellenlängen gehörenden Frequenzen. Denken Sie an eine sinnvolle Einteilung der Achsen.

Tipp zu Teilaufgabe 2

- Hier ist *nur* nach der Grundidee Einsteins gefragt, mithilfe derer sich der Fotoeffekt erklären lässt. Erinnern Sie sich an die verschiedenen Modellvorstellungen des Lichts, die Sie im Unterricht behandelt haben.

Tipps zu Teilaufgabe 3

- Gefragt ist nach einer zusammenhängenden Beschreibung und Erläuterung der Modellvorstellung Einsteins und die daraus sich ergebende Erklärung des Fotoeffekts. Erstellen Sie die Antwort in ganzen, vollständigen Sätzen.
- Gehen Sie von den in der Einstein-Gleichung vorkommenden Größen aus und legen Sie schrittweise dar, was beim Fotoeffekt passiert: Beginnen Sie mit den auf die Metallplatte auftreffenden Photonen und enden Sie mit der Bewegungsenergie der freigesetzten Elektronen.
- Achten Sie darauf, die für den Effekt wichtigen Fachbegriffe zu verwenden: Lichtfrequenz, Austrittsarbeit, kinetische Energie, Planck'sche Konstante, Einfluss des verwendeten Materials. Ziehen Sie auch Ihre Formelsammlung zu Rate.
- Die Grenzfrequenz folgt aus der Bedingung $E_{kin} \geq 0$.

Tipps zu Teilaufgabe 4

- Stellen Sie einen Zusammenhang zwischen der Einstein-Gleichung und dem gezeichneten Graphen her.
- Erinnern Sie sich an die Mathematik und interpretieren Sie die Einstein-Gleichung als lineare Funktion der Form $f(x) = m \cdot x + b$: Durch welche beiden Parameter ist das zugehörige Schaubild gekennzeichnet? Wie lassen sich diese Parameter aus dem Schaubild ermitteln? Welche Bedeutung haben die Schnittpunkte des Graphen mit den Koordinatenachsen?
- Die Planck'sche Konstante können Sie anhand eines Steigungsdreiecks bestimmen.

Tipps zu Teilaufgabe 5

- Durch Erhöhung der Intensität wird nur die Anzahl der Photonen, nicht aber deren Energie erhöht. Versuchen Sie diese Aussage zu begründen und Konsequenzen daraus abzuleiten.

- Erhöht man die Wellenlänge des eingestrahlten Lichts, so verkleinert sich dessen Frequenz. Was folgt für die Energie der eingestrahlten Photonen und die Energie der ausgelösten Elektronen? Berücksichtigen Sie, dass die Lichtintensität konstant bleibt.

Tipps zu Teilaufgabe 6

- Machen Sie sich zunächst mit der Schaltskizze vertraut. Bei der Interpretation des Kurvenverlaufs ist es hilfreich sich den Strom als Anzahl der Elektronen, die pro Zeiteinheit an der Anode ankommen, vorzustellen.

- Denken Sie daran, zunächst den Kurvenverlauf des Diagramms für die drei genannten Spannungsbereiche zu *beschreiben* und dann mithilfe der Schaltskizze die zugehörigen Vorgänge zu *erklären*.

- Wichtige Begriffe: Saugspannung, Sättigungsstromstärke, Gegenspannung, kinetische Energie der Elektronen

Lösungen zu Übungsaufgabe C1

1. Zunächst bestimmt man mithilfe der Formel

$$c = \lambda \cdot f \;\Leftrightarrow\; f = \frac{c}{\lambda}$$

die zu den einzelnen Wellenlängen gehörenden Frequenzen:

λ in 10^{-9} m	576	549	436	366
f in 10^{14} Hz	5,21	5,46	6,88	8,20
E_{kin} in eV	0,21	0,30	1,00	1,40

Mit diesen Werten erhält man folgendes Diagramm:

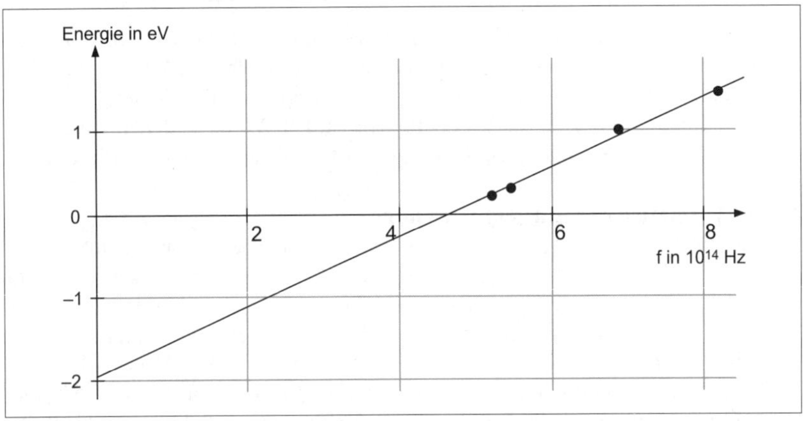

Abb. 1

Zusätzlich ist in der Grafik zur späteren Verwendung eine Ausgleichsgerade eingezeichnet (siehe Teilaufgabe 4).

2. Albert Einstein zeigte 1905, dass man den Effekt erklären kann, wenn man das Licht nicht wie bis dahin üblich als mit dem Wellenmodell, sondern mit einem Teilchenmodell beschreibt: Licht besteht demnach aus einzelnen Energieportionen bestimmter Frequenz, den so genannten Lichtquanten oder Photonen.

Die erfolgreiche Erklärung des – klassisch unverstandenen – fotoelektrischen Effekts mithilfe der Lichtquantenhypothese machte diesen Effekt zu einem der Schlüsselexperimente, die zur Begründung der Quantenphysik führten. Einstein wurde 1921 für diese Arbeit mit dem Nobelpreis für Physik ausgezeichnet.

3. Einstein erklärte den Fotoeffekt durch die Modellvorstellung, dass ein Photon mit einem im Material gebundenen Elektron zusammenstößt und dabei seine Energie E_{Photon} auf dieses Elektron überträgt. Die Photonenenergie ist in Übereinstimmung

mit den Experimenten allein abhängig von der Lichtfrequenz f und zu dieser proportional; die Proportionalitätskonstante ist das Planck' sche Wirkungsquantum h:

$$E_{Photon} = h \cdot f$$

Ist die Energie größer als die vom Material abhängige Austrittsarbeit W_A, so kann das Elektron aus dem Metall austreten. Die nach Abzug von W_A verbleibende Energie bildet die (maximale) kinetische Energie E_{kin}, die den ausgetretenen Elektronen zur Verfügung steht. Es gilt also:

$$\left.\begin{array}{l} E_{Photon} = h \cdot f \\ E_{Photon} = W_A + E_{kin} \end{array}\right\} \Rightarrow \quad E_{kin} = h \cdot f - W_A \qquad (*)$$

Da W_A materialabhängig ist, folgt aus der Einstein-Gleichung (∗) sofort, dass für jedes Material eine charakteristische minimale Frequenz, die so genannte **Grenzfrequenz**, existiert ist, damit der Fotoeffekt auftreten kann.

Einsteins Erklärungen des fotoelektrischen Effektes waren eine mutige und gewagte Hypothese. Die Frage, ob Licht aus Wellen oder Teilchen bestehe, kann seitdem nicht mehr so gestellt werden. Licht zeigt sowohl Wellencharakter als auch Teilchencharakter, dieses Phänomen wird als Welle-Teilchen-Dualismus bezeichnet. Die Quantenelektrodynamik löst den Widerspruch allerdings auf.

4. **Interpretation der Einstein-Gleichung**
Die Einstein-Gleichung (∗) gibt die kinetische Energie der Fotoelektronen in Abhängigkeit von der Lichtfrequenz an. Das Schaubild dieser linearen Funktion im f-E_{kin}-Diagramm ist eine Gerade mit Steigung h und dem Achsenabschnitt $-W_A$ (Schnittpunkt des Graphen mit der Energieachse). Im Beispiel der Teilaufgabe 1 liest man für die Austrittsarbeit den Wert $W_A \approx 1{,}95$ eV ab (siehe Abbildung 1). Der Schnittpunkt der Geraden mit der Frequenzachse liefert die minimale Grenzfrequenz f_G, oberhalb der der Fotoeffekt einsetzen kann; die kinetische Energie der Fotoelektronen ist dann gerade null, sodass folgt:

$$0 = h \cdot f_G - W_A \quad \Leftrightarrow \quad f_G = \frac{W_A}{h}$$

Führt man den Versuch mit unterschiedlichen Metallen durch, so stellt man fest, dass die Graphen verschoben, aber parallel zueinander sind: Die Austrittsarbeiten variieren, die Steigung ist aber überall die gleiche, da die Planck'sche Konstante h eine Naturkonstante ist.

Bestimmung von h
Hierzu verwendet man zwei Messwertpaare (hier z. B. das erste und das vierte Paar). Die Steigung ergibt sich dann zu (Steigungsdreieck):

$$h = \frac{\Delta E}{\Delta f} = \frac{E_4 - E_1}{f_4 - f_1} = \frac{1{,}40\,\text{eV} - 0{,}21\,\text{eV}}{8{,}20 \cdot 10^{14}\,\text{Hz} - 5{,}21 \cdot 10^{14}\,\text{Hz}} \approx \underline{\underline{4 \cdot 10^{-15}\,\text{eVs}}}$$

Der Literaturwert beträgt laut Formelsammlung $h = 4{,}1357 \cdot 10^{-15}$ eVs. Dies entspricht einer Abweichung von etwa 3,4 %.

5. **Vergrößerung der Lichtintensität**
Eine Erhöhung der Lichtintensität, also der Energie, die pro Zeit- und Flächeneinheit auf das Metall trifft, bedeutet im Photonenbild eine Zunahme der Anzahl der auftreffenden Photonen, die Energie und damit die Frequenz der einzelnen Photonen bleibt gleich. Da die kinetische Energie der ausgelösten Fotoelektronen gemäß der Einstein-Gleichung nur von der Frequenz abhängt, bleibt diese und damit auch die Elektronengeschwindigkeit unverändert. Dagegen erhöht sich mit der Anzahl der Photonen auch die Anzahl der Fotoelektronen, weil jedes Photon seine Energie auf jeweils ein Elektron überträgt.

Erhöhung der Lichtwellenlänge
Die Erhöhung der Wellenlänge ist wegen $f = \frac{c}{\lambda}$ gleichbedeutend mit einer Verkleinerung der Frequenz des eingestrahlten Lichts. Damit verkleinert sich auch die Energie $E = h \cdot f$ der Photonen. Dabei gilt:

- Liegt die veränderte Frequenz *unterhalb* der Grenzfrequenz, ist also die Energie der eintreffenden Photonen kleiner als die Austrittsarbeit, so tritt der Fotoeffekt nicht mehr auf.
- Liegt die Frequenz noch *oberhalb* der Grenzfrequenz, werden weiterhin Elektronen aus dem Metallverbund herausgelöst; die kinetische Energie dieser ausgelösten Elektronen ist allerdings geringer und damit ihre Geschwindigkeit kleiner. Konstante Lichtintensität vorausgesetzt, nimmt aufgrund der größeren Zahl an (energieärmeren) Photonen die Anzahl der Fotoelektronen zu.

6. **Beschreibung und Erklärung des Kurvenverlaufs**
- $U > +1$ V: Der Fotostrom I_F ist unabhängig von der Spannung nahezu konstant.
  Erklärung: Die Zahl der Elektronen, die pro Zeiteinheit die Anode erreichen, nimmt mit steigender positiver Spannung U (Saugspannung) so lange zu, bis alle aus dem Cäsiummetall ausgelösten Elektronen die Anode erreichen; eine weitere Steigerung von I_F ist nicht mehr möglich (Sättigungsstromstärke I_S).
- $U = 0$ V (Schnittpunkt mit der I_F-Achse): Es fließt ein kleiner Fotostrom.
  Erklärung: Auch ohne angelegte Spannung verlassen die Fotoelektronen die Kathode mit einer bestimmten Geschwindigkeit und erreichen die Anode. Bedingt durch die Ladungstrennung baut sich ein elektrisches Feld auf, gegen das Elektronen mit geringer kinetischer Energie nicht mehr ankommen. Daher ist die Stromstärke bei $U = 0$ kleiner als die Sättigungsstromstärke I_S.
- $U < 0$ V: Der Fotostrom fließt auch bei negativer Spannung (Gegenspannung) und nimmt mit zunehmender Gegenspannung ab, bis diese den maximalen Betrag U_m erreicht.
  Erklärung: Erhöht man diese Gegenspannung, so gelangen immer weniger Elektronen zur Anode, bis bei $U = U_m$ schließlich keine Elektronen mehr die Anode erreichen. Bei U_m reicht die **kinetische Energie der Elektronen** also gerade nicht mehr aus, um das Gegenfeld zu durchlaufen. Dort gilt:

$$E_{kin} = W_{el} = \underline{\underline{e \cdot U_m}}$$

Abiturprüfung Physik (Hessen) – Leistungskurs
Übungsaufgabe C2: Quanten- und Atomphysik

Untersuchung von Röntgenspektren

Die Aufgabe basiert auf zwei Diagrammen mit Röntgenspektren als Arbeitsmaterial. Inhaltlich deckt die Aufgabe das ganze Thema „Röntgenstrahlung" ab. Die wesentlichen Schwierigkeiten liegen in der Interpretation und Auswertung der vorgegebenen Diagramme. Die Aufgabe entspricht einem Drittel eines Abiturvorschlags (eine von drei gleich gewichteten Aufgaben eines Vorschlags).

Bezug: Handreichungen der Physik LK 13.1, Quanten- und Atomphysik
Thema: Quanteneffekte, Fotoeffekt und Einstein' sche Deutung
Konkretisierung: Planck' sches Wirkungsquantum, charakteristische und kontinuierliche Röntgenspektren, kurzwellige Grenze des Röntgenspektrums, Bragg-Reflexion

Mit einer Schulröntgenröhre mit Kupferanode werden Röntgenspektren untersucht. Die beiden dargestellten Spektren in den Abbildungen 1 und 2 wurden mit der so genannten „Drehkristallmethode" aufgenommen (Abbildung 1: Spektrum eines Lithium-Fluorid-Kristall mit der Gitterkonstanten $d_{LiF} = 201 \text{ pm} = 2{,}01 \cdot 10^{-10} \text{ m}$).

1. Beschreiben Sie die Entstehung von Röntgenstrahlung und erläutern Sie das prinzipielle Spektrum einer Röntgenröhre.
   Beziehen Sie sich dabei auf das in Abbildung 1 dargestellte Röntgenspektrum.

2. Erläutern Sie mithilfe einer Skizze die Bragg-Reflexion von Röntgenstrahlung an Kristallebenen und leiten Sie die Bragg-Bedingung her:

   $$2 \cdot d \cdot \sin\varphi = n \cdot \lambda, \quad n = 1, 2, 3, \ldots$$

   d: Abstand der Gitterebenen im Kristall (Gitterkonstante)
   φ: Winkel zwischen Einfallsrichtung und Kristallebenen (Glanzwinkel)
   λ: benutzte Röntgenwellenlänge

3. In der Grenze des Spektrums bei kleinen Winkeln spiegelt sich der Quantencharakter der Röntgenstrahlung wieder. Erläutern Sie diese Aussage.
   Entnehmen Sie der Abbildung 1 möglichst genau den Grenzwinkel, bei dem das kontinuierliche Spektrum startet, und bestimmen Sie daraus den Wert des Planck' schen Wirkungsquantum h. Die benutzte Beschleunigungsspannung betrug 21 kV.

4. Erläutern Sie kurz, dass das Experiment zur Aufnahme eines Röntgenspektrums auch für den Wellencharakter der Röntgenstrahlung spricht.

5. Das Röntgenspektrum der Abbildung 2 ist mithilfe eines Kalium-Bromid-Kristalls (KBr) aufgenommen worden.
   Ermitteln Sie durch Auswertung der Abbildung 2 den Hauptnetzebenenabstand d_{KBr} von KBr. Die benutzte Beschleunigungsspannung betrug 22,5 kV.
   Begründen Sie die Annahmen, die Sie für Ihre Berechnungen machen.
6. Wie entstehen die beiden zusätzlichen Peaks bei höheren Winkeln in dem Spektrum der Abbildung 2? Bestätigen Sie Ihre Vermutung durch Rechnung.

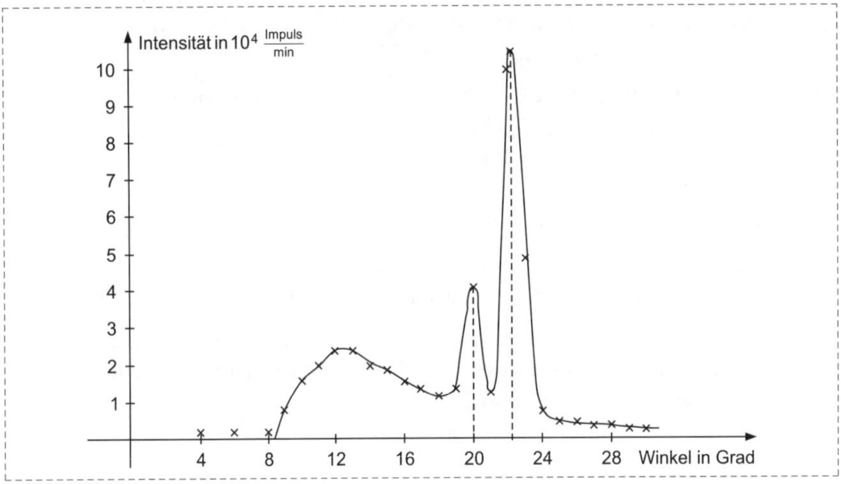

Abb. 1 Kristall LiF, U = 21 kV

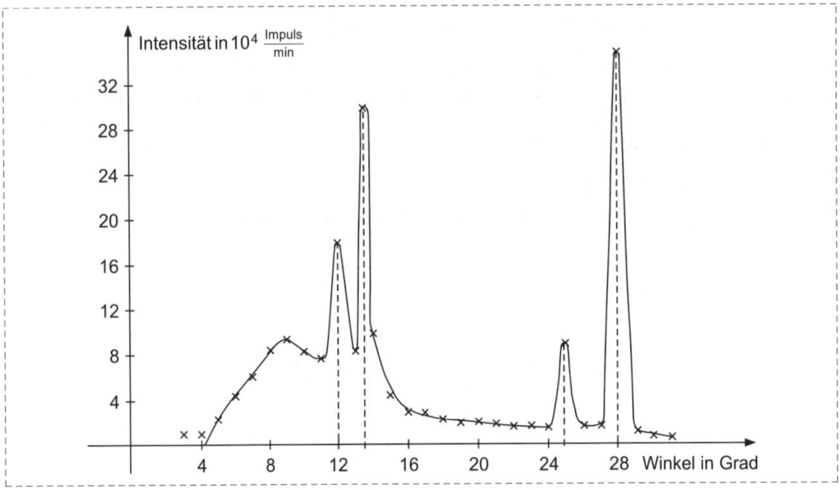

Abb. 2 Kristall KBr, U = 22,5 kV

Tipps und Hinweise zur Lösung von Übungsaufgabe C2

Tipps zu Teilaufgabe 1

- Beschreiben Sie im ersten Teil Ihrer Antwort schrittweise und in knappen Sätzen die Vorgänge in der Röntgenröhre. Verwenden Sie Fachbegriffe. Eine Skizze kann helfen, ist aber nicht unbedingt notwendig.
- Erläutern Sie im zweiten Teil der Antwort die zwei wesentlichen Anteile, aus denen sich das Röntgenspektrum zusammensetzt. Belegen Sie Ihre Aussagen unbedingt anhand des Verlaufs des Spektrums der Abbildung 1.
- Wichtige Begriffe: glühelektrischen Effekt, Metallanode, Bremsstrahlung, kontinuierliches und charakteristisches Spektrum, Elektronenübergang

Tipps zu Teilaufgabe 2

- Fertigen Sie eine Skizze an, in der der Gangunterschied zwischen zwei Röntgenstrahlen auftaucht, die an benachbarten Kristallgitterebenen reflektiert werden.
- Beschreiben Sie knapp den Reflexionsvorgang. Klären sie dabei folgende Fragen: Wo entstehen rechtwinklige Dreiecke? Welche Winkel kennen Sie? Welche Bedingung gilt für konstruktive Interferenz?

Tipps zu Teilaufgabe 3

- Hier müssen Sie mithilfe quantentheoretischer Modellvorstellungen die Existenz einer Grenzwellenlänge bzw. Grenzfrequenz begründen.
- Beachten Sie: In den Abbildungen 1 und 2 ist nach rechts der Beugungswinkel aufgetragen. Sie müssen also einen Zusammenhang von Winkel und Frequenz herstellen.
- Die Grenzfrequenz folgt aus der Energiebilanz von Elektronen- und Photonenenergie.
- Die Energiebilanzgleichung können Sie nach h auflösen. Mithilfe der Bragg-Bedingung und dem aus Abbildung 1 abgelesenen Grenzwinkel lässt sich dann h berechnen.

Tipp zu Teilaufgabe 4

- Überlegen Sie: Welcher physikalische Vorgang ist typisch für Wellen? Denken Sie an die Ableitung der Bragg-Bedingung in Teilaufgabe 2.

Tipps zu Teilaufgabe 5

- Es gibt zwei Möglichkeiten, diese Aufgabe zu lösen: Entweder lösen Sie direkt die Bragg-Bedingung nach d auf oder Sie verwenden die Gleichung für h aus Teilaufgabe 3.
- Bei der ersten Lösungsmöglichkeit brauchen Sie zur Berechnung von d eine in beiden Experimenten (Abbildung 1 und 2) konstante Größe. Was bleibt konstant? Was ändert sich?
- Bei der zweiten Lösungsmöglichkeit entnehmen Sie den benötigten Zahlenwert dem Diagramm der Abbildung 2.

Tipps zu Teilaufgabe 6

- Betrachten Sie die Größen, die in der Bragg-Bedingung auftauchen. Welche ist für die zusätzlichen Peaks relevant?
- Bilden Sie mithilfe der Bragg-Bedingung einen geeigneten Quotienten und vergleichen Sie das theoretisch zu erwartende mit dem experimentellen Ergebnis.

Lösungen zu Übungsaufgabe C2

1. **Entstehung von Röntgenstrahlung**
   In einer Vakuumröhre werden durch den glühelektrischen Effekt Elektronen erzeugt und durch eine hohe Spannung beschleunigt. Beim Aufprall auf die massive Metallanode geben die schnellen Elektronen ihre Energie ab. Es entsteht – neben Wärme – Röntgenstrahlung, die die Vakuumröhre verlassen kann.

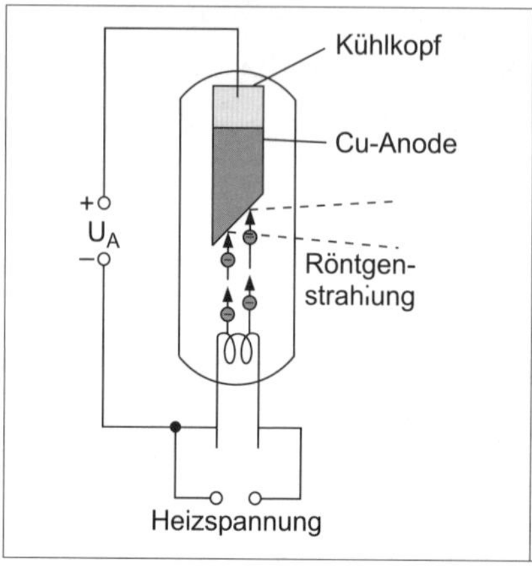

Abb. 3

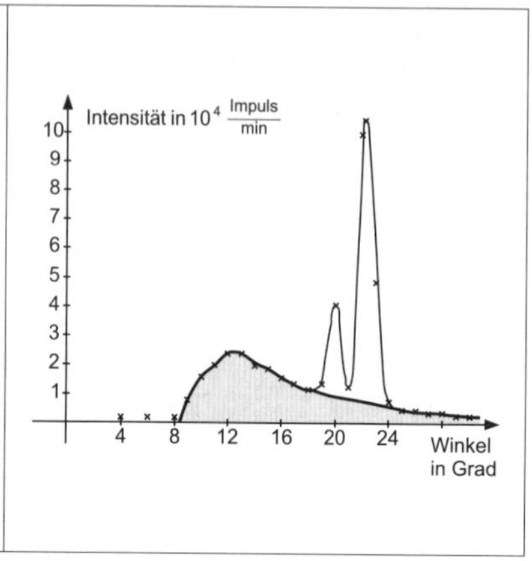

Abb. 4

Um Ihre Aussagen zu illustrieren, ist eine Skizze wie in Abbildung 3 hilfreich; sie ist aber nicht ausdrücklich verlangt.

Röntgenspektrum
Die Energieabgabe geht typischerweise auf zwei Arten vonstatten, wie das Spektrum der Abbildung 1 beispielhaft zeigt:

- Das *kontinuierliche* Spektrum (Bremsstrahlung; grau getönter Bereich in Abbildung 4) entsteht aus vielen Bremsprozessen, bei denen jeweils unterschiedliche Energiebeträge in elektromagnetische Röntgenstrahlung umgewandelt werden.
- Die beiden deutlichen Peaks entstehen durch Wechselwirkung der beschleunigten Elektronen mit dem Anodenmaterial und werden als *charakteristisches* Spektrum bezeichnet. Dabei werden Übergänge im Inneren der Atomhülle des Anodenmetalls angeregt, die mit der Aussendung von Photonen bestimmter Frequenz verknüpft sind. Das charakteristische Spektrum ist also ein *diskretes* Spektrum (Linienspektrum).

Auf die scharfe Grenze des Bremsspektrums bei kleinem Winkel kann hier auch schon eingegangen werden. Da sich aber Teilaufgabe 3 damit näher beschäftigt, ist es sinnvoll, die Zusammenhänge dort darzustellen.

2. In Abbildung 5 sind die wesentlichen Vorgänge bei der Bragg-Reflexion skizziert.

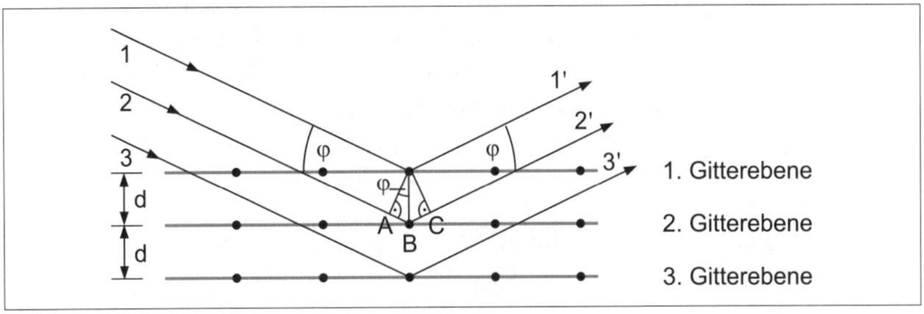

Abb. 5

Beachten Sie, dass hier (im Gegensatz zu Teilaufgabe 1) die Erstellung einer Skizze in der Aufgabenstellung verlangt wird. Beschränken Sie sich darauf, nur die für Ihre Erläuterung wichtigen Elemente sauber darzustellen.

Röntgenstrahlung fällt unter einem Winkel φ auf einen Kristall mit dem Netzebenenabstand d. Die Strahlung kann unterschiedlich tief in den Kristall eindringen. Für jede Kristallebene, die mit den Atomen als Streuzentren besetzt ist, gilt das Reflexionsgesetz.
Stellvertretend werden hier die beiden Strahlen 1 und 2 näher untersucht. Dadurch, dass Strahl 2 an der zweiten Gitterebene reflektiert wird, entsteht zwischen ihm und Strahl 1 ein Gangunterschied:

$$\delta = 2 \cdot s = |AB| + |BC|$$

Dabei bezeichnet s jeweils die Längen der Strecken von A nach B bzw. B nach C. Der Winkel φ, unter dem die Röntgenstrahlung einfällt, findet sich in den entstehenden rechtwinkligen Dreiecken wieder. Es gilt:

$$\sin\varphi = \frac{s}{d}$$

Der untersuchte Gangunterschied beträgt also:

$$\delta = 2 \cdot s = 2 \cdot d \cdot \sin\varphi$$

Konstruktive – also verstärkende – Interferenz findet statt, wenn der Gangunterschied ein ganzzahliges Vielfaches der Wellenlänge beträgt. Daraus folgt für die Bragg-Bedingung, die erfüllt sein muss, um die Reflexion zu beobachten:

$$\underline{\underline{2 \cdot d \cdot \sin\varphi = n \cdot \lambda \quad \text{mit} \quad n = 1, 2, 3, \ldots}}$$

3. Der **Quantencharakter** der Röntgenstrahlung drückt sich darin aus, dass man das Photonenbild der elektromagnetischen Strahlung benötigt, um die Existenz der Spektrumgrenze zu erklären: Wie im Teilaufgabe 1 dargestellt, entsteht das kontinuierliche Spektrum durch Abbremsprozesse der beschleunigten Elektronen. Der maximale Energietausch findet statt, wenn ein Elektron seine gesamte kinetische Energie $E_{kin} = e \cdot U$, die es durch die Beschleunigung im elektrischen Feld

zwischen Kathode und Anode aufgenommen hat, an ein Röntgenphoton der Energie $E_{Photon} = h \cdot f$ abgibt. Hierbei ist h die Planck'sche Konstante und f die Frequenz der entstandenen Strahlung. Die Grenze des Spektrums bei kleinen Winkeln bedeutet kleinste auftretende Wellenlänge, größte Frequenz und somit auch größte Photonenenergie. Für den Grenzwinkel gilt also die Energiebilanz:

$$E_{kin} = E_{Photon} \quad \Leftrightarrow \quad e \cdot U = h \cdot f \qquad (*)$$

Bestimmung von h

Aus der Gleichung (∗) folgt für h:

$$h = \frac{e \cdot U}{f}$$

Mit der Beziehung $f = \frac{c}{\lambda}$ und der Bragg-Bedingung $\lambda = 2 \cdot d \cdot \sin\varphi$ (n = 1) erhält man weiter:

$$h = \frac{e \cdot U \cdot 2 \cdot d \cdot \sin\varphi}{c} \qquad (**)$$

Aus dem Diagramm der Abbildung 1 ergibt sich für den Grenzwinkel ungefähr $\varphi = 8{,}5°$. Zusammen mit den anderen gegebenen Werten erhält man durch Einsetzen:

$$h = \frac{1{,}60 \cdot 10^{-19}\,\text{As} \cdot 21\,000\,\text{V} \cdot 2 \cdot 2{,}01 \cdot 10^{-10}\,\text{m} \cdot \sin 8{,}5°}{3{,}0 \cdot 10^{8}\,\frac{\text{m}}{\text{s}}}$$

$$= 6{,}6549\ldots \cdot 10^{-34}\,\text{Js} \approx \underline{\underline{6{,}7 \cdot 10^{-34}\,\text{Js}}}$$

4. Das Experiment ist ein Interferenzexperiment, das als Ergebnis ein Beugungsmuster liefert (Beugung am Gitter). Die Forderung nach konstruktiver Interferenz drückt sich in der Bragg-Bedingung aus. Interferenz ist ein Beleg für den **Wellencharakter** der Röntgenstrahlung.

5. **Bestimmung von d_{KBr}**

Lösungsweg 1: Sie bestimmen mithilfe der Bragg-Bedingung z. B. die Wellenlänge, die zu dem großen, charakteristischen Peak bei 22,5° in Abbildung 1 gehört. Da diese Wellenlänge charakteristisch für die benutzte Kupferanode ist, muss sie auch in dem entsprechenden Peak der Abbildung 2 bei 13,5° vorhanden sein, sodass Sie durch nochmaliges Anwenden der Bragg-Bedingung die Gitterkonstante bestimmen können.

Für die Wellenlänge des Peaks bei 22,5° in Abbildung 1 gilt mit n = 1:

$$\lambda = 2 \cdot d \cdot \sin\varphi = 2 \cdot 2{,}01 \cdot 10^{-10}\,\text{m} \cdot \sin 22{,}5° = 1{,}54 \cdot 10^{-10}\,\text{m}$$

Umstellen der Bragg-Beziehung nach d und Einsetzen des Winkels 13,5° aus Abbildung 2 liefert für diese Wellenlänge:

$$d_{KBr} = \frac{\lambda}{2 \cdot \sin\varphi} = \frac{1{,}54 \cdot 10^{-10}\,\text{m}}{2 \cdot \sin 13{,}5°} = \underline{\underline{3{,}29 \cdot 10^{-10}\,\text{m} = 329\,\text{pm}}}$$

Lösungsweg 2: Sie bestimmen aus Abbildung 2 den Grenzwinkel und benutzen die in Teilaufgabe 3 hergeleitete Gleichung für h.

Stellt man die Gleichung (**) nach d um und setzt alle für das Diagramm 2 relevanten Größen ein, so ergibt sich:

$$d_{KBr} = \frac{h \cdot c}{e \cdot U \cdot 2 \cdot \sin\varphi}$$

$$= \frac{6{,}63 \cdot 10^{-34}\,\text{Js} \cdot 3{,}0 \cdot 10^{8}\,\frac{\text{m}}{\text{s}}}{1{,}60 \cdot 10^{-19} \cdot 22\,500\,\text{V} \cdot 2 \cdot \sin 4{,}5^\circ} = \underline{\underline{3{,}5 \cdot 10^{-10}\,\text{m} = 350\,\text{pm}}}$$

Der Literaturwert für d_{KBr} beträgt 330 pm.

6. Die beiden zusätzlichen Peaks bei höheren Winkeln in dem Spektrum der Abbildung 2 sind die Interferenzen zweiter Ordnung der charakteristischen Strahlung. In der Bragg-Bedingung steht nun also n = 2.
Dieser Befund lässt sich rechnerisch bestätigen, indem man den Quotienten auf beiden Seiten der Bragg-Bedingung für n = 1 und n = 2 bildet. Für die zugehörigen Beugungswinkel gilt dann:

$$\frac{2 \cdot d \cdot \sin\varphi_1}{2 \cdot d \cdot \sin\varphi_2} = \frac{1 \cdot \lambda}{2 \cdot \lambda} \quad \Leftrightarrow \quad \frac{\sin\varphi_1}{\sin\varphi_2} = \frac{1}{2}$$

Einsetzen der aus dem Diagramm der Abbildung 2 abgelesenen Winkelwerte liefert:

- kleiner Peak:

$$\frac{\sin 12^\circ}{\sin 25^\circ} \approx 0{,}492 \approx \frac{1}{2}$$

- großer Peak:

$$\frac{\sin 13{,}5^\circ}{\sin 28^\circ} = 0{,}497 \approx \frac{1}{2}$$

Landesabitur Physik 2007 (Hessen) – Grundkurs
Aufgabe A1: Elektrostatische Felder

Eine an ihrer Unterseite positiv geladene Gewitterwolke befindet sich in der Höhe $h = 200$ m über der Erdoberfläche (vergleiche Abbildung). Zwischen der Wolke und dem Erdboden, die man beide als geladene Platten (Fläche einer „Platte" 10 km^2) eines luftgefüllten Plattenkondensators auffassen kann, besteht ein elektrisches Feld mit der Feldstärke $E = 1{,}5 \cdot 10^5 \, \frac{V}{m}$, die so hoch ist, dass eine Entladung durch die Luft (Blitz) unmittelbar bevorsteht.

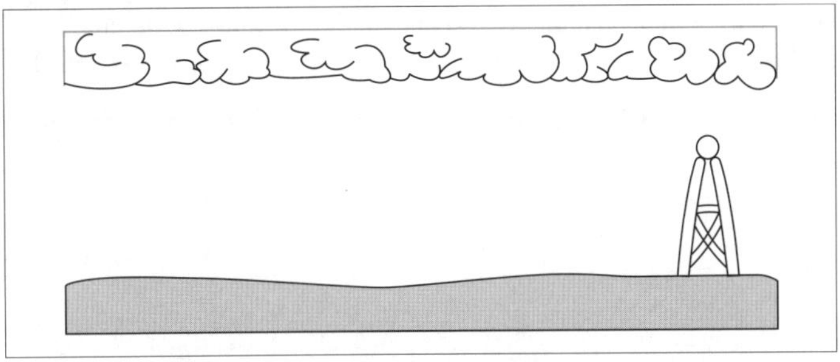

1. Übertragen Sie die Abbildung als Skizze in Ihre Unterlagen.
   Skizzieren Sie die Ladungsverteilung in der Wolke und dem Erdboden sowie die elektrischen Feldlinien.
   Beachten Sie dabei auch den metallenen Turm am rechten Bildrand. (4 BE)

Der Turm soll für die weiteren Betrachtungen keine Rolle mehr spielen.

2. Berechnen Sie die Ladung an der Unterseite der Wolke und geben Sie die Spannung an, die zwischen ihr und dem Boden herrscht. (4 BE)

3. Ein kleines kugelförmiges Nebeltröpfchen ($\rho_{Wasser} = 1 \, \frac{g}{cm^3}$) mit 1 mm Durchmesser schwebt bei Windstille im Raum zwischen Wolke und Erde, bevor es zu einer Entladung kommt.
   Berechnen Sie die Ladung, die sich auf dem Tröpfchen befindet. (Der Auftrieb in der Luft ist zu vernachlässigen.) (7 BE)

4. Untersuchungen mit Hochgeschwindigkeitskameras haben gezeigt, dass die meisten Blitze aus vielen sehr kurzen Teilentladungen bestehen. Als Beispiel sollen Sie einen Blitz betrachten, dessen gesamte Dauer 0,27 s beträgt und dessen Teilentladungen im Abstand von 0,03 s erfolgen. Die Dauer einer Teilentladung beträgt 20 µs.
   Berechnen Sie die mittlere Stromstärke, die in dem gesamten Blitz fließen würde, wenn man annimmt, dass er die gesamte Wolke entlädt.

Berechen Sie die mittlere Stromstärke, die in einer Teilentladung fließen würde, wenn man annimmt, dass jede Teilentladung die gleiche Ladungsmenge transportiert.
Berechnen Sie die Energiemenge, die in dem elektrischen Feld vor dem Blitz gespeichert war.
Ermitteln Sie, auf welchen prozentualen Anteil des Ausgangswertes die zwischen Erde und Wolke gespeicherte Energiemenge nach der Hälfte der Teilentladungen gefallen ist. (9 BE)

5. Noch bevor es zu einer Entladung kommt, drückt ein Fallwind die Wolke auf eine niedrigere Höhe herab. Die Ladung der Wolke bleibe dabei konstant.
Wie ändern sich qualitativ die elektrische Feldstärke und die Spannung zwischen Wolke und Erde? Wird eine Entladung der Wolke dadurch wahrscheinlicher?
Begründen Sie ihre Antworten. (6 BE)

Tipps und Hinweise zur Lösung von Aufgabe A1

Tipps zu Teilaufgabe 1

- Elektrische Feldlinien verlaufen stets von positiven zu negativen Ladungen. Sie beginnen und enden stets senkrecht auf der Körperoberfläche.
- Beachten Sie auch den Einfluss des negativ geladenen Turms auf den Verlauf der Feldlinien.

Tipps zu Teilaufgabe 2

- Die beschriebene Konstellation Wolke – Erde kann als waagerechter Plattenkondensator interpretiert werden.
- Verwenden Sie zur Berechnung der Ladungsmenge Q die Flächenladungsdichte σ. Sie ist definiert als elektrische Feldkonstante ε_0 multipliziert mit der elektrischen Feldstärke E bzw. als Ladung pro Fläche.

Tipp zu Teilaufgabe 3

- Vergleichen Sie die Situation mit derjenigen beim Millikan-Versuch. Was gilt für die wirkenden Kräfte auf ein Tröpfchen?

Tipps zu Teilaufgabe 4

- Verwenden Sie die Definitionsgleichung der elektrischen Stromstärke. Teilen Sie das Gesamtintervall in gleiche Teilintervalle der Länge $\Delta t = 0{,}03$ s auf und bestimmen Sie die Teilentladungen Q_T für diese Teilintervalle.
- Benützen Sie die Formeln, die Sie vom Plattenkondensator her kennen. Wie berechnet man die im elektrischen Feld gespeicherte Energiemenge? Den prozentualen Anteil der Energiemenge können Sie entweder berechnen oder argumentativ begründen.

Tipps zu Teilaufgabe 5

- Die Wahrscheinlichkeit einer Entladung der Wolke hängt direkt von der elektrischen Feldstärke E ab.
- Verwenden Sie zur Argumentation die in Teilaufgabe 3 hergeleitete Beziehung zwischen Ladung und elektrischer Feldstärke.
- Wie lautet die Formel für die die Spannung im Plattenkondensator?

Lösungen zu Aufgabe A1

1. Laut Aufgabenstellung ist die Wolke am unteren Teil positiv und der Erdboden negativ geladen. Die Ladungsverteilung zeigt Abbildung 1.

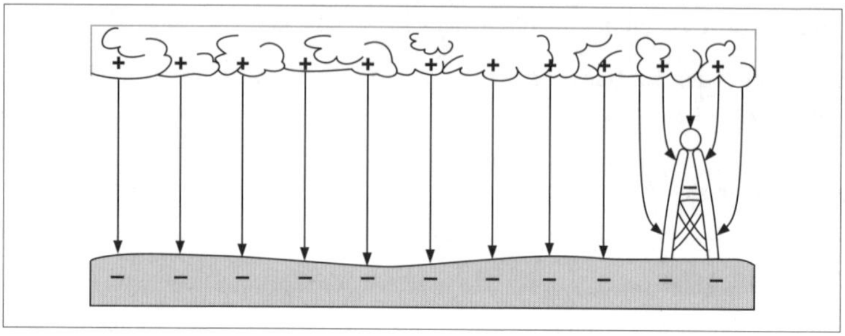

Abb. 1

Da der Erdboden negativ geladen ist, muss auch der Turm eine negative Ladung erhalten. Die elektrischen Feldlinien verlaufen von den positiven Ladungen zu den negativen. Im linken Teil des Bildes werden die Feldlinien nicht durch den negativen Turm beeinflusst, d. h. dort existiert ein homogenes Magnetfeld (parallele Feldlinien). Im rechten inhomogenen Magnetfeld enden die Feldlinien auf dem negativen Turm.

2. Fasst man das System Wolke–Erde als waagerechten Plattenkondensator auf, so lässt sich die **Ladungsmenge Q** über die Flächenladungsdichte σ berechnen. Für diese gilt:

$$\left.\begin{aligned}\sigma &= \varepsilon_0 \cdot E\\ \sigma &= \frac{Q}{A}\end{aligned}\right\} \Rightarrow \varepsilon_0 \cdot E = \frac{Q}{A} \Rightarrow Q = \varepsilon_0 \cdot A \cdot E$$

Einsetzen der Werte liefert:

$$Q = 8{,}854 \cdot 10^{-12}\,\frac{As}{Vm} \cdot 10 \cdot 10^{6}\,m^2 \cdot 1{,}5 \cdot 10^{5}\,\frac{V}{m} \approx \underline{\underline{13{,}3\,C}}$$

Um die **elektrische Spannung U** am Plattenkondensator auszurechnen, verwendet man die Formel für die elektrische Feldstärke E im homogenen Feld eines Plattenkondensators:

$$E = \frac{U}{d}$$

$$\Rightarrow\quad U = E \cdot d$$

$$U = 1{,}5 \cdot 10^{5}\,\frac{V}{m} \cdot 200\,m = \underline{\underline{3{,}0 \cdot 10^{7}\,V = 30\,MV}}$$

3. Die kleinen Nebeltröpfchen im Feld eines waagerechten Kondensators erinnern an die geladenen Öltröpfchen im Millikan-Versuch. Dort schwebt ein geladenes Öltröpfchen, wenn die auf das Öltröpfchen wirkenden Kräfte sich gerade ausgleichen, d. h. wenn ein Kräftegleichgewicht zwischen elektrischer Kraft (nach oben) und Gewichtskraft (nach unten) besteht (Abbildung 2):

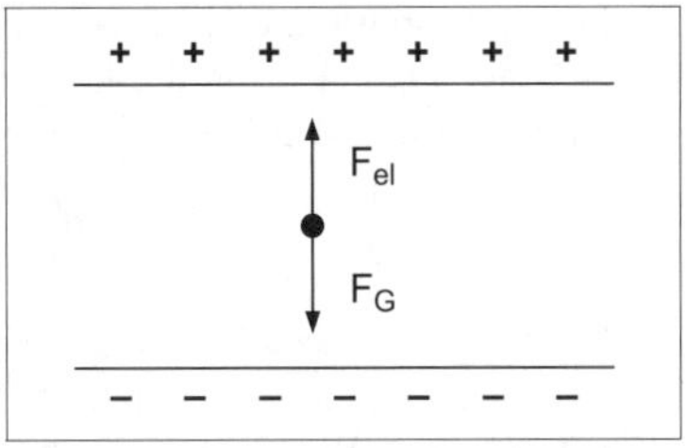

Abb. 2

$$F_{el} = F_G \Rightarrow q \cdot E = m \cdot g \Rightarrow q = \frac{m \cdot g}{E}$$

Die Dichte der aus Wasser bestehenden Nebeltröpfchens ist definiert als Masse pro Volumen. Mit einem Kugelvolumen von $V_{Kugel} = \frac{4}{3}\pi \cdot r^3$ folgt daher:

$$\rho_{Wasser} = \frac{m}{V_{Kugel}} = \frac{m}{\frac{4}{3}\pi \cdot r^3} \Rightarrow m = \frac{4}{3}\pi \cdot \rho_{Wasser} \cdot r^3$$

Somit ergibt sich für die **Ladung q**:

$$q = \frac{4\pi \cdot \rho_{Wasser} \cdot r^3 \cdot g}{3E} = \frac{4\pi \cdot 1 \cdot 10^3 \frac{kg}{m^3} \cdot (0{,}5 \cdot 10^{-3}\, m)^3 \cdot 9{,}81 \frac{m}{s^2}}{3 \cdot 1{,}5 \cdot 10^5 \frac{V}{m}}$$

$$\approx \underline{\underline{3{,}4 \cdot 10^{-11}\, C}}$$

4. Die **Stromstärke** ist definiert als Ladungsmenge, die in einer bestimmten Zeit fließt. Mit dem Ergebnis aus Teilaufgabe 2 erhält man:

$$I = \frac{Q}{t} = \frac{13{,}3\, C}{0{,}27\, s} \approx \underline{\underline{49{,}2\, A}}$$

Wenn zum Zeitpunkt $t_0 = 0$ s der erste Blitz erfolgt, erfolgen in 0,27 s 10 Blitze, da die Teilblitze im Abstand 0,03 s aufeinander folgen. Die Ladungsmenge Q_T der Teilentladungen beträgt somit

$$Q_T = \frac{13{,}3\, C}{10} = 1{,}33\, C$$

Mit der Dauer $t_T = 20\ \mu s = 20 \cdot 10^{-6}$ s einer Teilentladung (Aufgabenstellung) ergibt sich die **mittlere Stromstärke einer Teilentladung t_T** somit zu:

$$I = \frac{Q_T}{t_T} = \frac{1{,}33\, C}{20 \cdot 10^{-6}\, s} \approx \underline{\underline{6{,}6 \cdot 10^4\, A = 66\, kA}}$$

Eine Aufteilung des Intervalls der Länge 0,27 s in 9 Teilblitze der Länge 30 ms wird ebenfalls als richtig anerkannt. Die Lösung lautet in diesem Fall $I_T \approx 74$ kA.

Die **Energiemenge**, die im elektrischen Feld eines Plattenkondensators gespeichert ist, lässt sich mit der Formel $W = \frac{1}{2} Q \cdot U$ berechnen. Angewendet auf das System Wolke–Erde erhält man:

$$W = \frac{1}{2} \cdot 13{,}3\ \text{C} \cdot 30 \cdot 10^6\ \text{V} \approx \underline{\underline{2 \cdot 10^8\ \text{J}}}$$

Die Frage, auf welchen prozentualen Anteil des Ausgangswertes die gespeicherte Energiemenge nach der Hälfte der Teilentladungen gefallen ist, kann auf zwei verschiedene Weisen beantwortet werden.

Lösungsmöglichkeit 1: Konkrete Berechnung

$$W_{\frac{1}{2}} = \frac{1}{2} Q_{\frac{1}{2}} \cdot U_{\frac{1}{2}}$$

Mit $Q_{\frac{1}{2}} = \frac{1}{2} Q$ und

$$U_{\frac{1}{2}} = E_{\frac{1}{2}} \cdot d = \frac{1}{2} E \cdot d$$

ergibt sich durch Einsetzen:

$$W_{\frac{1}{2}} = \frac{1}{2} \cdot \frac{1}{2} \cdot 13{,}3\ \text{C} \cdot \frac{1}{2} \cdot 30 \cdot 10^6\ \text{V} \approx 50 \cdot 10^6\ \text{J} = 0{,}5 \cdot 10^8\ \text{J} = \frac{1}{4} E$$

Lösungsmöglichkeit 2: Argumentation
Nach der Hälfte der Teilentladungen hat sich die Ladungsmenge Q halbiert. Die Kapazität des Kondensators ist gleich geblieben, da an der Anordnung nichts verändert wurde. Da die Ladungsmenge Q in die Formel für die Energie des elektrischen Feldes quadratisch eingeht, bedeutet eine Halbierung der Ladungsmenge eine Viertelung der Energie.

Mit $C = \frac{Q}{U} \Rightarrow U = \frac{Q}{C}$ lässt sich E schreiben als $E = \frac{Q^2}{2C}$.

Ergebnis: Der Anteil der gespeicherten Energiemenge nach der Hälfte der Teilentladungen beträgt 25 % des Ausgangswertes.

5. Die Situation ist vergleichbar mit einer Verringerung des Plattenabstandes eines geladenen, nicht an einer Stromquelle angeschlossenen Kondensators. Aus der Formel für die Ladungsmenge Q aus Teilaufgabe 2 folgt:

$$Q = \varepsilon_0 \cdot A \cdot E \quad \Rightarrow \quad E = \frac{Q}{\varepsilon_0 \cdot A}$$

Da Q und A konstant bleiben, verändert sich auch die elektrische Feldstärke nicht. Dagegen ändert sich die Spannung zwischen Wolke und Erdboden: Weil $U = E \cdot d$ gilt, verringert sich U, wenn d sich verringert.
Die Wahrscheinlichkeit einer Entladung hängt direkt mit der Stärke des elektrischen Feldes E zusammen. Da sich E nicht ändert, bleibt die Wahrscheinlichkeit einer Entladung bei Verringerung der Wolkenhöhe gleich.

Landesabitur Physik 2007 (Hessen) – Grundkurs
Aufgabe A2: Bewegung geladener Teilchen im elektromagnetischen Feld

Ein Massenspektrograf ist ein wichtiges Messgerät zur Bestimmung der wahren (nicht der mittleren) Atommassen. Die genauesten modernen Bestimmungen der Atommassen, die sich ausschließlich auf den Massenunterschied einzelner Atome gründen und nicht von irgendwelchen anderen Eigenschaften abhängen, wurden mithilfe der Ablenkung von Ionen verschiedener Gase in elektrischen und magnetischen Felder durchgeführt. Die folgende Abbildung zeigt den prinzipiellen Aufbau eines Massenspektrografen nach BAINBRIDGE.

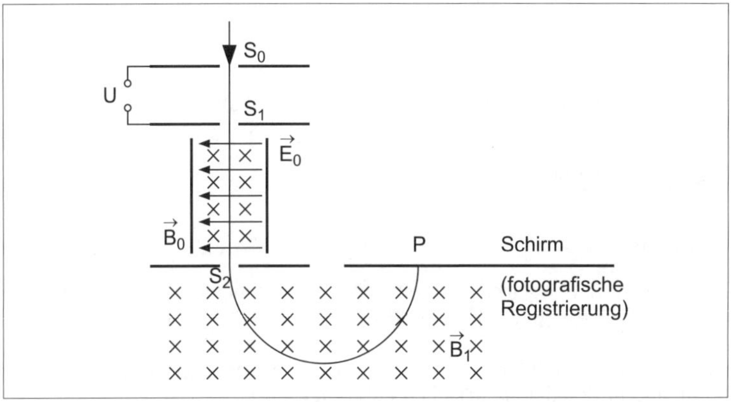

Positive Ionen verschiedener Geschwindigkeiten und Massen, jedoch derselben Ladung e, treten bei S_0 in die Beschleunigungsstrecke $\overline{S_0S_1}$ ein, an der die Spannung U anliegt. Ein Teil der Ionen durchläuft in der folgenden Anordnung die homogenen Felder mit der elektrischen Feldstärke E_0 und der magnetischen Flussdichte B_0 geradlinig. Danach gelangen die Ionen durch die Blende S_2 in das homogene Magnetfeld mit der Flussdichte B_1. Die Daten für die folgenden Aufgaben sind:

$U = 1\,100$ V; $E_0 = 200\,\frac{\text{V}}{\text{m}}$; $B_0 = 5 \cdot 10^{-3}$ T; $B_1 = 1$ T

1. Berechnen Sie die Geschwindigkeit, mit der einfach geladene Ionen mit der Masse $2{,}2 \cdot 10^{-25}$ kg durch den Spalt S_1 fliegen (ihre Anfangsgeschwindigkeit sei vernachlässigbar klein). (5 BE)

2. Zeigen Sie, dass Ionen, die geradlinig von S_1 nach S_2 fliegen, die Geschwindigkeit $v_0 = \frac{E_0}{B_0}$ haben.
   Berechnen Sie den Betrag der Geschwindigkeit.
   Beschreiben Sie die Bewegung der Ionen im Ablenkkondensator, wenn ihre Geschwindigkeit v von v_0 verschieden ist. (12 BE)

3. Der Bahndurchmesser der Ionenbahn S_2P im homogenen Magnetfeld der Flussdichte B_1 sei mit d bezeichnet. Zeigen Sie, dass für die spezifische Ladung der Ionen, die im Punkt P auf den Schirm treffen, die Beziehung $\frac{e}{m} = \frac{2v_0}{dB_1}$ gilt. Bestimmen Sie die Masse, die Ionen haben müssen, deren Bahndurchmesser 0,11 m beträgt. (9 BE)

4. Erläutern Sie, warum die kinetische Energie der registrierten Ionen auf dem Weg von S_1 nach P konstant bleibt. (4 BE)

Tipps und Hinweise zur Lösung von Aufgabe A2

Tipps zu Teilaufgabe 1

- Welche Energie besitzen die Ionen im elektrischen Feld? Wie groß ist Ihre Bewegungsenergie?
- Wenden Sie den Energieerhaltungssatz an.

Tipps zu Teilaufgabe 2

- Überlegen Sie: Welche Kräfte wirken auf die Ionen? Was bedeutet eine geradlinige Flugbahn für Betrag und Richtung dieser Kräfte?
- Verwenden Sie zur Bestimmung der Kraftrichtungen die Drei-Finger-Regel der rechten Hand und die Definition der elektrischen Feldlinien.
- Beachten Sie die Geschwindigkeitsabhängigkeit der wirkenden Kräfte.

Tipps zu Teilaufgabe 3

- Welche Form besitzt die Bahn der Ionen im Magnetfeld? Stellen Sie zur Berechnung des Quotienten $\frac{e}{m}$ einen Kraftansatz auf.
- Beachten Sie, dass in der Aufgabe der Durchmesser gegeben ist.

Tipps zu Teilaufgabe 4

- Welche Größen gehen in die Formel für die die kinetische Energie der Ionen ein? Überlegen Sie, ob sich diese Größen während des Streckendurchlaufs ändern können.
- Teilen Sie die Gesamtstrecke in zwei Teilstrecken $\overline{S_1S_2}$ und $\overline{S_2P}$ auf und argumentieren Sie für die beiden Strecken getrennt. Denken Sie dabei insbesondere an Richtung der wirkenden Kräfte.

Lösungen zu Aufgabe A2

1. Auf dem Weg von S_0 nach S_1 wandelt sich die potenzielle Energie, die die Ionen im elektrischen Feld besitzen, vollständig in Bewegungsenergie der Ionen um, d. h. mithilfe des **Energieerhaltungssatzes** gilt:

$$E_{el} = E_{kin} \quad \Leftrightarrow \quad e \cdot U = \frac{1}{2} m_{Ion} \cdot v^2$$

$$v = \sqrt{\frac{2e \cdot U}{m_{Ion}}} = \sqrt{\frac{2 \cdot 1{,}60 \cdot 10^{-19}\,C \cdot 1100\,V}{2{,}2 \cdot 10^{-25}\,kg}} \approx \underline{\underline{4{,}0 \cdot 10^4\,\frac{m}{s}}}$$

2. Eine geradlinige Flugbahn bedeutet, dass sich die nach rechts und links (die Richtungsangaben in dieser Lösung erfolgen immer aus der Sicht des Beobachters) auf die Ionen wirkenden Kräfte kompensieren. Da die elektrischen Feldlinien von der rechten (+) auf die linke (–) Platte zeigen, wirken die elektrischen Feldkräfte auf die positiven Ionen nach links (die Richtung der Feldlinien gibt die Kraftrichtung auf positive Ladungsträger an). Die Lorentzkraft, die auf bewegte Ladungen wirkt, zeigt nach rechts (Drei-Finger-Regel der rechten Hand). Da die Lorentzkraft proportional zur Geschwindigkeit ist, entsteht ein **Kräftegleichgewicht** zwischen elektrischer Kraft und Lorentzkraft genau dann, wenn

$$F_{el} = F_L \quad \Leftrightarrow \quad e \cdot E_0 = e \cdot v_0 \cdot B_0$$

gilt. Für die **Geschwindigkeit v_0** folgt dann:

$$\underline{\underline{v_0 = \frac{E_0}{B_0}}}$$

Einsetzen liefert:

$$v_0 = \frac{200\,\frac{V}{m}}{5 \cdot 10^{-3}\,T} = \underline{\underline{40\,000\,\frac{m}{s} = 4{,}0 \cdot 10^4\,\frac{m}{s}}}$$

Wegen der Proportionalität der Lorentzkraft zur Geschwindigkeit der Ionen ist für $v > v_0$ die Lorentzkraft größer als die elektrische Kraft und die Ionen werden nach rechts abgelenkt. Ist aber $v < v_0$, dann ist die elektrische Kraft größer als die Lorentzkraft und die Ablenkung erfolgt nach links. Bezogen auf die gradlinige Flugrichtung werden die Ionen also für $v \neq v_0$ entweder nach rechts oder nach links abgelenkt.

3. Auf der Kreisbahn der Ionen wirkt die Lorentzkraft als **Zentripetalkraft**:

$$F_L = F_Z \quad \Leftrightarrow \quad e \cdot v_0 \cdot B_1 = \frac{m \cdot v_0^2}{r}$$

Auflösen nach $\frac{e}{m}$ und Einsetzen von $r = \frac{d}{2}$ liefert:

$$\frac{e}{m} = \frac{v_0}{B_1 \cdot r} \quad \text{bzw.} \quad \underline{\underline{\frac{e}{m} = \frac{2v_0}{B_1 \cdot d}}}$$

Löst man diese Gleichung nach m auf und setzt die gegebenen Zahlenwerte ein, so ergibt sich:

$$m = \frac{e \cdot B_1 \cdot d}{2v_0} = \frac{1{,}60 \cdot 10^{-19}\,\text{C} \cdot 1\,\text{T} \cdot 0{,}11\,\text{m}}{2 \cdot 4{,}0 \cdot 10^4\,\frac{\text{m}}{\text{s}}} \approx \underline{\underline{2{,}2 \cdot 10^{-25}\,\text{kg}}}$$

4. Die kinetische Energie berechnet sich mithilfe der Formel

$$E_{kin} = \frac{1}{2} m \cdot v^2.$$

Da sich die Masse der Ionen nicht ändert, kann nur noch die Geschwindigkeit v für die Änderung der kinetischen Energie verantwortlich sein. Im Kondensator (auf dem Weg von S_1 nach S_2) werden die Ionen nicht beschleunigt, d. h. ihre Geschwindigkeit und ihre Ausbreitungsrichtung bleiben konstant. Auch im Magnetfeld (auf dem Weg von S_2 nach P) bleibt der Betrag der Ausbreitungsgeschwindigkeit konstant. Dort ändert sich lediglich die Ausbreitungsrichtung. Auf beiden Wegen wirken die Kräfte stets senkrecht zur Ausbreitungsgeschwindigkeit und können den Betrag der Geschwindigkeit daher nicht verändern.

Landesabitur Physik 2007 (Hessen) – Grundkurs
Aufgabe B1: Elektromagnetische Schwingungen und Wellen

Ein Kondensator der Kapazität 100 nF ist auf 10 V aufgeladen worden. Nun wird er mit einer Spule der Induktivität 1 μH zu einem Schwingkreis verbunden (Zeitpunkt $t_0 = 0$). Alle Leiter im Schwingkreis haben einen vernachlässigbaren ohmschen Widerstand.

1. Berechnen Sie die Frequenz und die Schwingungsdauer des Schwingkreises.
   (Zur Kontrolle: $T \approx 2\ \mu s$) (4 BE)

2. Erklären Sie den Schwingungsvorgang in seinen wesentlichen Phasen unter Bezugnahme auf die Felder im Kondensator und in der Spule.
   Skizzieren Sie in einem Diagramm den zeitlichen Verlauf sowohl der Energie im elektrischen Feld des Kondensators als auch der Energie im magnetischen Feld der Spule.
   Bestimmen Sie die Zeitpunkte, zu denen sich die Energie gleichmäßig auf das elektrische und magnetische Feld verteilt. (12 BE)

3. Berechnen Sie, welche Energie maximal im elektrischen Feld des Kondensators gespeichert ist und welche maximale Stromstärke der Strom im Schwingkreis erreicht. (5 BE)

4. Ein Sender strahlt eine elektromagnetische Welle mit der oben bestimmten Frequenz aus. Bestimmen Sie die Wellenlänge der dabei entstehenden elektromagnetischen Welle. (3 BE)

5. Der Sender und ein Berg liegen auf einer Linie, wobei sich der Empfänger zwischen Sender und Berg befindet. Die elektromagnetischen Wellen werden am Berg reflektiert. (Dieser kann z. B. Erze enthalten.) Zunächst stellt man fest, dass das Signal an der Stelle, an der sich der Empfänger befindet, näherungsweise null ist. Verschiebt man den Empfänger auf der Verbindungslinie Sender–Berg etwas, so nimmt die Signalstärke zu, sowohl bei einer Verschiebung zum Sender hin als auch vom Sender weg.
   Erklären Sie diesen Zusammenhang.
   Gibt es weitere Stellen, an denen das Empfangssignal näherungsweise gleich null ist? (6 BE)

Tipps und Hinweise zur Lösung von Aufgabe B1

Tipp zu Teilaufgabe 1

Aus der Thomson'schen Schwingungsformel lässt sich die Schwingungsdauer T berechnen. Die Frequenz ergibt sich als Kehrwert der Schwingungsdauer T.

Tipps zu Teilaufgabe 2

Fertigen Sie eine beschriftete Skizze des Schwingkreises, bestehend aus Plattenkondensator und Spule, an. In diese Skizze sollten die Felder in den jeweiligen Phasen eingezeichnet sein. Beschreiben Sie nun den physikalischen Inhalt der einzelnen Phasen. Bedenken Sie dabei, dass die Gesamtenergie periodisch zwischen Kondensator und Spule pendelt.

Im Diagramm für den zeitlichen Verlauf der beiden Energien müssen die folgenden Punkte deutlich werden: sinnvolle Wahl einer Periode, die Minima der Energien, die Lage der Maxima beider Energieformen, die Lage der Minima der Energie im elektrischen Feld im Vergleich zur Lage der Maxima der Energien im magnetischen Feld.

Die Zeitpunkte der Energiegleichverteilung sind die Schnittstellen der beiden Graphen im t-E-Diagramm.

Tipp zu Teilaufgabe 3

Wenden Sie den Energieerhaltungssatz an und berücksichtigen Sie die Periodizität der Energieverteilung zwischen Kondensator und Spule (vgl. Teilaufgabe 2).

Tipp zu Teilaufgabe 4

Benutzen Sie die Formel für die Ausbreitungsgeschwindigkeit einer elektromagnetischen Welle.

Tipp zu Teilaufgabe 5

Fassen Sie das Phänomen als stehende Welle auf. Beschreiben Sie Eigenschaften stehender Wellen und übertragen Sie diese auf die Situation in der Aufgabe.

Lösungen zu Aufgabe B1

1. Die Frequenz f lässt sich aus der Schwingungsdauer T berechnen und umgekehrt. Gemäß der **Thomson'schen Schwingungsgleichung** des elektrischen Schwingkreises folgt:

$$T = 2\pi \cdot \sqrt{L \cdot C}$$

$$\Rightarrow f = \frac{1}{2\pi \cdot \sqrt{L \cdot C}} = \frac{1}{2\pi \cdot \sqrt{1 \cdot 10^{-6}\,\text{H} \cdot 100 \cdot 10^{-9}\,\text{F}}} \approx \underline{\underline{503 \cdot 10^3\,\text{Hz} = 503\,\text{kHz}}}$$

Die **Schwingungsdauer** ist der Kehrwert der Frequenz:

$$T = \frac{1}{f} = \frac{1}{503\,\text{kHz}} \approx \underline{\underline{2 \cdot 10^{-6}\,\text{s} = 2\,\mu\text{s}}}$$

2. Abbildung 1 zeigt eine beschriftete Skizze des Schwingkreises, bestehend aus Plattenkondensator und Spule. In die Skizze sind die Felder in den jeweiligen Phasen eingezeichnet.

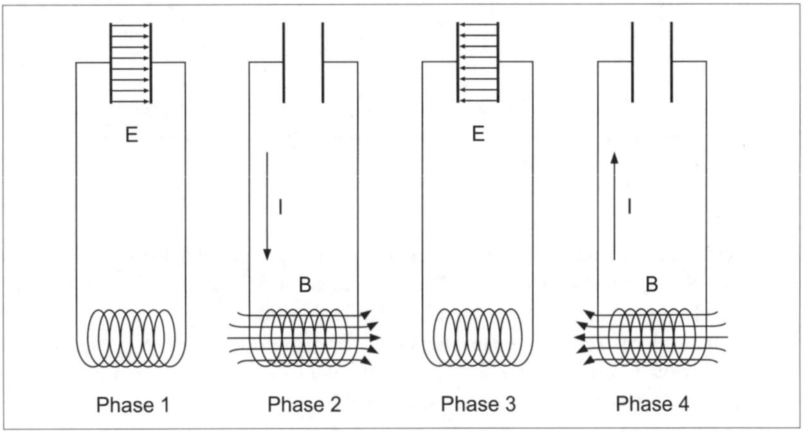

Abb. 1

Phase 1: Der Kondensator ist maximal aufgeladen, im Stromkreis fließt kein Strom. Bei der Entladung des Kondensators baut sich in der Spule ein Magnetfeld auf. Dadurch wird an der Spule eine Spannung induziert, die der Spannung am Kondensator entgegen gerichtet ist (Lenz'sche Regel) und somit nur ein allmähliches Anwachsen der Stromstärke bewirkt.

Phase 2: Der Kondensator ist nun völlig entladen, die Stromstärke und das Magnetfeld der Spule haben ihren Maximalwert erreicht. Durch die Selbstinduktion beim Abbau des Magnetfeldes wird nach der Lenz'schen Regel eine Spannung induziert, die so gepolt ist, dass der Strom (in der Abbildung ist die technische Stromrichtung eingezeichnet) in gleicher Richtung weiter fließt und den Kondensator umgekehrt gepolt auflädt.

Phase 3: Wie Phase 1, nur ist nun der Kondensator umgeladen. Sowohl der Strom als auch die beiden Felder haben also die umgekehrte Richtung.

Phase 4: Wie Phase 2, nur haben erneut der Strom und die beiden Felder die umgekehrte Richtung.

Nach dem Abschluss der Phase 4 ist das System in demselben Zustand wie zu Anfang der Phase 1. Der Vorgang im System ist also **zyklisch**, d. h. immer wiederkehrend.
Sowohl die **Energie** im elektrischen Feld des Kondensators als auch die Energie im magnetischen Feld der Spule ändern sich sinusförmig. Wenn die gesamte Energie im Feld des Kondensators steckt, ist die Energie im Feld der Spule null, d. h. die Verlaufskurven sind um eine halbe Phase verschoben (Abbildung 2). Während einer vollen Periode T nehmen E_C und E_L jeweils zweimal ihre Maximalwerte an (da diese vom Vorzeichen der Ladungen bzw. Stromrichtungen unabhängig sind).

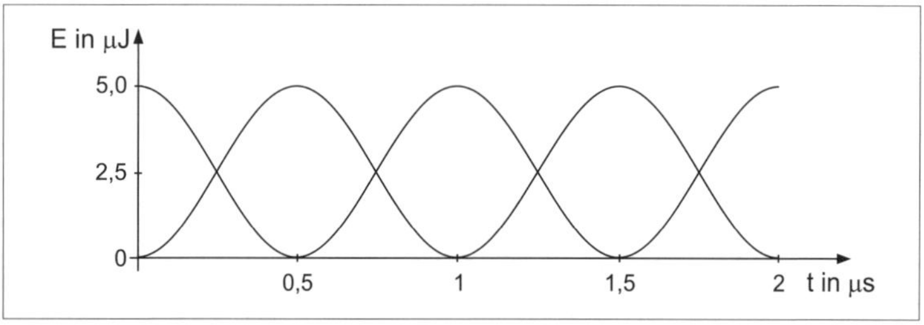

Abb. 2

Eine Skalierung der E-Achse ist nicht erforderlich, da bis jetzt noch keine konkreten Werte berechnet wurden. Die folgenden Punkte müssen im Diagramm deutlich werden: sinnvolle Wahl einer vollen Periode, die Minima der Energien liegen auf der t-Achse, die Maxima beider Energieformen liegen beim gleichen Funktionswert, die Minima der Energie im elektrischen Feld liegen unter den Maxima der Energien im magnetischen Feld.

Die Zeitpunkte der Energiegleichverteilung sind die Schnittstellen der beiden Graphen im t-E-Diagramm. Aus diesem Graphen lässt sich folgendes ablesen ($T = 2\ \mu s$):

$$t_1 = 0{,}25\ \mu s = \frac{1}{4}\ \mu s = \frac{1}{8}\ T$$

$$t_2 = 0{,}75\ \mu s = \frac{3}{4}\ \mu s = \frac{3}{8}\ T$$

$$t_3 = 1{,}25\ \mu s = \frac{5}{4}\ \mu s = \frac{5}{8}\ T$$

$$t_4 = 1{,}75\ \mu s = \frac{7}{4}\ \mu s = \frac{7}{8}\ T$$

Allgemein gilt:

$$\underline{\underline{t_n = (2n-1) \cdot \frac{1}{8} T \quad (n = 1, 2, 3, \ldots)}}$$

Die Gleichverteilung der Energie tritt also bei allen ungeradzahligen Vielfachen von $\frac{1}{8}$T auf.

3. Im Schwingkreis wird periodisch die Energie des elektrischen Feldes (im Kondensator) in die des Magnetfeldes (in der Spule) umgewandelt. Nach dem Energieerhaltungssatz folgt, dass die Maximalwerte der Energien gleich bleiben. Mit $E_C = \frac{1}{2} \cdot C \cdot U^2$ folgt:

$$E_{L,max} = E_{C,max} = \frac{1}{2} C \cdot U_{max}^2 = \frac{1}{2} \cdot 100 \cdot 10^{-9}\,F \cdot (10\,V)^2 = \underline{\underline{5 \cdot 10^{-6}\,J = 5\,\mu J}}$$

Da die Energie in der Spule durch die Formel $E_L = \frac{1}{2} L \cdot I^2$ gegeben ist, gilt:

$$E_{L,max} = \frac{1}{2} L \cdot I_{max}^2$$

$$\Rightarrow \quad I_{max} = \sqrt{\frac{2E_{L,max}}{L}} = \sqrt{\frac{2 \cdot 5 \cdot 10^{-6}\,J}{1 \cdot 10^{-6}\,H}} = \sqrt{10}\,A \approx \underline{\underline{3{,}16\,A}}$$

4. Aus der Formel für die Ausbreitungsgeschwindigkeit einer elektromagnetischen Welle folgt die gesuchte Wellenlänge λ:

$$c = \lambda \cdot f \quad \Leftrightarrow \quad \lambda = \frac{c}{f} = \frac{3{,}00 \cdot 10^8\,\frac{m}{s}}{503 \cdot 10^3\,Hz} \approx \underline{\underline{600\,m}}$$

5. Die vom Sender ausgehenden elektromagnetischen Wellen gelangen zum Berg und werden dort reflektiert. Die hinlaufende und die rücklaufende Welle interferieren. Dabei gibt es Bereiche konstruktiver und Bereiche destruktiver Interferenz:
   - Die Bereiche konstruktiver Interferenz nennt man Bäuche. Dort verstärkt sich das Signal.
   - Die Bereiche destruktiver Interferenz nennt man Knoten. Dort löscht sich das Signal aus.

   Dieses Phänomen nennt man **stehende Welle**. Der Empfänger befindet sich zunächst in einem Knoten. Wird er längs der Verbindungslinie Sender–Berg verschoben, entfernt er sich aus dem Bereich der destruktiven Interferenz, d. h. die Signalstärke nimmt zu.
   Der Abstand der Wellenknoten bei einer stehenden Welle beträgt $\frac{\lambda}{2}$. Also findet man im Abstand einer halben Wellenlänge, also in 300 m Entfernung weitere Knoten.

Landesabitur Physik 2007 (Hessen) – Grundkurs
Aufgabe B2: Interferenz von Licht

1. Mit einem optischen Gitter kann man die Spektralanalyse einer unbekannten Lichtquelle durchführen.
   Skizzieren Sie den kompletten Versuchsaufbau aus Lampe, Linse, Spalt, Gitter und Schirm und erläutern Sie die Funktion der einzelnen Teile.
   Leiten Sie anhand einer Zeichnung eine Gleichung für die Beugungswinkel α_n her, bei denen Helligkeitsmaxima auftreten. (10 BE)

2. In einem konkreten Versuchsaufbau wird das Gitter mit der Gitterkonstanten $g = 4{,}2\ \mu m$ von Licht der Wellenlänge 633 nm durchstrahlt. Der 30 cm breite Schirm befindet sich in einer Entfernung von 8 cm vom Gitter, genau symmetrisch zur optischen Achse.
   Berechnen Sie, welchen Abstand von der optischen Achse die Maxima 2. Ordnung auf dem Schirm haben.
   Ermitteln Sie, wie viele Maxima man insgesamt auf dem Schirm beobachten kann. (8 BE)

3. Auf die Versuchsanordnung fällt nun paralleles Licht einer Quecksilberdampflampe. Links und rechts vom Maximum 0. Ordnung sieht man auf dem Schirm die Maxima höherer Ordnung der hellsten Spektrallinien des Quecksilberlichts. Man misst folgende Abstände zwischen den beiden Maxima 2. Ordnung:

Farbe	Blau	Grün	Gelb
Abstände der beiden Maxima in cm	3,4	4,3	4,6

   Berechnen Sie die Wellenlänge und die Frequenz des blauen Lichts. (5 BE)

4. Bestimmen Sie die Ordnung der Maxima, bei denen die gelbe Linie mit der blauen Linie der nächsthöheren Ordnung in etwa zusammenfällt.
   Erklären Sie, ob man durch Verändern der Gitterkonstante oder des Schirmabstands dieses Zusammenfallen vermeiden kann.
   Geben sie eine begründete Antwort. (7 BE)

Tipps und Hinweise zur Lösung von Aufgabe B2

Tipps zu Teilaufgabe 1

- Für die Skizze des Versuchsaufbaus sind die folgenden Bauteile wichtig: Lampe, Spalt, Linse, Gitter und Schirm.
- Versuchen Sie, sich zur Beschreibung der einzelnen Bauteile den Strahlengang des Lichtes deutlich zu machen. Fertigen Sie zur Herleitung der Gleichung für die Beugungswinkel α_n eine Skizze an. Nutzen Sie dabei die Winkelbeziehung in dem auftretenden Dreieck.

Tipps zu Teilaufgabe 2

- Sie benötigen die beiden Formeln für die Berechnung der Interferenzmaxima durch konstruktive Interferenz am Gitter. Durch Umstellen und Einsetzen der beiden Formeln können Sie alle benötigten Größen berechnen.
- Eine Kleinwinkelnäherung kann nicht angewendet werden, da der Winkel $\alpha > 5°$ ist.
- Beachten Sie, dass nach der Gesamtzahl der beobachtbaren Maxima gefragt ist und nicht nur nach der maximal beobachtbaren Ordnung.

Tipp zu Teilaufgabe 3

- Hier benötigen Sie die gleichen Formeln wie für Teilaufgabe 2. Zudem brauchen Sie die Beziehung $c = \lambda \cdot f$ für die Ausbreitungsgeschwindigkeit elektromagnetischer Wellen.
- Achten Sie darauf, dass der Abstand zwischen den Maxima 2. Ordnung gegeben ist (und nicht der Abstand zum 0. Maximum).

Tipps zu Teilaufgabe 4

- Die Wellenlänge für das gelbe Licht berechnet sich analog zur Berechnung der Wellenlänge des blauen Lichtes in Teilaufgabe 3.
- Wenn die gelbe Linie mit der blauen Linie der nächst höheren Ordnung zusammen fallen soll, dann muss gelten: $\sin \alpha_{n,\,gelb} = \sin \alpha_{n+1,\,blau}$.

Lösungen zu Aufgabe B2

1. **Skizze des Aufbaus**

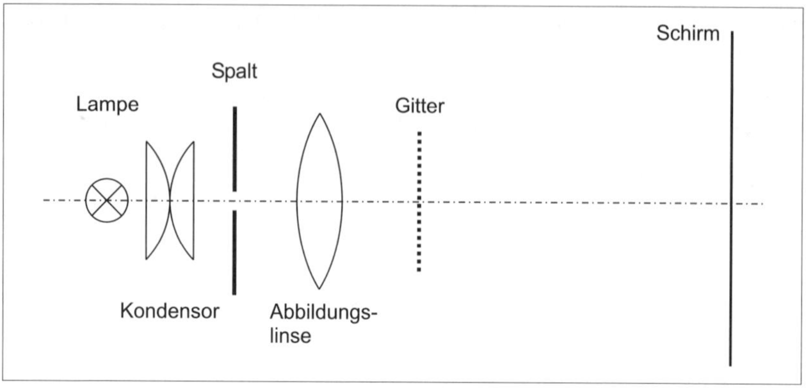

Abb. 1

Auch eine Lösung ohne Kondensor wird akzeptiert.

Beschreibung der Funktionen der einzelnen Bauteile

- Die Lampe dient als Lichtquelle.
- Der Kondensor ist für die Bündelung des Lichtes und für eine helle Ausleuchtung des Spaltes verantwortlich.
- Der Spalt dient der Erzeugung kohärenten Lichtes (imitiert ein wenig ausgedehntes, sehr helles Objekt).
- Das Objektiv bildet des Spalt scharf auf dem Schirm ab.
- Das Gitter führt zur Beugung des Lichtes.
- Der Schirm ist der Ort, an dem die Interferenzerscheinungen beobachtet werden können.

Bedingungsgleichung für Helligkeitsmaxima

Der Gangunterschied Δs der beiden Lichtwege $\overline{S_1E}$ bzw. $\overline{S_2E}$ vom Gitter zum Schirm muss ein ganzzahliges Vielfaches der Wellenlänge λ sein, damit auf dem Schirm ein Maximum zu sehen ist (konstruktive Interferenzbedingung, Abbildung 2):

$$\Delta s = n \cdot \lambda \qquad (n = 1, 2, 3, \ldots)$$

Im rechtwinkligen Dreieck S_1S_2P gilt die Winkelbeziehung

$$\sin\alpha = \frac{\text{Gegenkathete}}{\text{Hypotenuse}} = \frac{\Delta s}{g}.$$

Einsetzen von $\Delta s = n \cdot \lambda$ ergibt:

$$\underline{\underline{\sin\alpha_n = \frac{n \cdot \lambda}{g} \quad \text{mit } n = 1, 2, 3, \ldots}} \qquad (1)$$

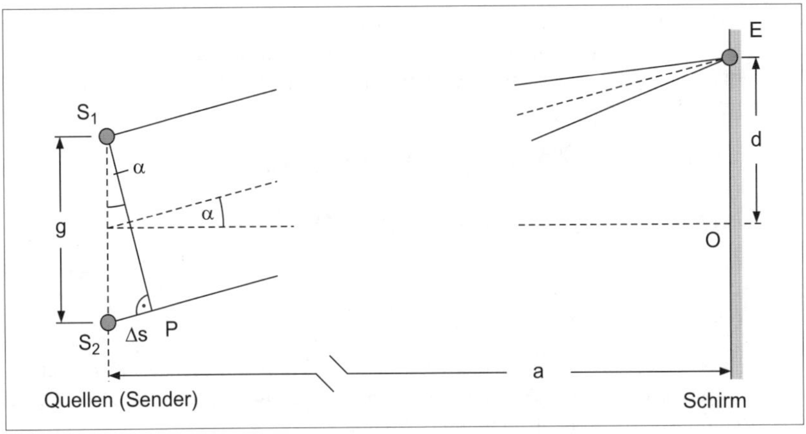

Abb. 2

2. **Berechnung von d_2**
In dieser Teilaufgabe werden neben der in Teilaufgabe 1 hergeleiteten Beugungsgleichung (1) noch der geometrische Zusammenhang zwischen den Beugungswinkeln α_n, dem Schirmabstand a und den Abständen der Maxima n-ter Ordnung vom Maximum nullter Ordnung benötigt (Abbildung 2):

$$\tan\alpha_n = \frac{d_n}{a} \quad \text{mit } n = 1, 2, 3, \ldots \quad (2)$$

Zunächst wird der Winkel α_2 bestimmt. Aus der Formel (1) folgt:

$$\sin\alpha_2 = \frac{2\lambda}{g}$$

$$\Rightarrow \quad \alpha_2 = \arcsin\frac{2\lambda}{g} = \arcsin\frac{2\cdot 633\cdot 10^{-9}\,\text{m}}{4{,}2\cdot 10^{-6}\,\text{m}} \approx 17{,}5°$$

Mithilfe der Formel (2) lässt sich der Abstand d_2 auf dem Schirm bestimmen:

$$\tan\alpha_2 = \frac{d_2}{a}$$

$$\Leftrightarrow \quad d_2 = a\cdot\tan\alpha_2 = 0{,}08\,\text{m}\cdot\tan 17{,}5° \approx 0{,}0252\,\text{m} = \underline{\underline{2{,}52\,\text{cm}}}$$

Alternativ lässt sich der Abstand d_2 durch Kombination der beiden Formeln (1) und (2) direkt berechnen:

$$\sin\alpha_2 = \frac{2\lambda}{g} \quad \Rightarrow \quad \alpha_2 = \arcsin\frac{2\lambda}{g} \quad \Rightarrow \quad d_2 = a\cdot\tan\alpha_2 = a\cdot\tan\left(\arcsin\frac{2\lambda}{g}\right)$$

Eine Kleinwinkelnäherung kann wegen $\alpha > 5°$ nicht angewendet werden.

Um die **Anzahl der Maxima** auf dem Schirm zu bestimmen, ist es nötig, zunächst den maximalen Winkel auszurechnen, unter dem ein mögliches Maxima noch auf dem Schirm abgebildet wird. Aus Formel (2) folgt mit dem halben Schirmabstand $d_{max} = 15$ cm:

$$\tan\alpha_{max} = \frac{d_{max}}{a} = \frac{15\text{ cm}}{8\text{ cm}} = 1{,}875 \quad\Rightarrow\quad \alpha_{max} \approx 61{,}9°$$

Aus Formel (1) folgt dann für die maximale Ordnung n_{max}:

$$\sin\alpha_{max} = \frac{n_{max}\cdot\lambda}{g} \quad\Rightarrow\quad n_{max} \le \frac{g}{\lambda}\cdot\sin\alpha_{max} = \frac{4{,}2\cdot 10^{-6}\text{ m}}{633\cdot 10^{-9}\text{ m}}\cdot\sin 61{,}9° \approx 5{,}85$$

$$\Rightarrow\quad n_{max} = 5$$

Es lassen sich also maximal die Maxima 5. Ordnung auf dem Schirm abbilden. Zusammen mit dem Maximum nullter Ordnung ergibt sich für die Zahl Z_{max} der auf dem Schirm zu beobachtenden Maxima:

$$Z_{max} = 5 + 5 + 1 = \underline{\underline{11}}$$

3. Die Berechnung der **Wellenlänge** erfolgt über den Ablenkwinkel α_2. Für blaues Licht folgt aus Formel (2):

$$\tan\alpha_{2,\text{blau}} = \frac{d_{2,\text{blau}}}{a} = \frac{\frac{3{,}4\text{ cm}}{2}}{8\text{ cm}} = \frac{17}{80} \quad\Rightarrow\quad \alpha_2 \approx 12°$$

Mithilfe der Formel (1) berechnet sich die Wellenlänge zu:

$$\sin\alpha_{2,\text{blau}} = \frac{2\lambda_{\text{blau}}}{g}$$

$$\Leftrightarrow\quad \lambda_{\text{blau}} = \frac{g}{2}\cdot\sin\alpha_{2,\text{blau}} = \frac{4{,}2\cdot 10^{-6}\text{ m}}{2}\cdot\sin 12° \approx 4{,}37\cdot 10^{-7}\text{ m} = \underline{\underline{437\text{ nm}}}$$

Die **Frequenz** lässt sich durch die Formel für die Ausbreitungsgeschwindigkeit für elektromagnetische Wellen bestimmen:

$$c = \lambda_{\text{blau}}\cdot f \quad\Leftrightarrow\quad f = \frac{c}{\lambda_{\text{blau}}} = \frac{3{,}00\cdot 10^8\,\frac{\text{m}}{\text{s}}}{437\cdot 10^{-9}\text{ m}} = \underline{\underline{6{,}87\cdot 10^{14}\text{ Hz}}}$$

4. Die Wellenlänge für das gelbe Licht berechnet sich analog zur Berechnung der Wellenlänge des blauen Lichtes in Aufgabenteil 3:

$$\lambda_{\text{gelb}} = \frac{g}{2}\cdot\sin\left(\arctan\frac{d_{2,\text{gelb}}}{a}\right)$$

$$= \frac{4{,}2\cdot 10^{-6}\text{ m}}{2}\cdot\sin\left(\arctan\frac{\frac{4{,}6\text{ cm}}{2}}{8\text{ cm}}\right) \approx 5{,}8\cdot 10^{-7}\text{ m} = 580\text{ nm}$$

Wenn die gelbe Linie mit der blauen Linie der nächst höheren Ordnung zusammenfallen soll, dann muss wegen $\sin\alpha_n \sim \lambda$ und $\lambda_{blau} < \lambda_{gelb}$ gelten:

$$\sin\alpha_{n,gelb} = \sin\alpha_{n+1,blau}$$

$$\frac{n\cdot 580\cdot 10^{-9}\ \text{m}}{g} = \frac{(n+1)\cdot 437\cdot 10^{-9}\ \text{m}}{g}$$

$$\frac{580}{437} = \frac{n+1}{n}$$

$$\frac{580}{437} = 1+\frac{1}{n}$$

$$\frac{1}{n} = \frac{580}{437}-1 = \frac{143}{437} \quad\Rightarrow\quad \underline{\underline{n \approx 3}}$$

Dies bedeutet, dass die gelbe Linie 3. Ordnung nahezu mit der blauen Linie 4. Ordnung zusammenfällt.

Das Zusammenfallen kann durch ein Gitter mit einer anderen Gitterkonstante g nicht verhindert werden, da die vorherige Rechnung zeigt, dass g sich aus der Berechnung herauskürzt und damit keinen Einfluss hat. Auch ein Verschieben des Schirms ändert nichts, da der Ablenkwinkel der beiden Linien gleich bleibt.

Landesabitur Physik 2007 (Hessen) – Grundkurs
Aufgabe C1: Linienspektrum

Angeregte Wasserstoffatome geben die überschüssige Energie als elektromagnetische Strahlung ab. Ein Auszug aus dem Spektrum dieser Strahlung ist in der Abbildung dargestellt.

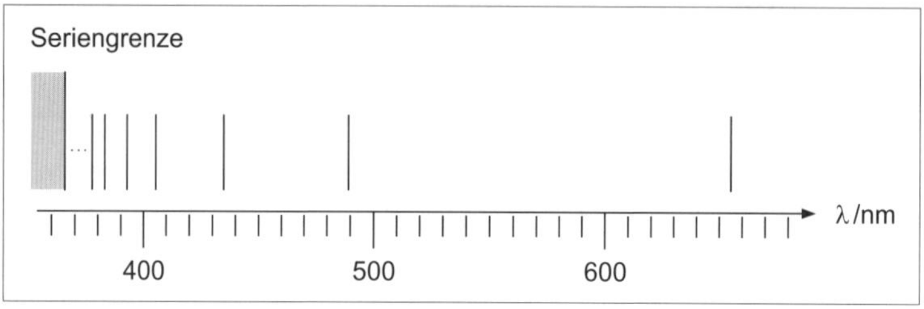

1. Erklären Sie, warum dieses Spektrum diskrete Linien aufweist. (4 BE)

2. Untersuchen Sie anhand der ersten drei Spektrallinien, ob die Abbildung die Balmer-Serie des Wasserstoffspektrums wiedergibt. (9 BE)

3. Berechnen Sie die Energie der Seriengrenze für die Balmer-Serie.
Erklären Sie, warum die Ionisationsenergie von Wasserstoff (13,6 eV) diesen Wert übersteigt. (6 BE)

4. Licht der Wellenlänge 434 nm trifft eine Zeit lang senkrecht auf eine bewegliche schwarze Platte und wird von dieser absorbiert. In dieser Zeit überträgt es auf die Platte eine Energie von 2,0 kJ.
   a) Bestimmen Sie die Anzahl der Photonen, die in dieser Zeit auf die Platte treffen. (4 BE)
   b) Berechnen sie den Impuls, den die Platte durch diese Photonen erhält. (5 BE)
   c) Erläutern Sie, wie sich der Impuls ändert, den die Platte erhält, wenn ihre Oberfläche ein idealer Spiegel ist. (2 BE)

Tipps und Hinweise zur Lösung von Aufgabe C1

Tipp zu Teilaufgabe 1

- Argumentieren Sie mithilfe der Energieniveaus im Atom (Bohr'sches Atommodell) und derjenigen Energie, die frei wird, wenn ein Elektron von einem Niveau auf ein anderes übergeht.

Tipp zu Teilaufgabe 2

- Berechnen Sie mit der von Balmer gefundenen und von Rydberg vereinfachten Formel die Frequenzen (und die Wellenlängen) der Balmer-Serie ($n = 2$) und vergleichen Sie diese mit den Linien in der Abbildung.

Tipps zu Teilaufgabe 3

- Zur Berechnung der Grenzfrequenz f_{grenz} setzt man für m sehr großen Zahlen ein (mathematisch exakt: man berechnet den Grenzwert von f für $m \rightarrow \infty$).
- Verwenden Sie die Formel $E = h \cdot f$ zur Berechnung der Energie. Vergleichen Sie die Energie auf dem untersten Niveau der Balmer-Serie mit dem Grundniveau des Wasserstoffatoms.

Tipps zu Teilaufgabe 4

- Berechnen Sie zunächst die Energie eines einzelnen Photons. Anschließend teilen Sie die von der Platte aufgenommene Gesamtenergie durch die Energie eines Photons, um die Gesamtzahl der Photonen, die auf die Platte getroffen sind, zu berechnen.
- Bei Spiegel werden die Photonen nicht absorbiert, sondern reflektiert. Was folgt daraus für den Impulsübertrag?

Lösungen zu Aufgabe C1

1. Jedes Material (Atom, Molekül) besitzt Energieniveaus, auf denen sich seine Elektronen aufhalten können. Der Übergang von einem auf ein anderes Energieniveau erfolgt durch Aufnahme (Übergang vom tieferen auf höheren Zustand) oder Abgabe (Übergang vom höheren in tieferen Zustand) eines Photons. Die Energiedifferenz zwischen den Energieniveaus entspricht genau der Energie des Photons. Also können die Atome auch ihre Energie nur sprunghaft ändern. Zwischenwerte dieser Energiestufen können nicht angenommen werden. Den Energien der Photonen (der Quanten) entsprechen ganz bestimmte Wellenlängen. Nur diese Wellenlängen tauchen dann im Spektrum auf. Dort sind sie als Linien zu erkennen. Ein solches Spektrum nennt man **diskretes Spektrum** oder **Linienspektrum**.

2. Im sichtbaren Bereich des Wasserstoffatom-Spektrums lassen sich Linien beobachten. Ihr Abstand nimmt mit der Wellenlänge ab. Im Jahr 1885 entdeckte der Schweizer Johann Jakob Balmer, dass sich die Wellenlänge λ bzw. die Frequenzen f dieser Linien mit einer einfachen Formel berechnen lässt, die später von Rydberg verallgemeinert wurde:

$$f = f_R \cdot \left(\frac{1}{n^2} - \frac{1}{m^2}\right) \quad \text{mit } n = 1, 2, 3, \dots \text{ und } m = n+1, n+2, n+3, \dots$$

Dabei ist n die für eine Serie gemeinsame Quantenzahl, m die Quantenzahl der entsprechenden Linie und $f_R = 3{,}290 \cdot 10^{15}$ Hz die Rydberg-Frequenz. Für die **Balmer-Serie** gilt $n = 2$.
Damit lassen sich die Frequenzen der Balmer-Serie berechnen. Diese werden dann in Wellenlängen umgerechnet ($c = \lambda \cdot f \Leftrightarrow \lambda = \frac{c}{f}$) und mit der Abbildung auf dem Arbeitsblatt verglichen.

Linie (von rechts)	1	2	3
f in 10^{12} HZ	456,9 (m = 3)	616,9 (m = 4)	690,9 (m = 5)
$\lambda_{berechnet}$ in nm	656,6	486,3	434,2
$\lambda_{abgelesen}$ in nm	655	490	432

Die berechneten Werte der Balmer-Serie stimmen sehr gut mit den abgelesenen Werten überein. Demzufolge stellt die Abbildung die Balmer-Serie dar.

3. Um die Grenzfrequenz auszurechnen, muss man für das m in der Balmer-Rydberg-Formel eine sehr große Zahl einsetzen. Mathematisch exakt bedeutet das, dass man den Grenzwert von f für $m \to \infty$ bilden muss:

$$f_{grenz} = \lim_{m \to \infty} f = \lim_{m \to \infty} \left(f_R \cdot \left(\frac{1}{2^2} - \frac{1}{m^2}\right)\right) = f_R \cdot \frac{1}{2^2} \approx 822{,}5 \cdot 10^{12} \text{ Hz}$$

Mit dieser Frequenz ergibt sich für die Energie des untersten Niveaus der Balmer-Serie folgende Bindungsenergie:

$$E_{grenz} = -h \cdot f_{grenz} = -4{,}136 \cdot 10^{-15}\ \text{eVs} \cdot 822{,}5 \cdot 10^{12}\ \text{Hz} \approx \underline{\underline{-3{,}4\ \text{eV}}}$$

Die Energie, die man aufbringen muss um ein Elektron vom Grundzustand der Balmer-Serie auszulösen, beträgt also 3,4 eV. Dieser Betrag ist kleiner als die Ionisationsenergie von 13,6 eV, weil sich diese auf den Grundzustand n = 1 des Wasserstoffatoms bezieht und daher gemäß der Balmer-Rydberg-Formel die Übergangsfrequenz größer ist.

Anhand der Abbildung 1 kann man erkennen, dass das unterste Niveau der Balmer-Serie nicht mit dem Grundzustand des Wasserstoffatoms übereinstimmt.

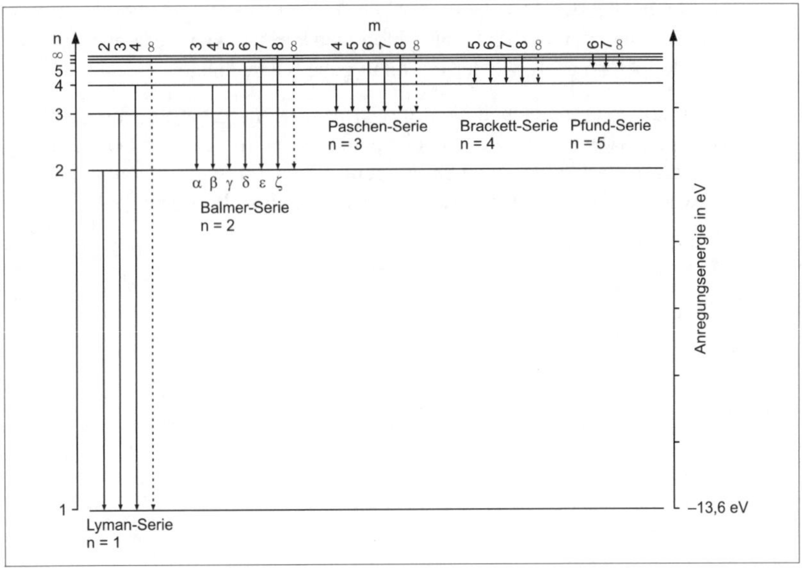

Abb. 1

4. a) Die Energie eines Photons berechnet sich nach der Formel

$$E_{Photon} = h \cdot f = h \cdot \frac{c}{\lambda} = 6{,}626 \cdot 10^{-34}\ \text{Js} \cdot \frac{3{,}00 \cdot 10^{8}\ \frac{\text{m}}{\text{s}}}{434 \cdot 10^{-9}\ \text{m}} \approx 4{,}58 \cdot 10^{-19}\ \text{J}$$

Jedes Photon liefert also die Energie $4{,}58 \cdot 10^{-19}$ J. Die gesamte übertragene Energie beträgt 2 000 J. Daher ergibt sich für die Anzahl der Photonen:

$$n = \frac{\text{Gesamtenergie}}{\text{Energie eines Photons}} = \frac{2\,000\ \text{J}}{4{,}58 \cdot 10^{-19}\ \text{J}} \approx \underline{\underline{4{,}37 \cdot 10^{21}}}$$

b) Den Impuls eines Lichtquants kann man mithilfe der Formel

$$E_{Photon} = c \cdot p_{Photon}$$

berechnen. Diesen Wert braucht man dann nur noch mit der Anzahl n der auf die Platte auftreffenden Photonen zu multiplizieren:

$$p_{gesamt} = n \cdot \frac{E_{Photon}}{c} = 4{,}37 \cdot 10^{21} \cdot \frac{4{,}58 \cdot 10^{-19}\,\text{J}}{3 \cdot 10^{8}\,\frac{\text{m}}{\text{s}}}$$

$$\approx 6{,}67 \cdot 10^{-6}\,\frac{\text{kg}\,\text{m}^2\,\text{s}}{\text{s}^2\,\text{m}} = \underline{\underline{6{,}67 \cdot 10^{-6}\,\frac{\text{kg}\,\text{m}}{\text{s}}}}$$

c) Ein idealer Spiegel reflektiert alle eintreffenden Photonen. Das bedeutet, dass ein Impuls bei der Absorption der Photonen und ein Impuls bei der Emission der Photonen von der Platte aufgenommen werden. Der Gesamtimpuls ist also doppelt so groß wie der in Teilaufgabe b berechnete.

Alternativ kann man auch über die Formel $\Delta p = m \cdot \Delta v$ argumentieren:
Da die reflektierten Photonen bei einem idealen Spiegel ihre Geschwindigkeit doppelt so stark ändern wie bei der reinen Absorption der Photonen auf einer schwarzen Platte, ist der Gesamtimpuls auch doppelt so groß.

Landesabitur Physik 2007 (Hessen) – Grundkurs
Aufgabe C2: Fotoeffekt

Eine Fotozelle wird mit Licht verschiedener Farben bestrahlt.

1. Skizzieren Sie eine Versuchsanordnung, mit der die Abhängigkeit der kinetischen Energie der Fotoelektronen von der Wellenlänge des eingestrahlten Lichts nachgewiesen werden kann.
   Beschreiben und begründen Sie anhand der Skizze die Vorgehensweise bei diesem Versuch. (6 BE)

2. Die Durchführung der Messung liefert eine Messreihe, die man grafisch darstellen kann.
   Skizzieren Sie qualitativ ein solches Diagramm, welches die kinetische Energie der ausgelösten Fotoelektronen in Abhängigkeit von der Frequenz des eingestrahlten Lichts wiedergibt.
   Geben Sie die Funktionsgleichung für den skizzierten Graphen an und erläutern Sie die dabei auftretenden Größen. (8 BE)

3. Erläutern Sie exemplarisch anhand eines Versuchsergebnisses, warum dieser Versuch sich nicht mit dem klassischen Wellenmodell des Lichts erklären lässt. (4 BE)

4. Man strahlt Licht der Wellenlänge 400 nm auf eine Cäsiumkathode. Für Cäsium beträgt die benötigte Austrittsarbeit 1,94 eV.
   Berechnen Sie die maximale Geschwindigkeit der ausgelösten Fotoelektronen. (6 BE)

Die Cäsiumfotozelle wird nun nacheinander mit monochromatischem Licht der Wellenlängen 470 nm, 500 nm, 590 nm und 650 nm bestrahlt. Die Intensität dieser vier Farben wird jeweils erhöht. Die Stärke des durch die ausgelösten Elektronen hervorgerufenen Fotostromes kann durch eine geeignete Beschaltung der Fotozelle gemessen werden.

5. Erklären Sie, wie sich die Stärke des Fotostromes in Abhängigkeit von der Intensität bei den vier verwendeten Wellenlängen ändert. (6 BE)

Tipps und Hinweise zur Lösung von Aufgabe C2

Tipps zu Teilaufgabe 1

- Die Skizze der Versuchsanordnung sollten die folgenden Bauteile enthalten: Fotozelle inklusive Fotokathode, angeschlossenes Volt- bzw. Amperemeter.
- Bei der Vorgehensweise bieten sich zwei unterschiedliche Versuche an. Zum einen die Gegenfeldmethode mit veränderlicher Gegenspannung und zum anderen die Methode mit selbstaufbauender Gegenspannung.

Tipps zu Teilaufgabe 2

- Die Funktionsgleichung des Graphen ist die Einstein'sche Gleichung für den Fotoeffekt.
- Die charakteristischen Größen des Graphen sind das das Planck'sche Wirkungsquantum, die Austrittsarbeit und die Grenzfrequenz.

Tipp zu Teilaufgabe 3

- Drei mögliche Versuchsergebnisse bieten sich hier an:
  (1) Die Intensität des Lichtes hat keine Auswirkung auf die kinetische Energie der ausgelösten Elektronen.
  (2) Bei Licht unterhalb einer Grenzfrequenz werden keine Elektronen herausgelöst.
  (3) Die Auslösung von Elektronen aus der fotoempfindlichen Schicht erfolgt, sofern sie auftritt, ohne Verzögerung.

  Versuchen Sie, die Widersprüche der drei genannten Versuchsergebnisse zum Wellenmodell herauszuarbeiten.

Tipp zu Teilaufgabe 4

- Setzen Sie in die Einstein'sche Gleichung für den Fotoeffekt die Formel für die kinetische Energie der Fotoelektronen ein und lösen Sie nach der Geschwindigkeit auf.

Tipps zu Teilaufgabe 5

- Berechnen Sie zunächst die Grenzwellenlänge für die Cäsiumkathode. Nur für Wellenlängen, die kleiner als diese Grenzwellenlänge sind, tritt der Fotoeffekt auf.
- Überlegen Sie sich, welchen Einfluss die Wellenlängen des einfallenden Lichts auf die Anzahl der ausgelösten Elektronen und damit auf den Fotostrom haben.

Lösungen zu Aufgabe C2

1. Zur Messung der Energie sind verschiedene Varianten möglich. In Abbildung 1 ist die Versuchsanordnung für die **Gegenfeldmethode** skizziert:

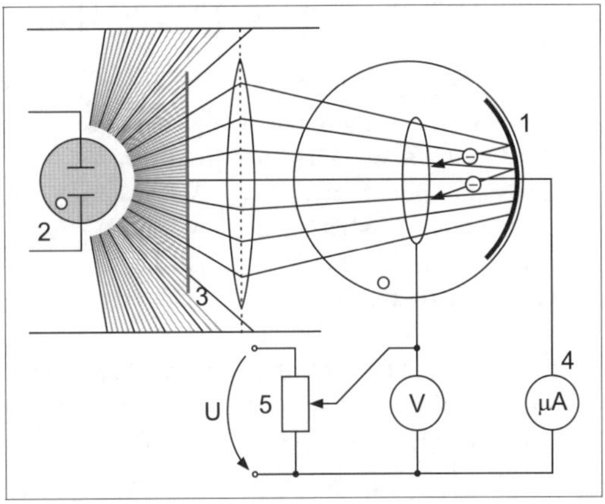

Abb. 1

Die Kathode einer Vakuumfotozelle (1) wird mit intensivem monochromatischem Licht bestrahlt, das man aus einer Quecksilberhöchstdrucklampe (2) mit geeigneten Farbfiltern (3) erhält. Man stellt fest, dass aus der Metalloberfläche Elektronen ausgelöst werden, die dann zur Anode gelangen. Dieser Anodenstrom wird mittels eines stromempfindlichen Messverstärkers (4) abgelesen und die Gegenspannung (5) langsam so lange hoch geregelt, bis der Anodenstrom null ist. Diese maximale Gegenspannung ist abhängig von der Frequenz, aber unabhängig von der Intensität des eingestrahlten Lichtes. Man regelt die Gegenspannung so, dass auch die energiereichsten Elektronen die Anode nicht mehr erreichen. Der Anodenstrom als Maß für die Zahl der die Anode erreichenden Elektronen wird null. In diesem Fall entspricht die Energie des elektrischen Gegenfeldes der kinetischen Energie der Elektronen:

$$E_{kin,\,max} = E_{el} \quad \text{bzw.} \quad E_{kin,\,max} = e \cdot U_{gegen}.$$

Für verschiedene Frequenzen erhält man unterschiedliche Gegenspannungen und damit unterschiedliche kinetische Energien.

Alternativ kann die **selbstaufbauende Gegenspannung** gemessen werden: Die Kathode einer Fotozelle wird über ein hochohmiges Voltmeter mit der Anode verbunden. Die oben beschriebene Gegenspannung stellt sich von alleine ein, da die von der Anode aufgefangenen Elektronen quasi nicht über den Innenwiderstand des sehr hochohmigen Voltmeters abfließen. Die Spannung kann direkt gemessen werden (Abbildung 2). Die Berechnung der Energien erfolgt analog zur Gegenfeldmethode.

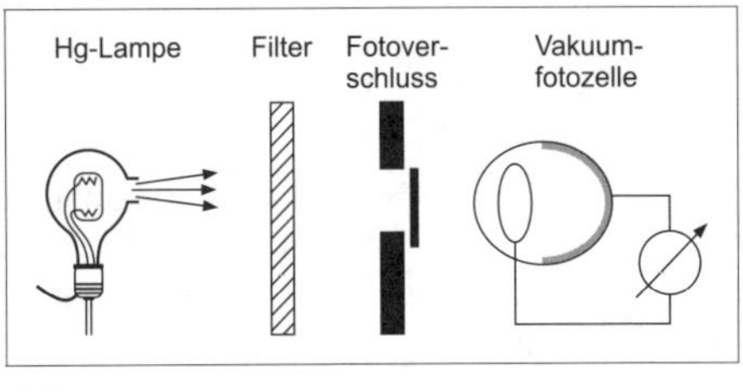

Abb. 2

2. Die Abhängigkeit ist in dem Diagramm (Abbildung 3) dargestellt. Es ergibt sich ein linearer Zusammenhang zwischen der maximalen kinetischen Energie der Fotoelektronen und der Frequenz f:

$$E_{kin,\,max} = h \cdot f - W_A$$

Dabei ist die Steigung der Geraden das **Planck'sche Wirkungsquantum**, der Schnittpunkt mit der E_{kin}-Achse die negative **Austrittsarbeit** $-W_A$ und der Schnittpunkt mit der f-Achse die **Grenzfrequenz** f_{grenz}.

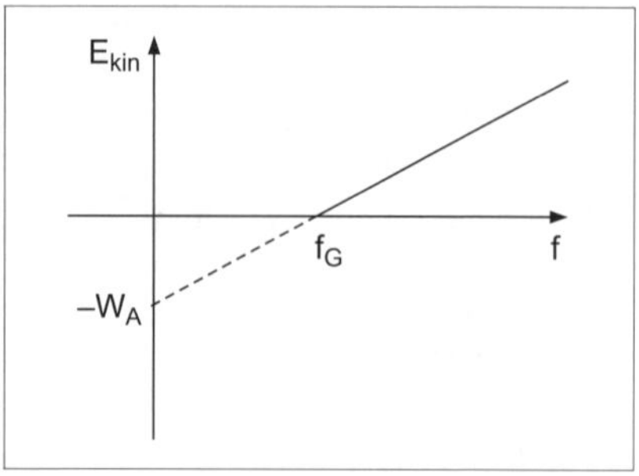

Abb. 3

3. Einstein stellte das Modell auf, dass beim Fotoeffekt die Lichtenergie nur in unteilbaren Energiequanten der Größe $E = h \cdot f$ absorbiert wird. Diese Energiequanten bezeichnet man auch als Photonen.

   Mögliche Versuchsergebnisse und die zugehörigen Erläuterungen sind:

   - Die Intensität des Lichtes hat keine Auswirkung auf die kinetische Energie der ausgelösten Elektronen.

     Erläuterung: Man müsste nach dem Wellenmodell erwarten, dass helleres Licht mit seiner größeren elektrischen Feldstärke einem Elektron mehr Energie zuführt. Eine Erhöhung der Lichtintensität führt aber lediglich zu einer Erhöhung der Zahl der ausgelösten Elektronen; deren Energie ändert sich nicht.

   - Bei Licht unterhalb einer Grenzfrequenz werden keine Elektronen herausgelöst.

     Erläuterung: Bei einer Erhöhung der Intensität müssten nach dem Wellenmodell bei beliebigen Frequenzen Elektronen herausgelöst werden. Eine Erklärung liefert die Einstein'sche Formel $E_{kin,\,max} = h \cdot f - W_A$: Liegt die Energie der einfallenden Photonen $h \cdot f$ unter der Austrittsarbeit W_A, so können keine Elektronen aus dem Metall herausgelöst werden, d. h. es gibt keine freien Elektronen.

   - Die Auslösung von Elektronen aus der fotoempfindlichen Schicht erfolgt, sofern sie auftritt, ohne Verzögerung.

     Erläuterung: Nach dem Wellenmodell müssten, wenn nur lange genug gewartet würde, im Laufe der Zeit stets Elektronen ausgelöst werden, denn die Elektronen müssten die zum Auslösen nötige Energie nach und nach ansammeln können.

Von den drei Alternativen muss eine herausgegriffen und begründet werden.

4. Die maximale kinetische Energie

$$E_{kin,\,max} = \frac{1}{2} m \cdot v_{max}^2$$

der austretenden Elektronen ist durch die Einstein'sche Gleichung festgelegt:

$$E_{kin,\,max} = h \cdot f - W_A$$

Gleichsetzen der rechten Seiten beider Gleichungen liefert:

$$\frac{1}{2} \cdot m \cdot v_{max}^2 = h \cdot f - W_A$$

Somit folgt für die maximale Geschwindigkeit der ausgelösten Elektronen mit $W_A = 1{,}94\ eV = 1{,}94 \cdot 1{,}602 \cdot 10^{-19}\ J = 3{,}108 \cdot 10^{-19}\ J$:

$$v_{max} = \sqrt{\frac{2 \cdot (h \cdot f - W_A)}{m}} = \sqrt{\frac{2 \cdot \left(h \cdot \frac{c}{\lambda} - W_A\right)}{m}}$$

$$= \sqrt{\frac{2 \cdot \left(6{,}626 \cdot 10^{-34}\ Js \cdot \frac{3{,}00 \cdot 10^8\ \frac{m}{s}}{400 \cdot 10^{-9}\ m} - 3{,}108 \cdot 10^{-19}\ J\right)}{9{,}11 \cdot 10^{-31}\ kg}} \approx \underline{\underline{6{,}4 \cdot 10^5\ \frac{m}{s}}}$$

5. Licht löst erst ab einer bestimmten materialabhängigen Grenzfrequenz f_{grenz} Elektronen aus dem Metall heraus. Unterhalb dieser Grenzfrequenz (oberhalb einer bestimmten Grenzwellenlänge) ist die Auslöseenergie (Austrittsarbeit) der Elektronen aus dem Metall größer als die von den Photonen aufgebrachte Energie.
Aus der Einstein'schen Gleichung für den Fotoeffekt kann man die Grenzfrequenz berechnen. Zu beachten ist dabei, dass die maximale kinetische Energie der ausgelösten Elektronen beim Erreichen der Grenzfrequenz null ist:

$$0 = h \cdot f_{grenz} - W_A$$

$$\Leftrightarrow \quad f_{grenz} = \frac{W_A}{h} = \frac{1{,}94 \cdot 1{,}602 \cdot 10^{-19}\ J}{6{,}626 \cdot 10^{-34}\ Js} \approx 4{,}69 \cdot 10^{14}\ Hz$$

Somit ergibt sich für die Grenzwellenlänge:

$$\lambda_{grenz} = \frac{c}{f} = \frac{3{,}00 \cdot 10^8\ \frac{m}{s}}{4{,}69 \cdot 10^{14}\ Hz} \approx 6{,}40 \cdot 10^{-7}\ m = 640\ nm$$

Licht der Wellenlänge 650 nm kann also keine Fotoelektronen auslösen, da selbst durch eine Intensitätserhöhung lediglich mehr Photonen auf die Kathode treffen, sich ihre Energie aber nicht erhöht. Der Fotostrom ist null.
Dagegen können Licht der Wellenlängen 470 nm, 500 nm und 590 nm Fotoelektronen ausgelöst werden. Der Fotostrom steigt bei diesen Wellenlängen mit höherer Intensität des Lichtes an, da pro Zeiteinheit mehr Photonen auf das Kathodenmaterial treffen und somit mehr Fotoelektronen ausgelöst werden.

Landesabitur Physik 2007 (Hessen) – Leistungskurs
Aufgabe A1: Induktion und Bewegung von Ladungen in Feldern

In der Abbildung sehen Sie einen „Balken“ aus Eisen ($R_B = 0{,}125\ m\Omega$, $m = 1\ g$), der mit sehr gutem elektrischen Kontakt auf zwei leitenden Schienen (Abstand $d = 0{,}1\ m$, $R_{Schiene} \approx 0\ \Omega$) liegt. Die beiden Schienen haben an der linken Seite die beiden Anschlusspunkte C und D und sind theoretisch nach rechts unendlich lang. Die Schienen liegen in einer Ebene, die senkrecht von einem magnetischen Feld $\vec{B}$ durchdrungen wird.

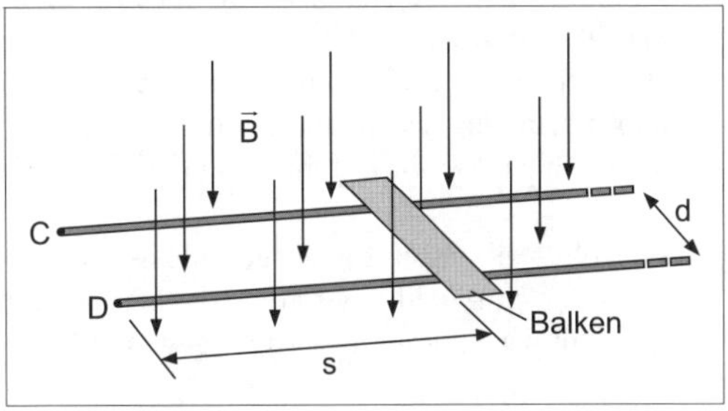

1. Der Balken liegt jetzt in der Entfernung $s = 1$ m rechts von den Anschlussstellen C und D, an denen ein hochohmiges Voltmeter angeschlossen ist. Die magnetische Flussdichte B ändert sich wie im Diagramm dargestellt.

   a) Zeichnen Sie das Diagramm der induzierten Spannung $U_{ind}(t)$, die das Voltmeter anzeigt, für das Intervall $0\ s \leq t \leq 2\ s$. (12 BE)

   b) Skizzieren Sie qualitativ den weiteren Verlauf der induzierten Spannung im Intervall $2\ s < t < 3\ s$. (2 BE)

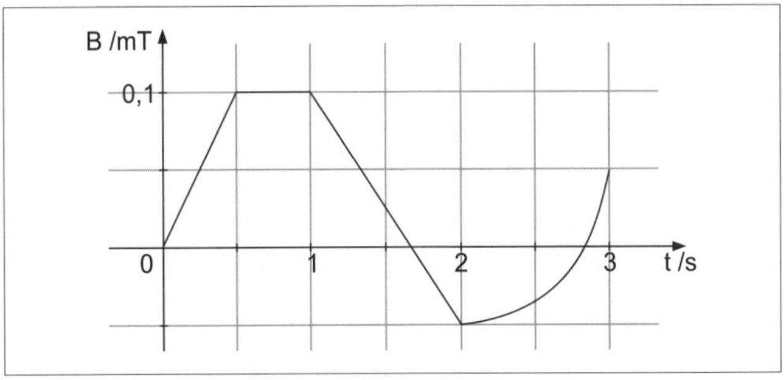

2. Leiten Sie aus dem Induktionsgesetz einen Term für den Betrag der Spannung $U_{ind}(v)$ ab, die das Voltmeter anzeigt, wenn der Balken mit der Geschwindigkeit v im konstanten Magnetfeld nach links bewegt wird.
   Geben Sie die Polung dieser Spannung an.
   Begründen Sie, welchen qualitativen Einfluss die gleichzeitige Verringerung der magnetischen Flussdichte B zusätzlich zur Bewegung des Balkens auf die induzierte Spannung hat. (7 BE)

Wenn an den Punkten C und D jetzt eine Spannungsquelle angeschlossen wird, so entsteht eine Abschussvorrichtung für den Balken. Der Balken soll für die weiteren Betrachtungen reibungsfrei auf den Schienen beweglich sein, ohne dass der elektrische Kontakt verschlechtert wird ($R_{Übergang} = 0\ \Omega$). Die magnetische Flussdichte beträgt 3,5 mT. Zu Beginn des Versuches wird der Balken festgehalten.

3. Der Balken soll nach rechts beschleunigt werden. Geben Sie an, mit welcher Polung man dazu die Gleichspannungsquelle mit $U_0 = 24$ V an die Punkte C und D anschließen muss.
   Berechnen Sie die Kraft und die Beschleunigung, mit der der Balken direkt nach dem Loslassen beschleunigt wird.
   Vergleichen Sie Ihr Ergebnis mit der Erdbeschleunigung. (9 BE)

4. Obwohl Reibungskräfte ausgeschlossen werden können und die angelegte Spannung konstant bleibt, wird die Beschleunigung des Balkens während der Bewegung immer geringer und strebt gegen null. Erklären Sie diesen Sachverhalt. (6 BE)

5. Zeigen Sie, dass für die konstante maximale Endgeschwindigkeit, die der Balken auf den unendlich langen Schienen erreichen kann, die Beziehung

$$v_{max} = \frac{U_0}{d \cdot B}$$

   gilt, und berechnen Sie ihren Wert. (4 BE)

Tipps und Hinweise zur Lösung von Aufgabe A1

Tipps zu Teilaufgabe 1

- Berechnen Sie zunächst für die drei Zeitintervalle die Induktionsspannungen mithilfe des Induktionsgesetzes. Fertigen Sie anschließend eine Skizze an.
- Im Intervall $2\ s < t < 3\ s$ nimmt die Änderung des magnetischen Feldes immer mehr zu.

Tipps zu Teilaufgabe 2

- Versuchen Sie einen Term für die Flächenänderung zu finden und diesen in die Formel für die Induktionsspannung einzusetzen. Berücksichtigen Sie dabei auch, dass für die Geschwindigkeit v gilt: $v = \frac{\Delta s}{\Delta t}$.
- Zur Bestimmung der Polung verwenden Sie die Drei-Finger-Regel der linken Hand.
- Gehen Sie für die Begründung des Einflusses der Verringerung der magnetischen Flussdichte B zusätzlich zur Bewegung des Balkens von der Formel für die Induktionsspannung U_{ind} aus.

Tipps zu Teilaufgabe 3

- Zur Bestimmung der Polung verwenden Sie die Drei-Finger-Regel der linken Hand.
- Überlegen Sie: Welche Kraft wirkt auf einen stromdurchflossenen Leiter in einem Magnetfeld? Welches Gesetz gilt bei konstantem Widerstand?
- Die Beschleunigung erhält man unter Zuhilfenahme der Newton'schen Grundgleichung $F = m \cdot a$.

Tipp zu Teilaufgabe 4

- Verwenden Sie zur Argumentation die Lenz'sche Regel und berücksichtigen Sie die Gesamtspannung $U_{gesamt} = U_0 - U_{ind}$.

Tipp zu Teilaufgabe 5

- Wie groß ist die Gesamtspannung, wenn die Endgeschwindigkeit erreicht ist? Was folgt daraus für die angelegte Spannung U_0 und die Induktionsspannung U_{ind}?

Lösungen von Aufgabe A1

1. **Induktion durch Feldänderung**

Für die induzierte Spannung U_{ind} gilt das Induktionsgesetz:

$$U_{ind}(t) = -n \cdot \frac{\Delta\Phi}{\Delta t} = -n \cdot \dot{\Phi}$$

Wenn sich nun entweder das Magnetfeld B ändert (schwächer oder stärker) oder die Fläche A kleiner oder größer wird, ändert sich auch der magnetische Fluss $\Phi = A \cdot B$. Diese Änderung ist die zeitliche Ableitung und ergibt die induzierte Spannung. Der Faktor $-n$ gibt zum einen die Vergrößerung der Spannung an, je mehr Windungen eine Spule im Feld hat, und zum Anderen im Vorzeichen die Lenz'sche Regel, die besagt, dass eine Induktion immer ihrer Ursache entgegen wirkt. Da sich in diesem Versuch die felddurchsetzte Fläche A nicht ändert und $n = 1$ ist gilt:

$$U_{ind}(t) = -A \cdot \frac{\Delta B}{\Delta t} = -A \cdot \dot{B} = -0{,}1\ \text{m} \cdot 1\ \text{m} \cdot \dot{B} = -0{,}1\ \text{m}^2 \cdot \dot{B}$$

a) Für die drei Teilintervalle im Zeitintervall $0\ \text{s} < t < 2\ \text{s}$ ergeben sich daher die folgenden Spannungen:

(1) $0\ \text{s} < t < 0{,}5\ \text{s}$: $\quad U_{ind} = -0{,}1\ \text{m}^2 \cdot \dfrac{0{,}1\ \text{T}}{0{,}5\ \text{s}} = -0{,}02\ \text{V}$

(2) $0{,}5\ \text{s} < t < 1\ \text{s}$: $\quad U_{ind} = 0\ \text{V}$, da $\dot{B} = 0$

(3) $1\ \text{s} < t < 2\ \text{s}$: $\quad U_{ind} = -0{,}1\ \text{m}^2 \cdot \dfrac{-0{,}15\ \text{T}}{1\ \text{s}} = 0{,}015\ \text{V}$

Den zugehörigen Graphen zeigt Abbildung 1.

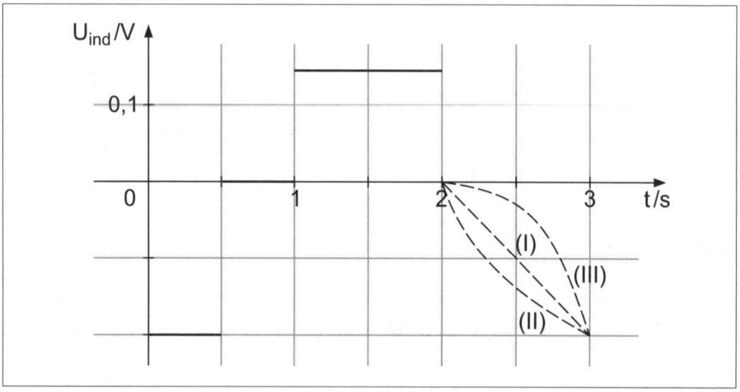

Abb. 1

b) Um den qualitativen Verlauf von U für $t > 2\ \text{s}$ zu ermitteln, nähert man den B(t)-Graphen durch bekannte Vergleichskurven an. Wählt man z. B. einen Parabelast, so gilt $B \sim t^2 \Rightarrow U_{ind} \sim -\dot{B} \sim -t$: Die Spannung nimmt linear ab (gestrichelter Verlauf (I) in Abbildung 1). Nimmt man allgemein $B \sim t^k$ an, ergeben sich für $1 < k < 2$ der Verlauf (II) bzw. für $k > 2$ der Verlauf (III). Alle drei Varianten stellen mögliche Kurvenverläufe dar, entscheidend gemeinsames Kennzeichen sind das negative Vorzeichen der Spannung und ihre monotone Abnahme.

Laut den Lösungs- und Bewertungshinweisen zum Landesabitur 2007 ist auch der an der t-Achse gespiegelte Graph sowie alle eingezeichneten gestrichelten Varianten als richtig anzuerkennen.

2. **Induktion durch Bewegung**
Durch die Bewegung des Balkens ändert sich die felddurchsetzte Fläche A. Die Flächenänderung ist gegeben durch: $\Delta A = \Delta s \cdot d$. Somit ergibt sich für den Betrag der Induktionsspannung bei konstantem Magnetfeld:

$$|U_{ind}| = n \cdot \dot{\Phi} = 1 \cdot \dot{A} \cdot B = \frac{\Delta A}{\Delta t} \cdot B = \frac{\Delta s \cdot d}{\Delta t} \cdot B = \underline{\underline{v \cdot d \cdot B}}$$

Aus der Drei-Finger-Regel der linken Hand folgt, dass C der negative Pol der Induktionsspannung ist: Der Daumen zeigt in Bewegungsrichtung der Elektronen (nach links), der Zeigefinger gibt die Richtung der magnetischen Feldlinien an (nach unten). Dann zeigt der Mittelfinger in Richtung der auf die Elektronen wirkenden Lorentzkraft (in Richtung Schiene C). Dort herrscht also ein Elektronenüberschuss, also befindet sich dort der negative Pol.
Verringert man gleichzeitig zur Bewegung des Balkens die magnetische Flussdichte B, so nimmt der magnetische Fluss $\Phi = A \cdot B$ noch stärker ab und der Betrag der Induktionsspannung wird größer.

3. **Berechnung der Kraft und der Beschleunigung**
An die Schiene C muss der Pluspol der Spannungsquelle angeschlossen werden.

Begründung: Dann fließen Elektronen von D nach C. Das magnetische Feld wirkt nach unten, d. h. nach der Drei-Finger-Regel der linken Hand wirkt die Lorentzkraft nach rechts. Auf den Balken wirkt eine nach rechts weisende, beschleunigende Kraft.

Auf einen stromdurchflossenen Leiter in einem Magnetfeld wirkt die Lorentzkraft $F_L = I \cdot d \cdot B$. Bei konstantem Widerstand gilt für die Proportion zwischen Stromstärke und Spannung $U = R \cdot I$ (Ohm'sches Gesetz), sodass folgt:

$$F_L = I \cdot d \cdot B = \frac{U_0}{R_B} \cdot d \cdot B = \frac{24\ \text{V}}{0{,}125\ \text{m}\Omega} \cdot 0{,}1\ \text{m} \cdot 3{,}5\ \text{mT} \approx \underline{\underline{67{,}2\ \text{N}}}$$

Für die beschleunigende Kraft folgt aus der Newton'schen Grundgleichung:

$$F = m \cdot a \quad \Leftrightarrow \quad a = \frac{F}{m} = \frac{67{,}2\ \text{N}}{1 \cdot 10^{-3}\ \text{kg}} = \underline{\underline{6{,}72 \cdot 10^4\ \frac{\text{m}}{\text{s}^2}}}$$

Dies ist das ca. 6 850-Fache der Erdbeschleunigung.

4. **Erklärung der Beschleunigungsabnahme**
Eine mögliche Argumentation wäre: Wenn der Balken sich nach rechts bewegt, ist $\dot{A} > 0$, es wird also eine Spannung induziert. Diese Spannung ist nach der Lenz'schen Regel so gerichtet, dass sie ihrer Ursache, der verursachenden Spannung, entgegenwirkt. Die Gesamtspannung $U_{gesamt} = U_0 - U_{ind}$ nimmt also ab und dadurch sinkt die Stromstärke und damit die beschleunigende Kraft. Dieser Regelkreis führt dazu, dass der Betrag der Induktionsspannung asymptotisch bis auf den Wert U_0 ansteigt. Damit streben die Kraft und die Beschleunigung gegen null.

5. **Berechnung der Endgeschwindigkeit**
Die Endgeschwindigkeit ist dann erreicht, wenn die Gesamtspannung U_{gesamt} null ist, d. h. wenn die angelegte Spannung U_0 und die Induktionsspannung U_{ind} den gleichen Wert besitzen:

$$U_{ind} = U_0 \quad \Rightarrow \quad d \cdot v_{max} \cdot B = U_0$$

$$v_{max} = \frac{U_0}{d \cdot B} = \frac{24\ \text{V}}{0{,}1\ \text{m} \cdot 3{,}5 \cdot 10^{-3}\ \text{T}} \approx \underline{\underline{6{,}9 \cdot 10^4\ \frac{\text{m}}{\text{s}}}}$$

Landesabitur Physik 2007 (Hessen) – Leistungskurs
Aufgabe A2: Bewegung von Ladungen in Feldern, Halleffekt

Mit einer Fadenstrahlröhre kann die spezifische Ladung $\frac{e}{m}$ der Elektronen bestimmt werden.

1. Beschreiben Sie den Aufbau der Fadenstrahlröhre und des Experiments anhand einer Skizze. Leiten Sie eine Formel zur Bestimmung von $\frac{e}{m}$ her und geben Sie an, welche Größen während des Experiments bestimmt werden müssen.
   Erläutern Sie, welche Auswirkungen die Veränderungen einzelner Versuchsparameter haben. (15 BE)

Bei der Fadenstrahlröhre muss unter anderem die magnetische Flussdichte im Innenbereich eines Helmholtzspulenpaares bestimmt werden. Dazu kann eine Hallsondenmessung durchgeführt werden.

2. Die Abbildung 1 zeigt eine dünne Silberfolie (Dicke d, Breite b) in einem Magnetfeld. Erklären Sie das Zustandekommen der Hallspannung zwischen H1 und H2.
   Zeigen Sie, dass die Hallspannung nach der Formel $U_H = v \cdot B \cdot b$ ermittelt werden kann. Dabei ist v die Driftgeschwindigkeit der Elektronen, B die magnetische Flussdichte und b die Breite der Silberfolie.

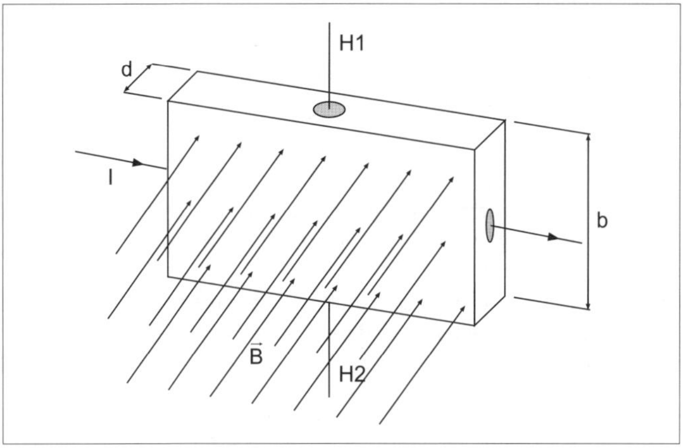

Abb. 1

(10 BE)

In einem Experiment wurde eine Silberfolie mit folgenden Abmessungen verwendet: Breite $b = 10$ mm, Dicke $d = 1 \cdot 10^{-5}$ m. Bei einer magnetischen Flussdichte von $B = 0{,}43$ T wurde die Hallspannung in Abhängigkeit vom Strom I bestimmt. Das Diagramm in Abbildung 2 zeigt den Verlauf.

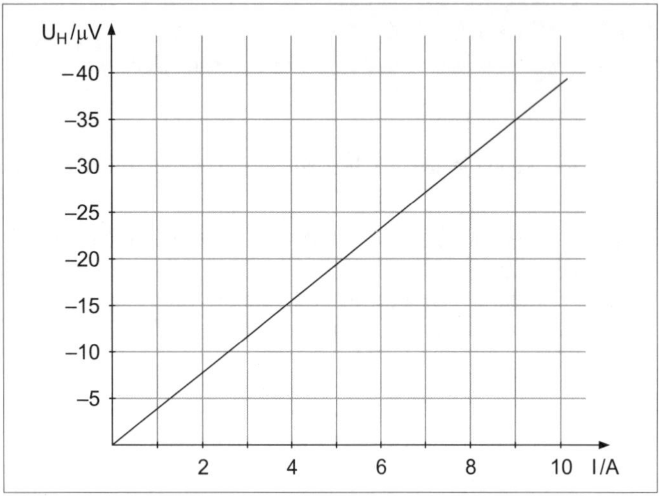

Abb. 2

3. Ermitteln Sie bei einem Strom von 8 A und einer magnetischen Flussdichte von 0,43 T die Driftgeschwindigkeit der Elektronen, die Teilchendichte n der Elektronen in der Silberfolie und den Betrag des Hallkoeffizienten R_H.
   Beachten Sie, dass für die Driftgeschwindigkeit und den Hallkoeffizienten folgende Beziehungen gelten:

   $$v = \frac{1}{n \cdot e} \cdot \frac{I}{b \cdot d} \quad \text{und}$$

   $$R_H = \frac{1}{n \cdot e}$$ (10 BE)

4. Erläutern Sie, was sich verändern würde, wenn bei gleicher Experimentieranordnung die Silberfolie gegen ein Material ausgetauscht würde, bei dem die beweglichen Ladungsträger positiv sind.
   Erläutern Sie weiter, welche Forderungen an das Material zu stellen sind, um die Hallspannung bei sonst gleichen äußeren Bedingungen zu erhöhen.
   Nennen Sie geeignete Materialien. (5 BE)

Tipps und Hinweise zur Lösung von Aufgabe A2

Tipps zu Teilaufgabe 1

- Überlegen Sie, was in der Fadenstrahlröhre passieren muss: Elektronenstrahl erzeugen, Elektronen auf einen Kreis „biegen“ und sichtbar machen.
- Für die geforderte Herleitung benötigen Sie den Ansatz $E_{el} = E_{kin}$ aus der Beschleunigungsphase und den Ansatz $F_L = F_{Zentral}$ für die Kreisbewegung. Kombinieren Sie die beiden Ansätze möglichst geschickt.
- Überlegen Sie an Hand der hergeleiteten Formel, was passiert, wenn eine Größe verändert wird, während die anderen konstant bleiben.

Tipps zu Teilaufgabe 2

- Auf die Elektronen wirkt die Lorentzkraft F_L. Als Folge entsteht ein elektrisches Feld und damit eine elektrische Kraft, die F_L kompensiert (Kräftegleichgewicht).
- Für das elektrische Feld kann man die Kondensator-Formel $E = \frac{U_H}{d}$ benutzen. Was entspricht hier dem „d“ in der Formel?

Tipps zu Teilaufgabe 3

- Stellen Sie die Formel $U_H = v \cdot B \cdot b$ aus Teilaufgabe 2 nach v um. Der in der Aufgabenstellung gegebenen Abbildung können Sie U_H entnehmen.
- Kombinieren Sie die beiden in der Aufgabenstellung zur Verfügung gestellten Gleichungen für v und R_H. Berechnen Sie zuerst R_H und dann n.

Tipps zu Teilaufgabe 4

- Begründen Sie, dass die Hallspannung ihr Vorzeichen ändert, und schließen Sie (bei sonst gleichen Bedingungen) auf die Veränderung bei der Hallspannung.
- Schließen Sie von U_H auf R_H und n. Denken Sie an Halbleiter.

Lösungen von Aufgabe A2

1. Die Fadenstrahlröhre

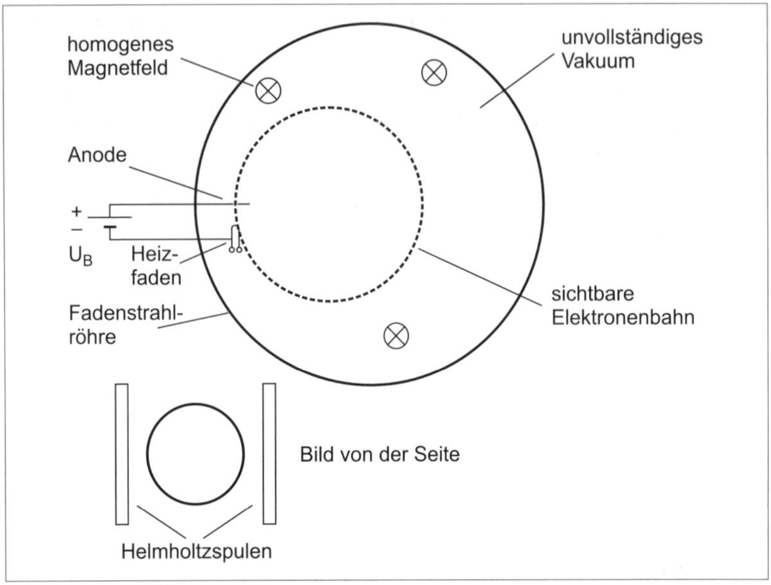

Abb. 3

In der Skizze der Abbildung 3 sind die wichtigsten Elemente des Versuchsaufbaus eingezeichnet:
Zur Durchführung des Versuches müssen eine Heiz- und eine Beschleunigungsspannung angelegt werden. Der Elektronenstrahl wird in einer sogenannten Elektronenkanone erzeugt, die aus einem Heizfaden (Glühkathode) und Anode besteht. Der glühende Heizfaden emittiert dabei Elektronen (glühelektrischer Effekt), die im elektrischen Feld zwischen Kathode und Anode durch die Spannung U_B beschleunigt werden. Die beschleunigten Elektronen fliegen durch das Loch in der Anode und bewegen sich anschließend mit einem konstanten Geschwindigkeitsbetrag weiter. Sie bilden einen Elektronenstrahl.
Das Helmholtzspulenpaar erzeugt in dem gesamten Bereich der Fadenstrahlröhre ein homogenes Magnetfeld, das nach der Drei-Finger-Regel der linken Hand in die Zeichenebene hinein zeigen muss (⊗). Die Lorentzkraft steht immer senkrecht auf der Richtung der Geschwindigkeit der Elektronen und wirkt so als Zentralkraft. Sie zwingt die Elektronen bei ausreichender Flussdichte B auf die eingezeichnete Kreisbahn.
Das Gas, das sich unter geringem Druck in der Röhre befindet, dient lediglich dazu, die Bahn der Elektronen sichtbar zu machen (Gasentladung durch die Stöße der Elektronen).

Für die geforderte Herleitung wird einmal der Energieerhaltungssatz beim Beschleunigen der Elektronen und die oben erwähnte Bedingung für Lorentzkraft und Zentralkraft genutzt:

$$E_{el} = E_{kin}$$

$$e \cdot U_B = \frac{1}{2} m \cdot v_e^2 \quad \Rightarrow \quad \frac{e}{m} = \frac{v_e^2}{2U_B}$$

$$F_L = F_Z$$

$$e \cdot v_e \cdot B = \frac{m \cdot v_e^2}{r} \quad \Rightarrow \quad v_e^2 = \frac{e^2 \cdot r^2 \cdot B^2}{m^2}$$

Setzt man den Term für v_e^2 in den Term darüber ein, ergibt sich:

$$\frac{e}{m} = \frac{e^2 \cdot r^2 \cdot B^2}{m^2 \cdot 2U_B} \quad \Rightarrow \quad \underline{\underline{\frac{e}{m} = \frac{2U_B}{r^2 \cdot B^2}}}$$

Man sieht, dass zur Bestimmung von $\frac{e}{m}$ die verwendete Beschleunigungsspannung U_B, der Bahnradius r der Elektronen und die Flussdichte B, die von den Spulen erzeugt wird, gemessen werden müssen (B kann mit einer Hallsonde gemessen oder durch die Stromstärke I errechnet werden).

An der Gleichung für die konstante Größe $\frac{e}{m}$ erkennt man:

- Steigt bei konstanter Flussdichte B die Beschleunigungsspannung U_B, so wird auch der Radius r größer;
- Steigt bei konstanter Beschleunigungsspannung U_B die Flussdichte B, so wird r kleiner.

2. **Die Hallspannung**

Durch ein Magnetfeld erfahren Elektronen als bewegte Ladungsträger eine Kraft (Lorentzkraft) F_L senkrecht zu ihrer Bewegungsrichtung und senkrecht zu der Richtung der B-Feldlinien. Die Richtung von F_L ermittelt man mit der Drei-Finger-Regel der linken Hand.

Stellt in dem vorliegenden Fall der Strom I die Richtung der Elektronen dar, so wirkt die Lorentzkraft in Richtung von H2 (stellt I die technische Stromrichtung dar, die der Bewegungsrichtung der Elektronen entgegengesetzt ist, so wirkt die Lorentzkraft entsprechend in Richtung von H1). Durch die entstehende Ladungsverteilung entsteht ein elektrisches Feld E und ein Potenzialunterschied an H1 und H2. Dieser Potenzialunterschied ist die Hallspannung U_H. Die elektrische Feldkraft F_{el} kompensiert die Lorentzkraft F_L:

$$F_L = F_{el}$$

$$e \cdot v \cdot B = e \cdot E$$

Für die Feldstärke E gilt hier (Plattenkondensator):

$$E = \frac{U_H}{b}$$

Eingesetzt ergibt sich:

$$e \cdot v \cdot B = e \cdot \frac{U_H}{b} \quad \Rightarrow \quad \underline{\underline{U_H = v \cdot B \cdot b}}$$

3. **Driftgeschwindigkeit, Teilchendichte und Hallkoeffizient**
Mit der in Teilaufgabe 2 hergeleiteten Gleichung für die Hallspannung ergibt sich für die Driftgeschwindigkeit v der Elektronen:

$$v = \frac{U_H}{B \cdot b}$$

Der Abbildung 2 entnimmt man bei einer Stromstärke von $I = 8$ A den Betrag der Hallspannung $|U_H| \approx 31\ \mu V$, sodass folgt:

$$v = \frac{31 \cdot 10^{-6}\ V}{0{,}43\ \frac{Vs}{m^2} \cdot 10 \cdot 10^{-3}\ m} = \underline{\underline{7{,}2 \cdot 10^{-3}\ \frac{m}{s}}}$$

Kombiniert man die beiden in der Aufgabenstellung gegebenen Formeln, lassen sich R_H und n berechnen:

$$R_H = \frac{1}{n \cdot e} = \frac{v \cdot b \cdot d}{I} = \frac{7{,}2 \cdot 10^{-3}\ \frac{m}{s} \cdot 10 \cdot 10^{-3}\ m \cdot 1 \cdot 10^{-5}\ m}{8\ A} = \underline{\underline{9 \cdot 10^{-11}\ \frac{m^3}{As}}}$$

$$n = \frac{1}{R_H \cdot e} = \frac{1 \cdot As}{9 \cdot 10^{-11}\ m^3 \cdot 1{,}6 \cdot 10^{-19}\ As} \approx \underline{\underline{7 \cdot 10^{28}\ \frac{1}{m^3}}}$$

Die Hallkonstante lässt sich alternativ aus der Steigung m des I-U-Graphen ermitteln:

$$U_H = R_H \cdot \frac{I \cdot B}{d} = \frac{R_H \cdot B}{d} \cdot I = m \cdot I \quad \Rightarrow \quad R_H = \frac{m \cdot d}{B}$$

4. **Veränderung der Experimentieranordnung**
Bei einem Material mit positiven Ladungsträgern, die in gleicher Richtung wie vorher die Elektronen unterwegs sind, ändert die gemessene Hallspannung ihr Vorzeichen, weil die auftretende Lorentzkraft ihre Richtung ändert (Drei-Finger-Regel der rechten Hand).

Da U_H proportional zu R_H ist und

$$n = \frac{1}{R_H \cdot e}$$

gilt, kann die Hallspannung erhöht werden, indem Material mit einem größeren Hallkoeffizienten, d. h. einer geringeren Elektronendichte, benutzt wird. Diese Eigenschaft weisen insbesondere dotierte Halbleitern auf.

Landesabitur Physik 2007 (Hessen) – Leistungskurs
Aufgabe B1: Elektromagnetische Schwingungen und Wellen

Ein Kondensator mit $C = 0{,}2\ \mu F$ und eine Spule mit $L_2 = 14$ mH bilden einen Schwingkreis. Der Einfluss des ohmschen Widerstandes soll vernachlässigt werden. Ein Sinusgenerator mit variabler Frequenz ($f_{min} = 1$ kHz, $f_{max} = 10$ kHz) ist mit dem Schwingkreis gekoppelt. Die Spannung am Kondensator wird mithilfe eines Oszilloskops gemessen.

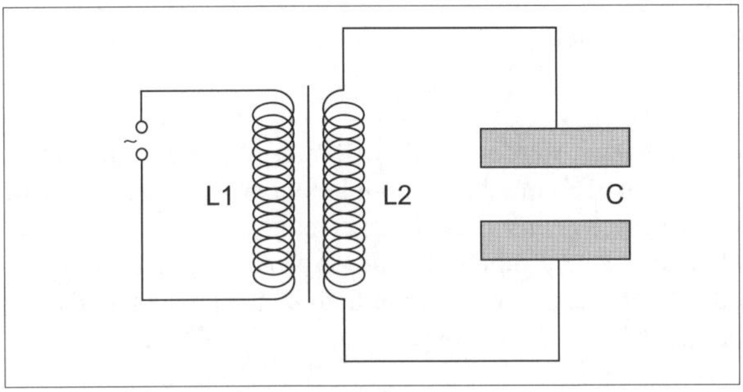

1. Beschreiben Sie den Schwingvorgang im Schwingkreis in seinen wesentlichen Phasen unter Bezugnahme auf die Felder im Kondensator und der Spule. Bestimmen Sie die Maximalstromstärke im Schwingkreis, wenn die Maximalspannung am Kondensator $U_M = 10$ V beträgt (der linke Teil der Schaltung mit dem Sinusgenerator und L_1 sollen hier nicht beachtet werden). (12 BE)

2. Berechnen Sie die Frequenz f_0 des Sinusgenerators, bei der die Maximalspannung U_M im Schwingkreis ihren größten Wert erreicht. Skizzieren Sie die Maximalspannung U_M in Abhängigkeit von der Frequenz f in einem Diagramm. (7 BE)

3. Für verschiedene Kapazitäten des Kondensators C wird jeweils die Eigenfrequenz f_0 des Schwingkreises gemessen:

C in µF	0,2	0,4	0,6	0,8	1,0
f_0 in kHz	3,0	2,1	1,7	1,5	1,3

Stellen Sie f_0 in Abhängigkeit von C in einem Graphen dar.
Ermitteln Sie den funktionalen Zusammenhang zwischen den Größen, f_0 und C. (7 BE)

4. Ein elektromagnetischer Schwingkreis wird zur Anregung einer Dipolschwingung genutzt. Im Abstand von L = 2 m eines Sendedipols mit der Sendefrequenz f = 3 GHz befindet sich eine Metallwand. Nun wird ein Empfangsdipol zwischen Sendedipol und Wand bewegt.
Erklären Sie, weshalb der Empfangsdipol bei der Bewegung unterschiedliche Intensitäten registriert.
Bestimmen Sie den Abstand der Intensitätsmaxima.

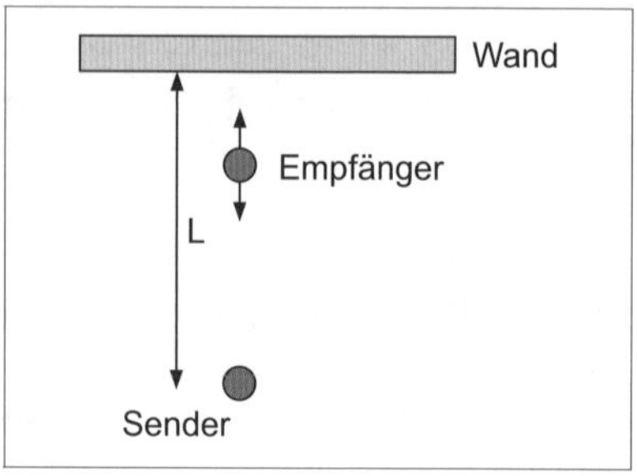

(7 BE)

5. Sender, Empfänger und Metallwand werden jetzt wie dargestellt angeordnet. Der Abstand zwischen Metallwand und Sender bzw. Empfänger beträgt nun L = 60 cm. Auch in dieser Anordnung ergeben sich Intensitätsunterschiede.
Begründen Sie dieses Phänomen und ermitteln Sie den Abstand d zwischen Sender und Empfänger für das Interferenzmaximum mit dem kleinsten Gangunterschied. (Berücksichtigen Sie dabei den Phasensprung an der Metallwand.)

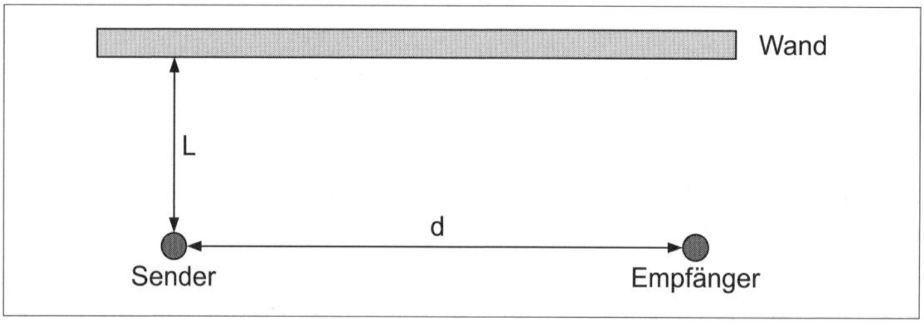

(7 BE)

Tipps und Hinweise zur Lösung von Aufgabe B1

Tipps zu Teilaufgabe 1

- Gehen Sie systematisch und übersichtlich vor.
- Die „wesentlichen Phasen“ sind der Zeitpunkt $t=0$, der Zeitraum $0<t<\frac{T}{4}$, $t=\frac{T}{4}$, $\frac{T}{4}<t<\frac{T}{2}$ und $t=\frac{T}{2}$ (T: Schwingungsdauer). In dem Zeitraum $\frac{T}{2}<t<T$ wiederholt sich die Schwingung mit umgekehrten Vorzeichen.
- Für jeden der Zeitpunkte bzw. Zeiträume sollten Sie kurz auf die Spannung am Kondensator, die Stromstärke durch die Spule und die Verteilung der Energie im Schwingkreis eingehen.
- Ein Vergleich der beteiligten (Maximal-)Energien hilft Ihnen, I_M zu berechnen.

Tipps zu Teilaufgabe 2

- Hier handelt es sich um ein Resonanzphänomen. Wann tritt Resonanz auf?
- Kombinieren Sie $f=\frac{1}{T}$ und die Thomson'sche Schwingungsgleichung zur Berechnung von f.
- Die verlangte grafische Darstellung ist eine typische „Resonanz-Kurve“, wie Sie sie auch aus dem Bereich der mechanischen Schwingungen kennen.

Tipps zu Teilaufgabe 3

- „f_0 in Abhängigkeit von C“ bedeutet, dass Sie in Ihrem Diagramm C auf die 1. und f_0 auf die 2. Achse auftragen müssen.
- Die in Teilaufgabe 2 benutzte Gleichung für f gibt auch Auskunft über den funktionalen Zusammenhang. Am einfachsten ist dann die Angabe einer Proportionalität.

Tipps zu Teilaufgabe 4

- Benutzen Sie das Modell der stehenden Wellen für Ihre Argumentation.
- Die Wellenlänge λ lässt sich mithilfe der Gleichung $c=\lambda\cdot f$ bestimmen.

Tipps zu Teilaufgabe 5

- Beachten Sie, dass jetzt Wellen auf zwei Wegen vom Sender zum Empfänger gelangen können.
- Verwenden Sie das Reflexionsgesetz.
- Berechnen Sie den Gangunterschied mithilfe von rechtwinkligen Dreiecken (Pythagoras). Vergessen Sie den Phasensprung nicht.
- Die Bedingung für konstruktive Interferenz ist erfüllt, wenn der Gangunterschied ein ganzzahliges Vielfaches der Wellenlänge ist.

Lösungen von Aufgabe B1

1. **Die Felder im Schwingkreis**

Im Schwingkreis „pendelt“ die Energie zwischen Kondensator (Energie im elektrischen Feld) und Spule (Energie im magnetischen Feld) hin und her.

Zum Zeitpunkt $t=0$ sei der Kondensator voll aufgeladen, d. h. die Spannung am Kondensator ist maximal und die Gesamtenergie steckt in seinem elektrischen Feld.

In dem Zeitraum $0<t<\frac{T}{4}$ beginnt der Kondensator sich zu entladen. Dadurch fließt Strom durch die Spule, ein magnetisches Feld beginnt sich aufzubauen. Energie wandert dementsprechend aus dem elektrischen Feld ins magnetische Feld der Spule. Die Spannung am Kondensator sinkt.

Zum Zeitpunkt $t=\frac{T}{4}$ hat sich der Kondensator gänzlich entladen ($U=0$), alle Ladungen fließen durch die Spule, deren Strom dementsprechend maximal wird. Die gesamte Energie befindet sich nun im magnetischen Feld.

In dem Zeitraum $\frac{T}{4}<t<\frac{T}{2}$ fließen die Ladungen weiter und laden den Kondensator mit umgekehrtem Vorzeichen wieder auf. Dabei sinken die Stromstärke und die Feldstärke in der Spule und es wird eine Selbstinduktionsspannung induziert, die nach der Regel von Lenz den Stromfluss erhalten will. Die Spannung am Kondensator steigt und die Energie wandert zurück in das elektrische Feld.

Zum Zeitpunkt $t=\frac{T}{2}$ hat sich aufgrund dieser Selbstinduktion der Kondensator wieder vollständig entgegengesetzt aufgeladen und alle Energie ist in seinem elektrischen Feld gespeichert. Die Spannung ist maximal und der Strom durch die Spule 0.

In dem Zeitraum $\frac{T}{2}<t<T$ wiederholt sich diese Schwingung mit umgekehrten Vorzeichen für Strom und Spannung.

Für die Energien bei dieser Schwingung gilt:

$$E_{ges}=E_{el}+E_{mag}$$

Für $U=U_M$ ist $E_{ges}=E_{el}$ und für $I=I_M$ ist $E_{ges}=E_{mag}$. Man kann daher zur Berechnung der Maximalstromstärke aus der Maximalspannung schreiben:

$$E_{el}=E_{mag}$$

$$\frac{1}{2}C\cdot U_M^2=\frac{1}{2}L\cdot I_M^2 \quad\Rightarrow\quad I_M=\sqrt{\frac{C\cdot U_M^2}{L}}=U_M\cdot\sqrt{\frac{C}{L}}$$

Durch Einsetzen der gegeben Werte erhält man:

$$I_M=10\text{ V}\cdot\sqrt{\frac{0{,}2\cdot 10^{-6}\text{ F}}{14\cdot 10^{-3}\text{ H}}}=10\text{ V}\cdot\sqrt{\frac{0{,}2\cdot 10^{-6}\text{ As}\cdot\text{A}}{14\cdot 10^{-3}\text{ V}\cdot\text{Vs}}}$$

$$\approx 0{,}038\text{ A}=\underline{\underline{38\text{ mA}}}$$

2. **Resonanz im Schwingkreis**
Die Maximalspannung am Kondensator im Schwingkreis erreicht ihren größten Wert, wenn die Frequenz f_0 des erregenden Sinusgenerators mit der Eigenfrequenz des Schwingkreises übereinstimmt, da in diesem Fall Resonanz eintritt.

Für die Eigenfrequenz des Schwingkreises gilt:

$$f = \frac{1}{T} = \frac{1}{2\pi \cdot \sqrt{L \cdot C}} = \frac{1}{2\pi \cdot \sqrt{14 \cdot 10^{-3}\,\frac{Vs}{A} \cdot 0{,}2 \cdot 10^{-6}\,\frac{As}{V}}} = \underline{\underline{3{,}0 \cdot 10^{3}\,\frac{1}{s}}}$$

Die Frequenz f_0 des Sinusgenerators muss also 3 kHz betragen.

Skizziert man die Maximalspannung U_M in Abhängigkeit von der Frequenz f, so ergibt sich eine typische Resonanzkurve (Abbildung 1).
Die verschieden hohen Kurven geben den Einfluss unterschiedlicher Dämpfung durch ohmsche Widerstände im Schwingkreis wieder.

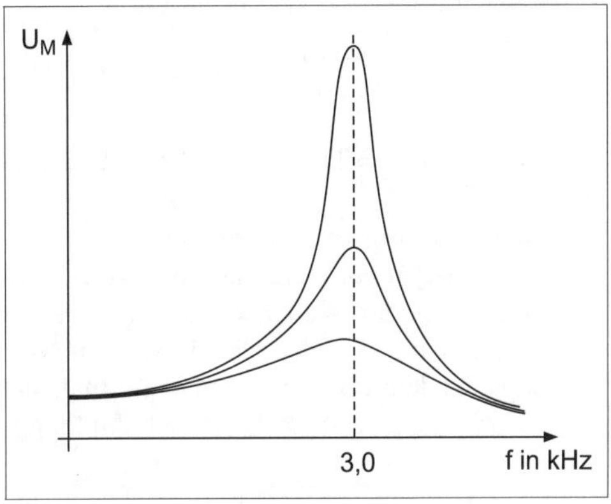

Abb. 1

3. **Zusammenhang von f_0 und C**
Abbildung 2 zeigt die Messkurve. Aus der Formel aus Teilaufgabe 2 erkennt man:

$$f_0 = \frac{1}{T} = \frac{1}{2\pi \cdot \sqrt{L \cdot C}}$$

$$\Rightarrow \underline{\underline{f_0 \sim \frac{1}{\sqrt{C}}}}$$

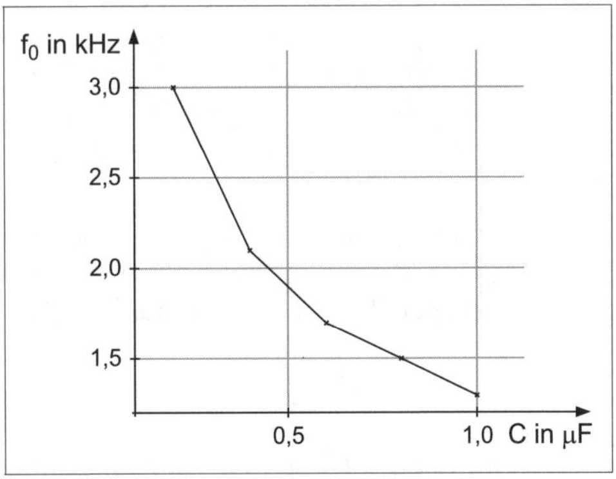

Abb. 2

Ein Nachweis der Proportionalität mithilfe der Messwerte ist hier nicht gefordert, lässt sich aber über den Nachweis der Produktgleichheit von $f_0 \cdot \sqrt{C}$ erbringen.

4. **Stehende elektromagnetische Wellen**

Die von dem Sendedipol abgestrahlten elektromagnetischen Wellen werden von der Metallwand reflektiert. In dem Bereich zwischen Sender und Wand überlagern sich also die hinlaufenden mit den reflektierten Wellen und bilden eine stehende Welle aus. Dabei bilden sich durch Interferenz an festen Stellen Wellenbäuche (maximale Intensität) und an anderen festen Stellen Wellenknoten (minimale Intensität) aus. Bewegt sich nun der Empfänger durch das Gebiet der stehenden Welle, so registriert er diese Orte unterschiedlicher Intensität.

Die Abstände zwischen zwei Wellenknoten bzw. zwischen zwei Wellenbäuchen betragen jeweils $d = \frac{\lambda}{2}$. Weiter gilt:

$$\lambda = \frac{c}{f} = \frac{3 \cdot 10^8 \, \frac{m}{s}}{3 \cdot 10^9 \, \frac{1}{s}} = 0{,}1 \text{ m} = 10 \text{ cm} \quad \Rightarrow \quad \underline{\underline{d = 5 \text{ cm}}}$$

Der Abstand $L = 2{,}0$ m ist ein Vielfaches dieses Abstandes.

5. **Interferenz mit Phasensprung**

Der Sender strahlt nicht nur direkt zum Empfänger, sondern auch zur Wand. Die dort reflektierten Wellen können auch den Empfänger erreichen. Am Ort des Empfängers kann sich also eine direkte mit einer reflektierten Welle überlagern und bei passendem Gangunterschied ein Intensitätsmaximum erzeugen. Mit dem Reflexionsgesetz ergibt sich die in Abbildung 3 gezeigte Skizze.

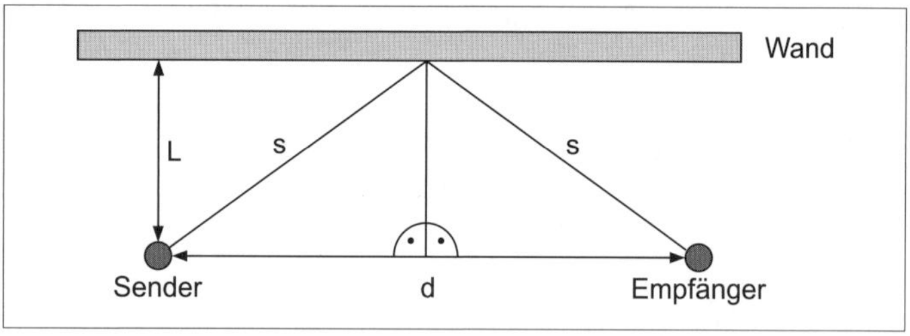

Abb. 3

Der Gangunterschied δ beträgt $2s - d$. Dazu kommt ein Phasensprung an der Metallwand als festem Ende von π bzw. $\frac{\lambda}{2}$. Durch die entstandene Geometrie lässt sich s mit dem Satz des Pythagoras berechnen:

$$s = \sqrt{L^2 + \left(\frac{d}{2}\right)^2}$$

Für konstruktive Interferenz mit dem kleinsten Gangunterschied $\delta = 1 \cdot \lambda$ gilt:

$$\delta = 2 \cdot \sqrt{L^2 + \left(\frac{d}{2}\right)^2} - d + \frac{\lambda}{2} = 1 \cdot \lambda$$

Zum Lösen dieser Gleichung für d müssen die Zahlenwerte eingesetzt und die Gleichung quadriert werden:

$$2 \cdot \sqrt{(60\text{ cm})^2 + \left(\frac{d}{2}\right)^2} = 5\text{ cm} + d$$

$$4 \cdot \left((60\text{ cm})^2 + \left(\frac{d}{2}\right)^2 \right) = 25\text{ cm}^2 + 10 \cdot d\text{ cm} + d^2$$

$$d^2 + 14\,400\text{ cm}^2 = 25\text{ cm}^2 + 10 \cdot d\text{ cm} + d^2$$

$$d = \frac{14\,400\text{ cm}^2 - 25\text{ cm}^2}{10\text{ cm}} = 1\,437{,}5\text{ cm} \approx \underline{\underline{14{,}4\text{ m}}}$$

Sollte Ihr Taschenrechner fähig sein, Gleichungen zu lösen („solve"-Funktion), können Sie natürlich diese Technologie zur Berechnung von d nutzen.

Landesabitur Physik 2007 (Hessen) – Leistungskurs
Aufgabe B2: Schallwellen

In einem Versuch werden zwei vom gleichen Generator gespeiste Ultraschallgeber in einer Entfernung von $\ell = 8$ cm nebeneinander aufgestellt. Ihnen gegenüber bringt man den Empfänger in einem Abstand von a = 1,5 m an. Verschiebt man diesen parallel zur Verbindungsgeraden der beiden Ultraschallgeber, so empfängt man im Abstand d = 30 cm vom Hauptmaximum 0. Ordnung das Nebenmaximum 1. Ordnung.

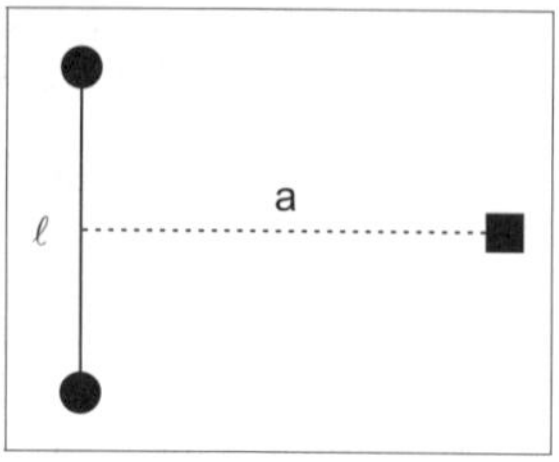

Abb. 1

1. Erläutern Sie die Entstehung von Minima und Maxima.
   Falls der Abstand des Empfängers von der Mittelsenkrechten der Verbindungsstrecke zwischen beiden Sendern klein gegenüber a ist, kann man die Wellenlänge des n-ten Maximums mit der Näherungsformel

   $$\lambda = \frac{\ell \cdot d}{n \cdot a}$$

   berechnen. Leiten Sie diese Formel mithilfe einer beschrifteten Skizze her.
   Berechnen Sie damit die Wellenlänge der Ultraschallwellen. (13 BE)

2. Berechnen Sie die Wellenlänge der Ultraschallwellen exakt (ohne Näherung für kleine Winkel) und ermitteln Sie die prozentuale Abweichung vom genäherten Ergebnis. (5 BE)

3. Bestimmen Sie die Anzahl der insgesamt beobachtbaren Maxima. (6 BE)

Mit der Dopplersonographie (siehe Abbildung 2) kann unter anderem die Fließgeschwindigkeit des Blutes ermittelt werden. Man nutzt bei dieser Untersuchung den Dopplereffekt bei Ultraschallwellen aus. Ultraschall der Frequenz f_S trifft vom Schallkopf kommend auf ein rotes Blutkörperchen, das sich von der Quelle weg bewegen möge.

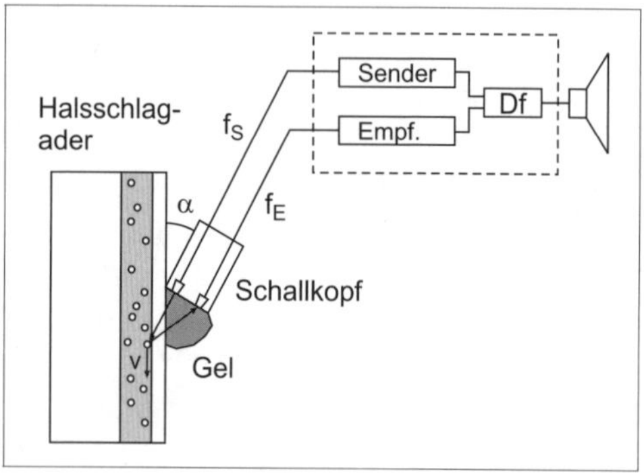

Abb. 2

Der vom bewegten Blutkörperchen gestreute Schall wird im Empfänger, der zusätzlich zum Sender im Schallkopf sitzt, mit einer niedrigeren Frequenz f_E registriert. Überlagert man nun die Sende- und Empfangsfrequenzen, so ergibt sich eine „Schwebung“ mit der Differenzfrequenz Δf.

4. Es sei v die Geschwindigkeit des Blutkörperchens, c die Schallgeschwindigkeit in Blut und α der Winkel in der Abbildung 2.
   Begründen Sie, dass für die Differenzfrequenz Δf gilt:
   $$\Delta f = f_S \cdot \frac{2v^*}{c + v^*} \quad \text{mit } v^* = v \cdot \cos\alpha$$ (10 BE)

5. Beim Versuch in der Abbildung 2 ist die Sendefrequenz $f_s = 15$ MHz, die Differenzfrequenz $\Delta f = 1{,}99$ kHz, die Schallgeschwindigkeit im Blut $c = 1{,}57\ \frac{km}{s}$ und der Winkel $\alpha = 30°$.
   Berechnen Sie aus diesen Daten die Fließgeschwindigkeit des Blutes. (6 BE)

Tipps und Hinweise zur Lösung von Aufgabe B2

Tipps zu Teilaufgabe 1

- Maxima und Minima sind Phänomene, die bei der Interferenz von Wellen auftreten. Ihr Erscheinen ist abhängig vom Gangunterschied der interferierenden Wellenzüge. Unterstützen Sie die geforderte Herleitung mit geeigneten Skizzen.

- Leiten Sie aus den Skizzen eine Beziehung für den Winkel α_n her.
Für $a \gg \ell$ und somit kleinen Winkeln α_n gilt die Näherung $\sin\alpha_n \approx \tan\alpha_n$. Daraus können Sie erst als Formel und dann durch Einsetzen die Wellenlänge bestimmen.

Tipp zu Teilaufgabe 2

- Sie dürfen hier nicht mehr die Näherung $\tan\alpha \approx \sin\alpha$ benutzen.

Tipps zu Teilaufgabe 3

- Um ein Intensitätsmaximum nachzuweisen, muss der Beugungswinkel α_n kleiner als 90° sein und damit $\sin\alpha_n < 1$. Die entstehende Ungleichung führt auf eine Ungleichung für n.

- Zählen Sie die Maxima rechts und links der Mitte. Vergessen Sie das nullte Maximum in der Mitte nicht.

Tipps zu Teilaufgabe 4

- Diese Teilaufgabe ist eine relativ komplexe Anwendung für den Dopplereffekt. Sie müssen für die Lösung drei Sachverhalte berücksichtigen und in Ihre Rechnung eingehen lassen.

- Beim Dopplereffekt muss unterschieden werden zwischen den Fällen „ruhender Sender – bewegter Empfänger“ und „bewegter Sender – ruhender Empfänger“. Die in den Formeln auftauchenden Geschwindigkeiten des Schalls c und des Senders/Empfängers müssen parallel sein. Sie benötigen daher die Geschwindigkeitskomponente v* des Blutkörperchens in Schallrichtung.

- Durch den Dopplereffekt „ruhender Sender – bewegter Empfänger“ nimmt das Blutkörperchen Wellen der kleineren Frequenz $f^* = f_S \cdot \frac{c - v^*}{c}$ auf. Der im Schallkopf ruhende Empfänger empfängt durch den Dopplereffekt „bewegter Sender – ruhender Empfänger“ die nochmals verkleinerte Frequenz $f_E = f^* \cdot \frac{c}{c + v^*}$.
Fügen Sie alle Formeln zusammen!

Tipp zu Teilaufgabe 5

- Sie müssen die Formel für Δf aus Teilaufgabe 4 nach v* aufzulösen. v* führt dann zu der gesuchten Fließgeschwindigkeit v des Blutes.

Lösungen von Aufgabe B2

1. **Die Entstehung von Minima und Maxima, Näherungsrechnung**
Beide Sender senden phasengleiche Wellen aus und am Empfänger interferieren diese beiden Wellen. Durch einen unterschiedlichen Abstand des Empfängers von den beiden Sendern entsteht ein Gangunterschied Δs. Für einen Gangunterschied von

$$\Delta s = n \cdot \lambda, \quad n = 0, 1, 2, \ldots$$

ergibt sich konstruktive Interferenz (Maxima) und für

$$\Delta s = (n+1) \cdot \frac{\lambda}{2}, \quad n = 0, 1, 2, \ldots$$

ergibt sich destruktive Interferenz (Minima).

Die Skizzen der Abbildungen 3 und 4 unterstützen die geforderte Herleitung.

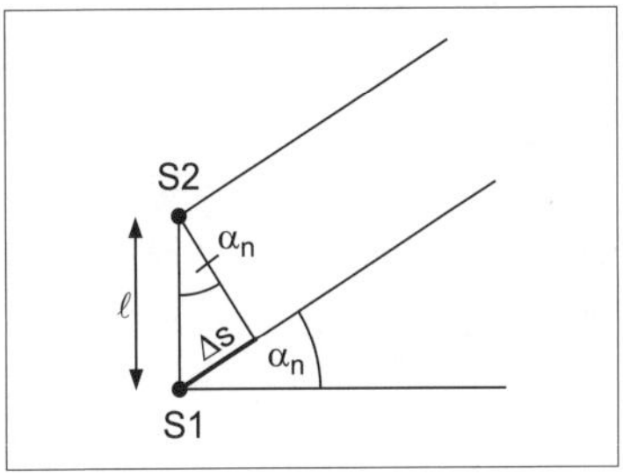

Abb. 3

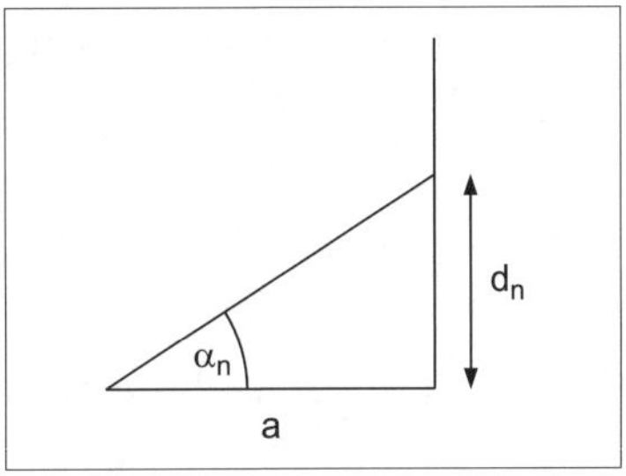

Abb. 4

Unter der Voraussetzung, dass der Abstand a (Sender–Empfänger) groß ist gegenüber dem Abstand ℓ der beiden Sender ($a \gg \ell$), kann man annehmen, dass die Richtungen der von S_1 und S_2 ausgehenden Signale zum Maximum n-ter Ordnung (nahezu) parallel sind.
Abbildung 3 lässt sich dann entnehmen:

$$\sin \alpha_n = \frac{\Delta s}{\ell}$$

Die beiden eingezeichneten Winkel α_n sind gleichgroß, da ihre Schenkel paarweise senkrecht aufeinander stehen.
Abbildung 4 entnimmt man:

$$\tan \alpha_n = \frac{d_n}{a}$$

Für $a \gg \ell$ und somit kleinen Winkeln α_n gilt die Näherung $\sin(\alpha_n) \approx \tan(\alpha_n)$.
Durch Kombination der Formeln ergibt sich daraus für das n-te Maximum:

$$\frac{\Delta s}{\ell} = \frac{n \cdot \lambda}{\ell} = \frac{d_n}{a} \quad \Rightarrow \quad \underline{\underline{\lambda = \frac{\ell \cdot d_n}{n \cdot a}}}$$

In der Aufgabenstellung wurde der Index n beim Abstand d weggelassen.

Einsetzen der in der Aufgabenstellung gegebenen Werte liefert als Näherungswert für die Wellenlänge der Ultraschallwellen:

$$\lambda = \frac{\ell \cdot d_1}{1 \cdot a} = \frac{0{,}08\ \text{m} \cdot 0{,}30\ \text{m}}{1{,}5\ \text{m}} = 0{,}0160\ \text{m} = \underline{\underline{1{,}60\ \text{cm}}}$$

2. **Exakte Rechnung**
Ohne die in Teilaufgabe 1 gemachte Näherung für kleine Beugungswinkel α_n ($\sin\alpha_n \approx \tan\alpha_n$) muss erst der Winkel α_n bestimmt werden und in einem zweiten Schritt die Wellenlänge:

$$\tan\alpha_1 = \frac{d_1}{a} = \frac{0{,}30\ \text{m}}{1{,}50\ \text{m}} = 0{,}2 \quad \Rightarrow \quad \alpha_1 = 11{,}31°$$

$$\sin\alpha_1 = \frac{\lambda}{\ell} \quad \Rightarrow \quad \lambda = \ell \cdot \sin\alpha_1 = 0{,}08\ \text{m} \cdot \sin 11{,}31° = 0{,}0157\ \text{m} = \underline{\underline{1{,}57\ \text{cm}}}$$

Die prozentuale Abweichung beträgt dann:

$$\frac{1{,}60\ \text{cm} - 1{,}57\ \text{cm}}{1{,}60\ \text{cm}} \approx 0{,}019 = \underline{\underline{1{,}9\ \%}}$$

Bezieht man die prozentuale Abweichung auf den exakten Wert, so ist das auch richtig, es ergibt sich gerundet derselbe Wert:

$$\frac{1{,}60\ \text{cm} - 1{,}57\ \text{cm}}{1{,}57\ \text{cm}} \approx 0{,}019 = 1{,}9\ \%$$

3. **Anzahl der beobachtbaren Maxima**
Um noch ein Intensitätsmaximum nachzuweisen, muss der Beugungswinkel α_n kleiner als 90° sein und damit:

$$\sin\alpha_n = \frac{n \cdot \lambda}{\ell} < 1 \quad \Rightarrow \quad n < \frac{\ell}{\lambda} = \frac{0{,}08\ \text{m}}{0{,}0157\ \text{m}} \approx 5{,}1$$

Also sind 5 Maxima links der Mitte, 5 Maxima rechts der Mitte und das 0. Maximum in der zentralen Mitte nachzuweisen. Das ergibt **11 Maxima**.

Sollten Sie mit dem Näherungswert gerechnet haben, so ergibt ein leicht geänderter Wert:

$$\sin(\alpha_n) = \frac{n \cdot \lambda}{1} < 1 \quad \Rightarrow \quad n < \frac{1}{\lambda} = \frac{0{,}08\ \text{m}}{0{,}0160\ \text{m}} \approx 5{,}0$$

Es ist also $n < 5$, somit gibt es $4 + 4 + 1 =$ **9 nachweisbare Maxima**. In diesem zweiten Fall ist es wichtig, dass Sie wirklich beachten, dass α_n echt kleiner als 90° sein muss!

4. **Berechnung der Schwebungsfrequenz**

Die für die hier auftretenden zwei Arten des Dopplereffekts nötigen Frequenzformeln finden Sie in Ihrer Formelsammlung.

Die in den Formeln auftauchenden Geschwindigkeiten des Schalls c und des Senders/Empfängers müssen parallel sein. Nach Abbildung 5 gilt für die Geschwindigkeitskomponente v* in Richtung der Verbindungslinie Sender–Empfänger (Schallkopf):

$$\cos\alpha = \frac{v^*}{v}$$

$$\Rightarrow \quad v^* = v \cdot \cos\alpha$$

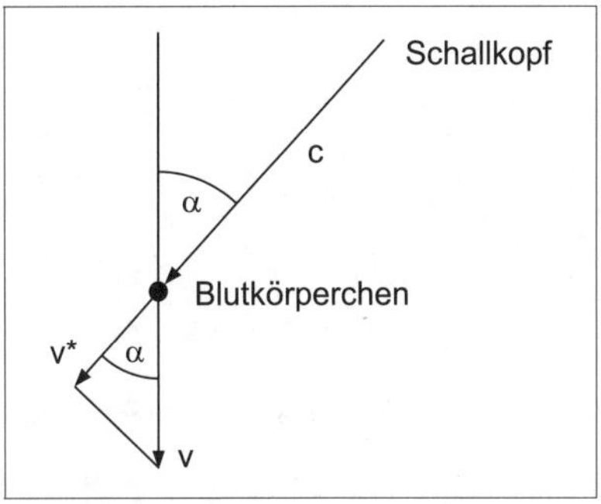

Abb. 5

Der im Schallkopf ruhende Sender sendet Ultraschallwellen der Frequenz f_S aus, die auf ein Blutkörperchen mit der Geschwindigkeitskomponente v* treffen. Durch den Dopplereffekt (ruhender Sender–bewegter Empfänger) nimmt das Blutkörperchen Wellen der kleineren Frequenz

$$f^* = f_S \cdot \frac{c - v^*}{c}$$

auf, wobei c die Ausbreitungsgeschwindigkeit von Ultraschall in Blut ist. Ultraschallwellen dieser Frequenz f* werden auch von dem Blutkörperchen reflektiert. Der im Schallkopf ruhende Empfänger misst durch den Dopplereffekt (bewegter Sender–ruhender Empfänger) die nochmals verkleinerte Frequenz f_E:

$$f_E = f^* \cdot \frac{1}{1 + \frac{v^*}{c}} = f^* \cdot \frac{c}{c + v^*}$$

Einsetzen des Terms für f* liefert:

$$f_E = f_S \cdot \frac{c - v^*}{c} \cdot \frac{c}{c + v^*} = f_S \cdot \frac{c - v^*}{c + v^*}$$

Bei der Überlagerung der beiden Frequenzen f_S und f_E im Schallkopf erhält man eine Schwebung mit der Schwebungsfrequenz:

$$\Delta f = f_S - f_E = f_S - f_S \cdot \frac{c - v^*}{c + v^*} = f_S \cdot \left(1 - \frac{c - v^*}{c + v^*}\right) = f_S \cdot \left(\frac{c + v^*}{c + v^*} - \frac{c - v^*}{c + v^*}\right)$$

$$= \underline{\underline{f_S \cdot \frac{2v^*}{c + v^*}}}$$

Damit ist die geforderte Gleichung begründet und hergeleitet.

5. **Berechnung der Fließgeschwindigkeit des Blutes**
Es gilt zunächst, die Formel für Δf aus Teilaufgabe 4 nach v^* aufzulösen:

$$\Delta f = f_S \cdot \frac{2v^*}{c + v^*}$$

$$\frac{\Delta f}{f_S} = \frac{2v^*}{c + v^*}$$

$$\Delta f \cdot (c + v^*) = f_S \cdot 2v^*$$

$$\Delta f \cdot c + \Delta f \cdot v^* = f_S \cdot 2v^*$$

$$f_S \cdot 2v^* - \Delta f \cdot v^* = \Delta f \cdot c$$

$$v^* \cdot (2f_S - \Delta f) = \Delta f \cdot c$$

$$v^* = \frac{\Delta f \cdot c}{2f_S - \Delta f}$$

Einsetzen der in der Aufgabenstellung gegebenen Werte liefert:

$$v^* = \frac{1{,}99 \cdot 10^3\,\frac{1}{s} \cdot 1{,}57 \cdot 10^3\,\frac{m}{s}}{2 \cdot 15 \cdot 10^6\,\frac{1}{s} - 1{,}99 \cdot 10^3\,\frac{1}{s}} \approx 0{,}104\,\frac{m}{s}$$

Mit dem in Teilaufgabe 4 hergeleiteten Zusammenhang zwischen v und v^* lässt sich v berechnen:

$$\cos\alpha = \frac{v^*}{v}$$

$$\Rightarrow \quad v = \frac{v^*}{\cos\alpha} = \frac{0{,}104\,\frac{m}{s}}{\cos 30°} = \underline{\underline{0{,}120\,\frac{m}{s}}}$$

Das Blut fließt mit einer Geschwindigkeit von $12\,\frac{cm}{s}$.

Landesabitur Physik 2007 (Hessen) – Leistungskurs
Aufgabe C1: Quanten- und Atomphysik – De-Broglie-Wellen

Bei der Beugung von Elektronen an Kristallen kann es zu Interferenzen mit der Bildung entsprechender Interferenzmuster kommen. Dazu muss man entweder einen Einkristall in eine reflexionsfähige Lage drehen oder aber ein Kristallpulver verwenden. Da das Kristallpulver aus vielen kleinen Kristalliten besteht, weisen diese praktisch alle möglichen Orientierungen gegenüber den einfallenden Elektronen auf. Aus diesem Grunde erfüllt immer eine große Zahl von ihnen die Interferenzbedingung. Auf der Fotoplatte ergeben sich daher konzentrische Beugungsringe. Auch kompakte Metallstücke bestehen, ähnlich dem Pulver aus sehr vielen, sehr kleinen Kristalliten. Sehen Sie hierzu bitte die Materialvorlage an.

1. Erläutern Sie, welche Bedingungen die einfallende Strahlung erfüllen muss, damit Beugungserscheinungen zu beobachten sind, und weshalb es unter bestimmten Winkeln zu einer besonders hohen Intensität kommt. (7 BE)

2. Für den Zusammenhang zwischen den Radien R der Beugungsringe und den Netzebenenabständen d der Kupferkristalle gilt:

   $$d \approx \frac{n \cdot \lambda \cdot L}{R}$$

   Hinweis: Die Bragg-Bedingung $2d \cdot \sin\alpha_n = n \cdot \lambda$ braucht nicht gesondert hergeleitet zu werden. (8 BE)

3. Berechnen Sie klassisch den kleinsten Netzebenenabstand, der sich aufgrund der Elektronenbeugungsaufnahme ergibt. Eine klassische Berechnung der Wellenlänge genügt. (15 BE)

4. Bei relativistischer Rechnung gilt für die de-Broglie-Wellenlänge folgende Formel:

   $$\lambda_r = \frac{h}{\sqrt{2m_0 \cdot e \cdot U + \frac{e^2 \cdot U^2}{c^2}}}$$

   Bestimmen Sie den relativen Fehler, der sich bei klassischer Berechnung ergibt. (4 BE)

5. Man ersetzt nun die Elektronen durch Protonen. (Es wird wieder klassisch gerechnet.)
   Erklären Sie, wie sich das Bild auf der Fotoplatte ändert. Führen Sie dazu eine quantitative Betrachtung durch. (6 BE)

Material

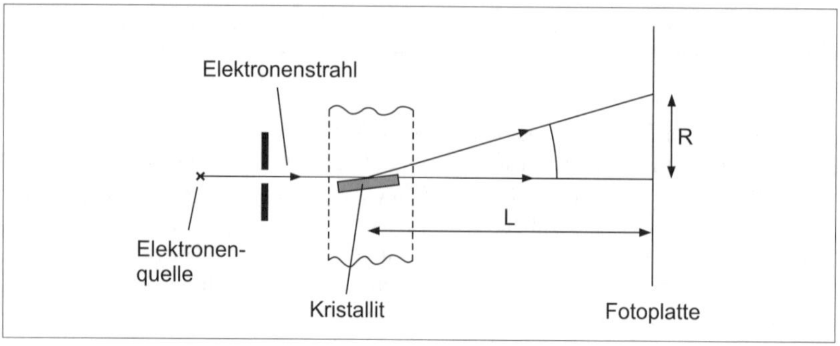

In einer Elektronenbeugungsröhre werden Elektronen durch eine konstante Spannung U_A beschleunigt und treffen auf eine Kupferfolie (in der Skizze durch einen Kristalliten symbolisiert). Auf der Fotoplatte (Film) ergeben sich konzentrische Ringe vom Radius R.

Sie sehen eine Elektronenbeugungsaufnahme von einer Kupferfolie.

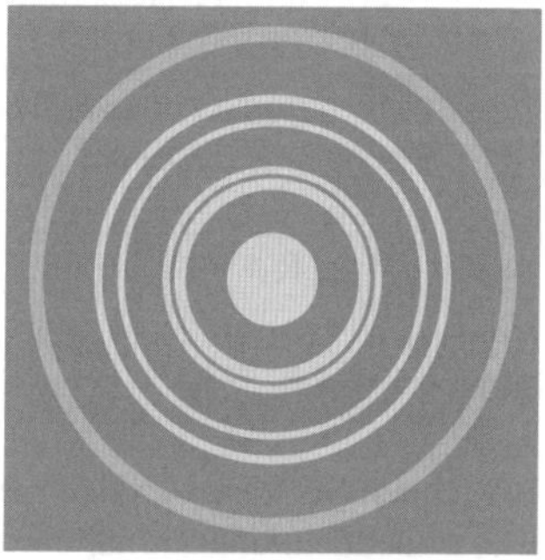

Messwerte und Versuchsdaten:
Beschleunigungsspannung: $U_A = 44$ kV
Abstand Folie–Fotoplatte: $L = 40$ cm

Man sieht vier deutliche Ringe. Der Radius der hellen Ringe von innen nach außen beträgt:
$R_1 = 1{,}05$ cm
$R_2 = 1{,}2$ cm
$R_3 = 1{,}7$ cm
$R_4 = 2{,}1$ cm

Tipps und Hinweise zur Lösung von Aufgabe C1

Tipp zu Teilaufgabe 1

- Interpretieren Sie die Bragg'sche Reflexionsbedingung $2d \cdot \sin\alpha_n = n \cdot \lambda$.

Tipps zu Teilaufgabe 2

- Neben der Bragg-Bedingung benötigen Sie noch eine Bedingung für den Winkel α. Fertigen Sie hierzu eine geeignete Skizze an.
- Für kleine Winkel α gilt die Näherung $\sin\alpha_n \approx \tan\alpha_n \approx \alpha$. Also gilt auch $\tan 2\alpha \approx 2\alpha \approx 2 \cdot \sin\alpha$. Aus dieser Gleichung folgt die geforderte Bedingung.

Tipps zu Teilaufgabe 3

- Gehen Sie schrittweise vor: Die Geschwindigkeit v wird mithilfe des Energieerhaltungssatzes bei der Beschleunigung der Elektronen bestimmt. Die Wellenlänge λ der benutzten Elektronenstrahlung kann mit der Formel von de Broglie berechnet werden. Bestimmen Sie d für jeden Ring unter der Annahme $n = 1$.
- Es fällt auf, dass d_4 ungefähr die Hälfte von d_1 ist. Man kann daher vermuten, dass der Radius Nr. 4 zur 2. Ordnung des für Radius Nr. 1 berechneten Netzebenenabstands gehört. Überprüfen Sie das und schließen Sie auf den kleinsten Gitterabstand d.

Tipp zu Teilaufgabe 4

- Hier ist nach dem relativen Fehler $\frac{\Delta\lambda}{\lambda_r}$ für die Wellenlänge gefragt.

Tipps zu Teilaufgabe 5

- Welche Proportionalität ergibt sich aus der Gleichung für die (klassische) Wellenlänge von Teilchenstrahlung?
- Für eine quantitative Aussage berücksichtigen Sie die Tatsache, dass sich laut Formelsammlung die Ruhemassen von Elektron und Proton wie 1 : 1 836 verhalten.

Lösungen von Aufgabe C1

1. **Interferenzbedingungen**
Die einfallende Strahlung muss monochromatisch sein – also aus nur einer Wellenlänge bestehen. Ihre Wellenlänge λ muss in der Größenordnung des Kristallebenenabstandes d sein ($\lambda \approx d$).
Der Kristall (bzw. die Kristallite) müssen mit einer ihrer Netzebenenscharen gegen den einfallenden Strahl geneigt sein. Für solche Neigungswinkel α_n („Glanzwinkel"), für die die Bragg'sche Reflexionsbedingung

$$2d \cdot \sin\alpha_n = n \cdot \lambda$$

erfüllt ist, tritt konstruktive Interferenz ein und es kommt dort zu besonders hohen Intensitäten.

2. **Zusammenhang zwischen R und d**
Zeichnet man in die Skizze der Materialvorlage den Glanzwinkel α ein, kann man für den doppelten Winkel 2α folgende Beziehung aufstellen (Abbildung 1):

$$\tan 2\alpha = \frac{R}{L}$$

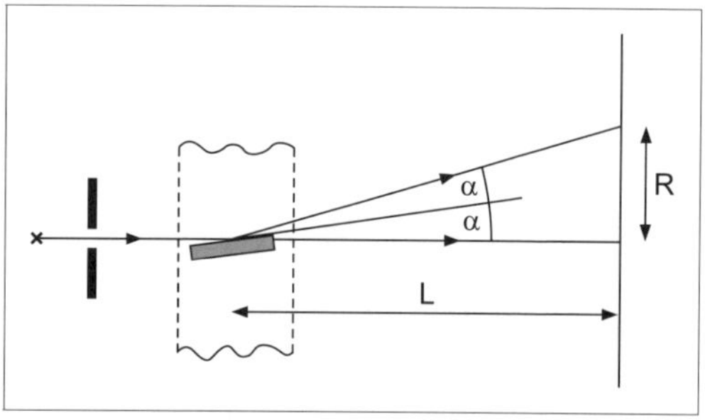

Abb. 1

Liegt für diesen Winkel α ein Interferenzmaximum vor, so gilt die Bragg-Beziehung

$$2d \cdot \sin\alpha_n = n \cdot \lambda$$

$$\Rightarrow \quad \sin\alpha_n = \frac{n \cdot \lambda}{2d}$$

Misst man den Winkel im Bogenmaß, so gilt für kleine Winkel α die Näherung $\sin\alpha_n \approx \tan\alpha_n \approx \alpha$ und damit auch:

$$\tan 2\alpha \approx 2\alpha \approx 2 \cdot \sin\alpha \quad \Rightarrow \quad \frac{R}{L} \approx 2 \cdot \frac{n \cdot \lambda}{2d}$$

$$\underline{\underline{d \approx \frac{n \cdot \lambda \cdot L}{R}}} \qquad (*)$$

Damit ist die geforderte Beziehung hergeleitet.

3. **Berechnung des kleinsten Netzebenenabstandes**
Um mit der Formel (*) aus Teilaufgabe 2 die im Kupfer vorkommenden Netzebenenabstände zu bestimmen, wird noch die Wellenlänge λ der benutzten Elektronenstrahlung benötigt.

Diese kann mit der Formel von de Broglie berechnet werden:

$$\lambda = \frac{h}{m_0 \cdot v}$$

Dabei bedeutet m_0 die Ruhemasse des Elektrons und v seine Geschwindigkeit. Die Geschwindigkeit v wird mithilfe des Energieerhaltungssatzes bei der Beschleunigung der Elektronen bestimmt:

$$E_{el} = E_{kin} \quad \Rightarrow \quad e \cdot U_A = \frac{1}{2} m_0 \cdot v^2 \quad \Rightarrow \quad v = \sqrt{\frac{2e \cdot U_A}{m_0}}$$

Damit ergibt sich für die Wellenlänge:

$$\lambda = \frac{h}{m_0 \cdot \sqrt{\frac{2e \cdot U_A}{m_0}}} = \frac{h}{\sqrt{2e \cdot U_A \cdot m_0}}$$

$$\lambda = \frac{6{,}63 \cdot 10^{-34}\,\text{Js}}{\sqrt{2 \cdot 1{,}60 \cdot 10^{-19}\,\text{As} \cdot 44 \cdot 10^3\,\text{V} \cdot 9{,}11 \cdot 10^{-31}\,\text{kg}}} = 5{,}85 \cdot 10^{-12}\,\text{m} \qquad (**)$$

Eine Einheitenbetrachtung wird nicht erwartet, wird Ihnen aber zur Ergebniskontrolle sehr empfohlen:

$$[\lambda] = 1\,\frac{\text{Js}}{\sqrt{\text{As} \cdot \text{V} \cdot \text{kg}}} = 1\,\sqrt{\frac{(\text{Ws})^2 \cdot \text{s}^2}{\text{Ws} \cdot \text{kg}}} = 1\,\sqrt{\frac{\text{Ws} \cdot \text{s}^2}{\text{kg}}} = 1\,\sqrt{\frac{\text{kg} \cdot \text{m}^2 \cdot \text{s}^2}{\text{s}^2 \cdot \text{kg}}} = 1\,\text{m}$$

Die weitere Auswertung lässt sich am übersichtlichsten in Form einer Tabelle darstellen. Um mit Näherungsformel (*) die Netzebenenabstände zu berechnen, muss man noch eine Annahme für die Ordnung der Interferenzmaxima n machen. Da es keinerlei Angaben in der Aufgabenstellung dazu gibt, rechnet man mit n = 1. Die viermal auszuführende Rechnung lautet z. B. für R_1:

$$d_1 \approx \frac{n \cdot \lambda \cdot L}{R_1} = \frac{1 \cdot 5{,}85 \cdot 10^{-12}\,\text{m} \cdot 0{,}40\,\text{m}}{1{,}05 \cdot 10^{-2}\,\text{m}} = 2{,}23 \cdot 10^{-10}\,\text{m}$$

Ringnummer	1	2	3	4
Radius in cm	1,05	1,2	1,7	2,1
Netzebenenabstand d in 10^{-10} m	2,23	1,95	1,38	1,11

Nutzen Sie Ihren Taschenrechner dabei optimal. indem Sie die letzte Eingabezeile jeweils „zurückholen“ und nur den Wert für R ändern.

Ist d_4 tatsächlich der kleinste Netzebenenabstand? Es fällt auf, dass d_4 ungefähr die Hälfte von d_1 ist. Man kann daher vermuten, dass der Radius Nr. 4 zur 2. Ordnung des für Radius Nr. 1 berechneten Netzebenenabstandes gehört. Dann würde sich für d_4 folgender Wert ergeben:

$$d_4 = \frac{2\lambda \cdot L}{R_4} = \frac{2 \cdot 5{,}85 \cdot 10^{-12}\,\text{m} \cdot 0{,}40\,\text{m}}{2{,}1 \cdot 10^{-2}\,\text{m}} = 2{,}23 \cdot 10^{-10}\,\text{m} = d_1$$

Das bestätigt die Vermutung: Die Ringe mit den Radien R_1 und R_4 gehören zur gleichen Netzebenenschar. Damit ist der gesuchte kleinste Netzebenenabstand laut Tabelle vermutlich:

$$\underline{\underline{d_{min} = d_3 = 1{,}38 \cdot 10^{-10}\,\text{m}}}$$

Für diesen letzten Teil der Lösung sind auch andere Lösungswege denkbar. Einer sei hier noch dargestellt. Aus

$$d \approx \frac{n \cdot \lambda \cdot L}{R}$$

folgt für ein konstantes d eine Proportionalität zwischen R und n: $R \sim n$. Die bei den Messwerten für R einzige Verdopplung, Verdreifachung, … etc. ist zwischen R_1 und R_4, nämlich $R_4 = 2 \cdot R_1$. Das wiederum lässt den Schluss zu, dass Ring 4 das Beugungsmaximum 2. Ordnung für denselben Gitterabstand d darstellt. Weitere Rechnung wie oben.

4. **Relativistische Rechnung**

Hier ist nach dem relativen Fehler für die Wellenlänge gefragt. Sollten Sie den sich daraus ergebenden Fehler für die Netzebenenabstände berechnet haben, so folgt wegen $d \sim \lambda$ daraus der gleiche Wert.

Der exakte Wert der Wellenlänge beträgt:

$$\lambda_r = \frac{h}{\sqrt{2e \cdot U_A \cdot m_0 + \frac{e^2 \cdot U_A^2}{c^2}}}$$

$$= \frac{6{,}63 \cdot 10^{-34}\,\text{Js}}{\sqrt{2 \cdot 1{,}60 \cdot 10^{-19}\,\text{As} \cdot 44 \cdot 10^3\,\text{V} \cdot 9{,}11 \cdot 10^{-31}\,\text{kg} + \frac{(1{,}60 \cdot 10^{-19}\,\text{As})^2 \cdot (44 \cdot 10^3\,\text{V})^2}{\left(3{,}00 \cdot 10^8\,\frac{\text{m}}{\text{s}}\right)^2}}}$$

$$= 5{,}73 \cdot 10^{-12}\,\text{m}$$

Für den relativen Fehler berechnet man dann mit (**):

$$\frac{\Delta\lambda}{\lambda_r} = \frac{5{,}85 \cdot 10^{-12}\,\text{m} - 5{,}73 \cdot 10^{-12}\,\text{m}}{5{,}73 \cdot 10^{-12}\,\text{m}} = \frac{0{,}12}{5{,}73} \approx 0{,}021 = \underline{\underline{2{,}1\,\%}}$$

5. **Protonen statt Elektronen**

In Teilaufgabe 3 wurde die (klassische) Wellenlänge für Teilchenstrahlung hergeleitet:

$$\lambda = \frac{h}{\sqrt{2e \cdot U_A \cdot m_0}} \quad \Rightarrow \quad \lambda \sim \frac{1}{\sqrt{m_0}}$$

Protonen haben eine größere Ruhemasse als Elektronen, dementsprechend eine kleinere zugeordnete Wellenlänge.

Nach

$$d \approx \frac{n \cdot \lambda \cdot L}{R}$$

ist $R \sim \lambda$ für ein konstantes d. R wird also auch kleiner mit der größeren Ruhemasse der Protonen. Die Ringe werden auf der Fotoplatte zusammenrücken. Quantitativ – also mit Zahlenwerten gerechnet – verhalten sich laut Formelsammlung die Ruhemassen von Elektron und Proton wie 1 : 1 836, d. h.

$$m_{0,\,p} = 1\,836 \cdot m_{0,\,e}.$$

Daher muss für die Radien der Ringe gelten:

$$R_{i,\,p} \approx \frac{1}{\sqrt{1\,836}} \cdot R_{i,\,e} = 0{,}0233 \cdot R_{i,\,e} \quad (i = 1, 2, 3, \ldots)$$

Ein anderer, gleichwertiger Lösungsweg kann darin bestehen, die Radien für Protonen neu zu berechnen und auf diese Weise zu quantitativen – also zahlenmäßigen – Ergebnissen zu kommen.

Landesabitur Physik 2007 (Hessen) – Leistungskurs
Aufgabe C2: Linearer Potenzialtopf

Einen linearen Potenzialtopf findet man näherungsweise in Farbstoffmolekülen. Die Farbe eines Stoffes lässt sich häufig vorausberechnen. In sogenannten konjugierten π-Elektronensystemen stellt gewissermaßen je ein C-Atom ein gemeinsam genutztes (freies) Elektron zur Verfügung, das sich im ganzen Bereich der Kohlenstoffkette aufhalten kann. In dem abgebildeten System von Doppelbindungen befinden sich 12 Elektronen, die im Bereich der Kohlenstoffkette als frei beweglich betrachtet werden können.

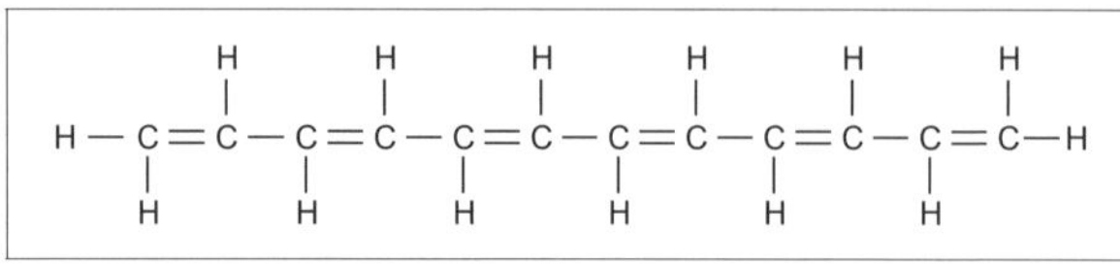

1. Erläutern Sie das Modell des linearen Potenzialtopfes mit unendlich hohen Wänden. Begründen Sie, weshalb die Energiezustände des oben gezeigten Moleküls mit diesem Modell näherungsweise bestimmt werden können. (8 BE)

2. Ein freies Elektron darf im gezeigten Abschnitt des Farbstoffmoleküls der Länge ℓ nur die durch die Quantenzahl n bestimmten Energiewerte

$$E_n = \frac{h^2}{8m_e \cdot \ell^2} \cdot n^2 \quad (n = 1, 2, 3, \ldots)$$

annehmen.
Leiten Sie diese Formel her.
Erläutern Sie, an welchen Stellen im Molekül die Aufenthaltswahrscheinlichkeit für ein Elektron mit $n = 3$ null wird. (10 BE)

3. Grundsätzlich darf jedes der nach Teilaufgabe 2 betrachteten Energieniveaus mit zwei Elektronen besetzt werden (Pauli-Prinzip).
Begründen Sie durch Rechnung, warum im oben beschriebenen Molekül 1,76 eV Energie zugeführt werden müssen, um ein Elektron in den niedrigsten angeregten Zustand zu versetzen. Nehmen Sie als Länge des Potenzialtopfes 1,668 nm. (8 BE)

4. Der betrachtete Farbstoff absorbiert einen Teil aus dem Spektrum des weißen Lichts. Berechnen Sie die Wellenlänge, die der Anregungsenergie von 1,76 eV aus Teilaufgabe 3 entspricht. (6 BE)

5. Berechnen Sie für eine aus acht Kohlenstoffatomen bestehende Kette die größte Wellenlänge, welche absorbiert wird. (8 BE)

Tipps und Hinweise zur Lösung von Aufgabe C2

Tipps zu Teilaufgabe 1

- Der lineare Potenzialtopf hat die Länge ℓ und in ihm liegt ein Potenzial 0 vor. An den Rändern steigt das Potenzial ins Unendliche.
- Argumentieren Sie mithilfe von stehenden Wellen, die zu den Energiezuständen des Elektrons gehören.

Tipps zu Teilaufgabe 2

- Ziel ist es, die kinetische Energie $E_{kin} = \frac{1}{2} m \cdot v^2$ der Elektronen im Potenzialtopf zu berechnen. Verfolgen Sie dieses Ziel in Schritten:
  Die Geschwindigkeit v gewinnen Sie aus der de-Broglie-Wellenlänge, die Wellenlänge ist durch die Bedingung für stehende Wellen festgelegt. Kombinieren Sie diese drei Gleichungen, um die angegebene Formel herleiten.
- Die Knoten der stehenden Welle markieren die Aufenthaltswahrscheinlichkeit 0.

Tipp zu Teilaufgabe 3

- Überlegen Sie: Das Farbstoffmolekül besitzt 12 frei bewegliche Elektronen. Wie viele Energiezustände sind also unter Berücksichtigung des Pauli-Prinzips bereits besetzt?
- Die Anregungsenergie berechnet sich aus der Differenz der Energieterme zwischen höchsten besetzt und niedrigstem unbesetzten Niveau.
- Beachten Sie die Umrechnung der Energieeinheiten Joule und Elektronenvolt.

Tipp zu Teilaufgabe 4

- Verwenden Sie die grundlegende Beziehung zwischen der Energie eines Photons und seiner Frequenz bzw. Wellenlänge.

Tipps zu Teilaufgabe 5

- Die Kette aus acht Kohlenstoffatomen besitzt acht frei bewegliche Elektronen. Diese acht freien Elektronen besetzen die vier untersten Energieniveaus des linearen Potenzialtopfes.
- Berücksichtigen Sie, dass sich die Moleküllänge (= Länge des Potenzialtopfes) von 12 auf 8 Atome reduziert hat: $\ell = \frac{8}{12} \cdot 1{,}668$ nm.
- Berechnen Sie jetzt (analog zu Teilaufgabe 3) die Anregungsenergie $\Delta E_{4 \to 5}$ und die Wellenlänge.

Lösungen von Aufgabe C2

1. **Das Modell des linearen Potenzialtopfes**
   Der lineare Potenzialtopf ist eine stark vereinfachte Modellierung eines Potenzialfeldes.
   Der lineare Potenzialtopf hat die Länge ℓ, in ihm liegt ein Potenzial 0 vor. An den Rändern steigt das Potenzial ins Unendliche. Dadurch ist es z. B. einem Elektron nur möglich, sich im Potenzialtopf aufzuhalten und nicht außerhalb. Das bedeutet, dass die Aufenthaltswahrscheinlichkeit außerhalb des linearen Potenzialtopfes null ist.
   Die zugehörige Wellenfunktion ist stetig und muss also an den Grenzen der Strecke ℓ auch den Wert null haben. Das ist der Grund, dass sich nur stehende Wellen im Potenzialtopf bilden können und die Energiezustände des Elektrons gequantelt sind. Die Quantenobjekte besitzen nur kinetische Energie innerhalb des Potenzialtopfes.
   Die Kohlenstoffkette erfüllt die Voraussetzungen für die Anwendung des Modells des linearen Potenzialtopfes recht gut. Dabei entspricht die Länge des Moleküls der Länge des ℓ des Potenzialtopfes. Die Bindungsenergie hält die „freien" Elektronen mit großer Kraft innerhalb des Moleküls. Die zulässigen Schwingungen des Moleküls lassen sich den zulässigen Energiezuständen zuordnen.

2. **Herleitung der Formel für E_n**
   Da die Elektronen nur kinetische Energie $E_{kin} = \frac{1}{2} m \cdot v^2$ innerhalb des Potenzialtopfes besitzen, muss die Geschwindigkeit v oder der Impuls p ermittelt werden. Wie in Teilaufgabe 1 erwähnt, sind die einzigen möglichen Lösungen der Gesamtwellenfunktion stehende Wellen. An den Enden des linearen Potenzialtopfes müssen Knoten liegen. Damit ist das Problem vergleichbar mit stehenden Querwellen auf einer eingespannten Saite. Die Skizze der Abbildung 1 macht deutlich, dass nur ganzzahlige Vielfache der halben Wellenlänge auf die Länge ℓ passen:

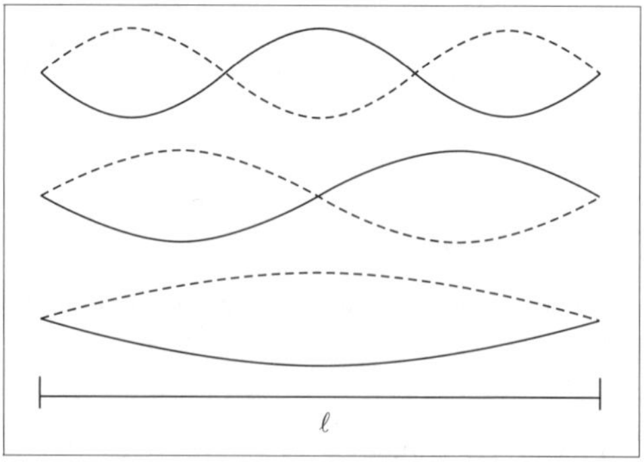

Abb. 1

$$\ell = n \cdot \frac{\lambda_n}{2} \Rightarrow \lambda_n = \frac{2 \cdot \ell}{n} \quad \text{mit } n = 1, 2, 3, \ldots$$

Für die de-Broglie-Wellenlänge gilt:

$$\lambda = \frac{h}{m \cdot v}$$

Daraus folgt für die Geschwindigkeit:

$$v = \frac{h}{m \cdot \lambda}$$

Setzt man jetzt den Term für die Wellenlängen der möglichen stehenden Wellen der Elektronen ein und berechnet die kinetische Energie, so ergibt sich

$$v = \frac{h}{m_e \cdot \lambda_n} = \frac{h}{m_e \cdot \frac{2\ell}{n}} = \frac{h \cdot n}{2m_e \cdot \ell}$$

$$\Rightarrow \quad E_{kin} = \frac{1}{2} m_e \cdot v^2 = \frac{1}{2} m_e \cdot \left(\frac{h \cdot n}{2m_e \cdot \ell} \right)^2 = \frac{m_e \cdot h^2 \cdot n^2}{2 \cdot 4m_e^2 \cdot \ell^2}$$

und damit die gesuchte Formel:

$$\underline{\underline{E_{kin} = \frac{h^2 \cdot n^2}{8m_e \cdot \ell^2},}} \quad \text{mit } n = 1, 2, 3, \ldots$$

Für $n = 3$ folgt:

$$\lambda_3 = \frac{2}{3} \ell$$

Also ist für ein Elektron mit $n = 3$ die Aufenthaltswahrscheinlichkeit bei

$$0, \frac{\ell}{3}, \frac{2\ell}{3} \text{ und } \ell$$

gleich null, weil dort die stehende Welle Knoten besitzt (vgl. Abbildung 1, oberer Teil).

3. **Berechnung des niedrigsten angeregten Zustandes**
   Das Farbstoffmolekül besitzt 12 frei bewegliche Elektronen. Also sind die untersten sechs Energiezustände (je zwei pro Zustand, Pauli-Prinzip) voll besetzt und der niedrigste angeregte Zustand ist der für $n = 7$.
   Die Anregungsenergie berechnet sich aus der Differenz der Energieterme für $n = 6$ und $n = 7$:

$$\Delta E_{6 \to 7} = E_7 - E_6 = \frac{h^2}{8m_e \cdot \ell^2} \cdot (7^2 - 6^2)$$

$$= \frac{(6{,}63 \cdot 10^{-34}\ \text{Js})^2}{8 \cdot 9{,}11 \cdot 10^{-31}\ \text{kg} \cdot (1{,}668 \cdot 10^{-9}\ \text{m})^2} \cdot (49 - 36) = 2{,}81 \cdot 10^{-19}\ \text{J}$$

Dieser Wert muss noch in Elektronenvolt umgerechnet werden:

$$\Delta E_{6 \to 7} = \frac{2{,}81 \cdot 10^{-19}\ \text{J}}{1{,}60 \cdot 10^{-19}\ \frac{\text{J}}{\text{eV}}} = \underline{\underline{1{,}76\ \text{eV}}}$$

4. **Berechnung der absorbierten Wellenlänge**
Nach den Gesetzen der Quantenphysik können nur solche Energieportionen $h \cdot f$ (Quanten) von dem Molekül absorbiert werden, die einen Übergang in einen erlaubten energetisch höheren Zustand ermöglichen. Für ein Lichtquant, welches das Farbstoffmolekül anregen soll, muss also gelten:

$$\Delta E_{6 \to 7} = h \cdot f = h \cdot \frac{c}{\lambda}$$

Umgestellt nach der Wellenlänge und die gegebenen Werte eingesetzt folgt:

$$\lambda = \frac{h \cdot c}{\Delta E_{6 \to 7}} = \frac{6{,}63 \cdot 10^{-34}\ \text{Js} \cdot 3{,}00 \cdot 10^{8}\ \frac{\text{m}}{\text{s}}}{2{,}81 \cdot 10^{-19}\ \text{J}} \approx 7{,}08 \cdot 10^{-7}\ \text{m} = \underline{\underline{708\ \text{nm}}}$$

Die gesuchte Wellenlänge ist also 708 nm (rotes Licht).

5. **Größte Wellenlänge einer C8-Kette**
Die Kette aus acht Kohlenstoffatomen besitzt acht frei bewegliche Elektronen. Diese acht freien Elektronen besetzen die vier untersten Energieniveaus des linearen Potenzialtopfes. Nach den Teilaufgaben 3 und 4 gehört die größte absorbierte Wellenlänge zu Photonen, die den Übergang mit niedrigstem Energiebedarf ermöglichen. Das wäre also in diesem Fall der Übergang von $n = 4$ nach $n = 5$. Weiterhin muss man berücksichtigen, dass die Moleküllänge (= Länge des Potenzialtopfes) sich von 12 auf 8 Atome reduziert hat:

$$\ell = \frac{8}{12} \cdot 1{,}668\ \text{nm} = 1{,}112\ \text{nm}$$

Für die Anregungsenergie ergibt sich:

$$\Delta E_{4 \to 5} = E_5 - E_4 = \frac{h^2}{8m_e \cdot \ell^2} \cdot (5^2 - 4^2)$$

$$= \frac{(6{,}63 \cdot 10^{-34}\ \text{Js})^2}{8 \cdot 9{,}11 \cdot 10^{-31}\ \text{kg} \cdot (1{,}112 \cdot 10^{-9}\ \text{m})^2} \cdot (25 - 16) = 4{,}39 \cdot 10^{-19}\ \text{J}$$

Die dazugehörige größte Wellenlänge des absorbierten Lichts fällt in das blaue Spektrum:

$$\lambda = \frac{h \cdot c}{\Delta E_{4 \to 5}} = \frac{6{,}63 \cdot 10^{-34}\ \text{Js} \cdot 3{,}00 \cdot 10^{8}\ \frac{\text{m}}{\text{s}}}{4{,}39 \cdot 10^{-19}\ \text{J}} \approx 4{,}53 \cdot 10^{-7}\ \text{m} = \underline{\underline{453\ \text{nm}}}$$

Landesabitur Physik 2008 (Hessen) – Grundkurs
Aufgabe A1: Induktion

In einem Experiment fährt ein Fahrzeug durch ein homogenes Magnetfeld. Um die Geschwindigkeit des Fahrzeugs zu bestimmen, ist an dem Fahrzeug eine Leiterschleife angebracht, die mit einem Messgerät verbunden ist. Von der Anordnung sind folgende Angaben bekannt: a = 2,5 cm; b = 6 cm; B = 0,2 T; Länge des Magnetfeldes L = 8 cm; Breite des Magnetfeldes S = 3,5 cm. Die Leiterschleife ist vertikal angeordnet, die Feldlinien des Magnetfeldes verlaufen horizontal.

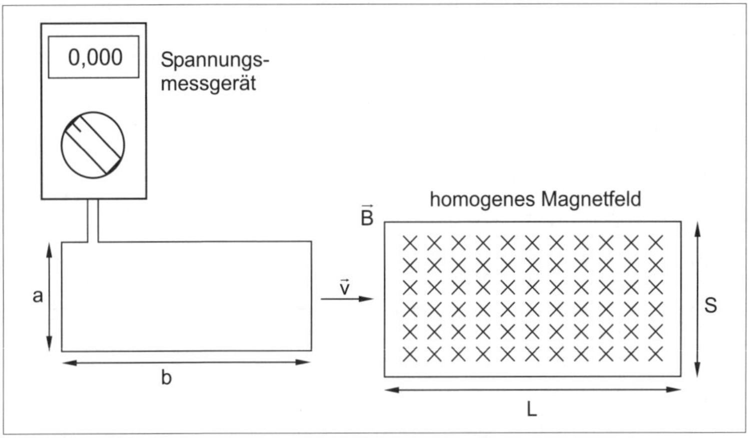

Abb. 1

1. a) Beschreiben Sie, wie die bei obigem Experiment gemessene Spannung entsteht. (5 BE)

   b) Leiten Sie die Formel $v(t) = \frac{U_i(t)}{B \cdot a}$ zur Bestimmung der Geschwindigkeit in Abhängigkeit von der gemessenen Spannung her. (4 BE)

2. a) Die Leiterschleife tritt mit der Geschwindigkeit $20\,\frac{\text{cm}}{\text{s}}$ in das Magnetfeld ein. Berechnen Sie, welche Spannung das Messgerät in diesem Moment anzeigt. (4 BE)

   b) Geben Sie an, wo sich der Minuspol der Spannung befindet, wenn die Leiterschleife wie in der Zeichnung angegeben an das Spannungsmessgerät angeschlossen ist. (1 BE)

   c) Die Spannung tritt nur auf, wenn sich das Fahrzeug in bestimmten Bereichen seiner Fahrstrecke befindet. Geben Sie an, welche Bereiche dies sind, und begründen Sie Ihre Antwort. (2 BE)

3. Erklären Sie, wie sich die Spannung U ändert, wenn man die Geschwindigkeit v verdoppelt. (4 BE)

4. In einem weiteren Experiment wird das Fahrzeug so in das homogene Feld gefahren, dass die Leiterschleife vollständig vom magnetischen Fluss durchsetzt wird, und bleibt dann stehen. Anschließend wird die magnetische Flussdichte[1] wie im Diagramm (Abbildung 2) dargestellt verändert.

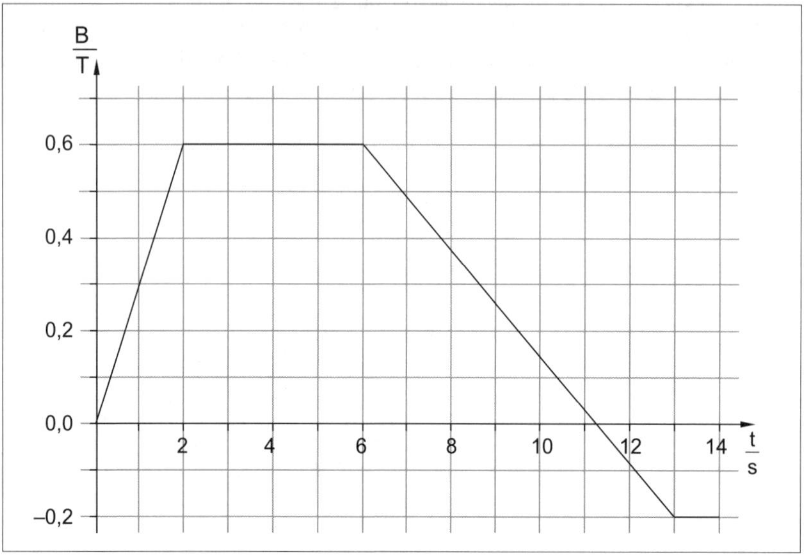

Abb. 2

a) Zeichnen Sie das $U_i(t)$-Diagramm anhand des gegebenen B(t)-Diagramms. (6 BE)

b) Erklären Sie, wie sich das Ergebnis verändern würde, wenn die Leiterschleifenebene gegenüber der Vertikalen gekippt wäre. Beziehen Sie unterschiedliche Kippwinkel zwischen 0° und 180° in Ihre Überlegungen ein. (4 BE)

[1] Die magnetische Flussdichte wird in manchen Lehrbüchern auch als magnetische Feldstärke bezeichnet.

Tipps und Hinweise zur Lösung von Aufgabe A1

Tipps zu Teilaufgabe 1

a: Das Induktionsgesetz lautet (ohne Vorzeichen) $U_i(t) = n \cdot \left(B \cdot \frac{\Delta A}{\Delta t} + A \cdot \frac{\Delta B}{\Delta t}\right)$.

Welche der Größen B oder A ändern sich in dieser Fragestellung?

b: Das Induktionsgesetz reduziert sich auf $U_i(t) = B \cdot \frac{\Delta A}{\Delta t}$. Warum?

Beachten Sie, dass man die Flächenänderung als $\Delta A = a \cdot \Delta b$ schreiben kann.

Tipp zu Teilaufgabe 2

a: Formen Sie die Gleichung aus 1 b nach U_i um.

b: Untersuchen Sie die Lorentzkräfte auf die Leiterelektronen in der Vorderseite der Elektronen.

In welche Richtung wirkt die Lorentzkraft?

Was bedeutet das für die Polung?

c: Machen Sie sich klar, in welcher Lage der Leiterschleife eine Induktionsspannung aufgrund von $\Delta\Phi = \Delta(B \cdot A)$ auftritt.

Tipps zu Teilaufgabe 3

Interpretieren Sie die Formel aus 2 a.

Tipps zu Teilaufgabe 4

a: Das Induktionsgesetz lautet für diese Situation $U_i(t) = A \cdot \frac{\Delta B}{\Delta t}$. Warum?

Teilen Sie das gegebene Diagramm in vier Bereiche und berechnen Sie jeweils U_i.

b: Argumentieren Sie mit der Änderung des magnetischen Flusses $\Phi = B \cdot A$ („Anzahl der Feldlinien"), der durch die Leiterschleife greift.

Lösungen zu Aufgabe A1

1. a) **Entstehen der Spannung**

Für die Fragestellung gibt es mehrere Erklärungsmöglichkeiten, von denen aber nur eine gefordert wird. Hier werden zwei Möglichkeiten dargestellt.

- *Möglichkeit 1: Flussänderung*
  Solange die Leiterschleife in das Magnetfeld eintaucht, ändert sich die vom Magnetfeld durchsetzte Fläche A der Leiterschleife (Abbildung 3). Damit ändert sich der magnetische Fluss $\Phi = B \cdot A$ in der Schleife, was gemäß dem für diese Situation geltenden Induktionsgesetz $U_i = n \cdot \frac{\Delta\Phi}{\Delta t} = 1 \cdot B \cdot \frac{\Delta A}{\Delta t}$ die **Induktion einer Spannung** zur Folge hat.

  Auf ein Vorzeichen von U_i kann hier verzichtet werden, da es nur auf den Betrag der Spannung ankommt.

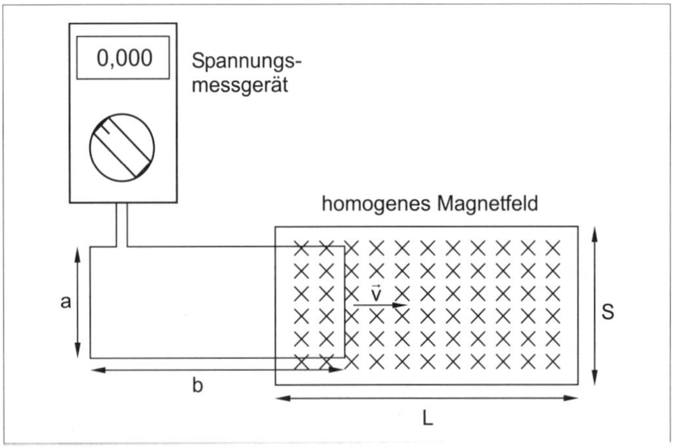

Abb. 3

- *Möglichkeit 2: Lorentzkraft*
  Wenn die Vorderseite der Leiterschleife in das magnetische Feld eindringt, wirkt die Lorentzkraft F_L auf die Leiterelektronen. Als solche werden Sie gemäß der Linke-Hand-Regel nach unten abgelenkt. Dadurch entsteht eine **Ladungsanhäufung** und ein elektrisches Feld, das eine Kraft F_{el} in entgegen gesetzter Richtung auf die Elektronen ausübt. Es bildet sich ein Gleichgewichtszustand aus. Der dabei sich einstellende Potenzialunterschied ist die gemessene Spannung.

b) Die in Teilaufgabe 1 a genannten Ansätze führen auf die folgenden Lösungen.

- *Möglichkeit 1: Flussänderung*
  Mithilfe des Induktionsgesetzes für eine Leiterschleife mit n = 1 und konstantem Magnetfeld B (also $\Delta B = 0$) folgt:

$$U_i(t) = n \cdot \frac{\Delta\Phi}{\Delta t} = 1 \cdot \left(B \cdot \frac{\Delta A}{\Delta t} + A \cdot \frac{\Delta B}{\Delta t} \right) = B \cdot \frac{\Delta A}{\Delta t} = B \cdot \frac{a \cdot \Delta b}{\Delta t} = B \cdot a \cdot v(t)$$

  Dabei wird verwendet, dass sich die (momentane) Geschwindigkeit aus der Änderung Δb der eintauchenden Seite der Länge b ergibt. Löst man diesen Ansatz nach v auf, erhält man:

$$v(t) = \frac{U_i(t)}{B \cdot a}$$

- *Möglichkeit 2: Lorentzkraft*
  Der angesprochene Gleichgewichtszustand lässt sich durch ein Kräftegleichgewicht darstellen:

$$F_L = F_{el} \quad \Leftrightarrow \quad q \cdot v \cdot B = q \cdot E = q \cdot \frac{U}{a}$$

  Diese Spannung U ist die angezeigte Spannung U_i. Beachtet man die Zeitabhängigkeit, so ergibt das Auflösen der Gleichung:

$$v(t) = \frac{U_i(t)}{B \cdot a}$$

Da nur der Betrag der Spannung eine Rolle spielt, darf auch hier das Vorzeichen im Induktionsgesetz vernachlässigt werden.

2. a) Ohne Berücksichtigung des Vorzeichens der Induktionsspannung kann die Gleichung aus Teilaufgabe 1 b nach U_i umgestellt und die gegebenen Werte eingesetzt werden:

$$U_i = B \cdot a \cdot v = 0{,}2\,\text{T} \cdot 0{,}025\,\text{m} \cdot 0{,}2\,\frac{\text{m}}{\text{s}} = 0{,}001\,\text{V} = \underline{\underline{1\,\text{mV}}}$$

b) Nach Möglichkeit 2 liegt beim Hineinfahren der Leiterschleife der Minuspol an dem **linken Anschluss** des Messgerätes, weil die Elektronen bzgl. der Abbildung nach unten abgelenkt werden.

Die Operatorenliste besagt, dass der Begriff „angeben“ keine näheren Erläuterungen oder Begründungen erfordert.

c) Als erstes ist wichtig, sich klar zu machen, dass das Spannungsmessgerät
- keine Induktionsspannung anzeigt, solange die Leiterschleife noch nicht in das Magnetfeld eintaucht,
- eine Induktionsspannung anzeigt, solange die Leiterschleife in das Magnetfeld beginnt hineinzuragen,
- keine Induktionsspannung anzeigt, solange die Leiterschleife sich gänzlich in dem Magnetfeld befindet,
- eine Induktionsspannung anzeigt, wenn die Leiterschleife aus dem Magnetfeld herausfährt.

Damit ist klar, dass das Messverfahren nur funktioniert, wenn sich **Teile** der Leiterschleife in dem Streckenbereich L befinden.

Begründung: Eine Spannung wird induziert, wenn sich der magnetische Fluss $\Phi = B \cdot A$ im Inneren der Leiterschleife **verändert**.

3. Nach der Formel $U_i = B \cdot a \cdot v$ aus Teilaufgabe 2 a ist U_i proportional zu v. Eine Verdopplung der Geschwindigkeit v bedeutet eine Verdopplung der Spannung U_i.

4. a) Die Situation hat sich geändert: Das Fahrzeug „parkt“ im magnetischen Feld. Es gibt keine Änderung der felddurchsetzten Fläche A, sondern – nach Aufgabenstellung – eine Änderung der magnetischen Feldstärke B. Das Induktionsgesetz stellt sich jetzt folgendermaßen dar:

$$U_i(t) = n \cdot \frac{\Delta\Phi}{\Delta t} = 1 \cdot \left(B \cdot \frac{\Delta A}{\Delta t} + A \cdot \frac{\Delta B}{\Delta t} \right) = A \cdot \frac{\Delta B}{\Delta t} = a \cdot b \cdot \frac{\Delta B}{\Delta t}$$

Die Fußnote in der Aufgabenstellung weist darauf hin, dass die Begriffe „magnetische Feldstärke“ und „magnetische Flussdichte“ als gleichwertig zu betrachten sind. Der Unterschied ist eher historischer als fachlicher Natur.

Für die Größe der in den einzelnen Zeitabschnitten induzierten Spannung ergibt sich daraus (Abbildung 4):

0…2 s: $U_{ind}(t) = 0{,}025\ \text{m} \cdot 0{,}06\ \text{m} \cdot \frac{0{,}6\ \text{T}}{2\ \text{s}} = 4{,}50 \cdot 10^{-4}\ \text{V} = 450\ \mu\text{V}$

2…6 s: $U_{ind}(t) = 0{,}5\ \text{V}$, weil $\Delta B = 0$

6…13 s: $U_{ind}(t) = 0{,}025\ \text{m} \cdot 0{,}06\ \text{m} \cdot \frac{-0{,}8\ \text{T}}{7\ \text{s}} = -1{,}71{,} \cdot 10^{-4}\ \text{V} = -171\ \mu\text{V}$

13…14 s: $U_{ind}(t) = 0\ \text{V}$, weil $\Delta B = 0$

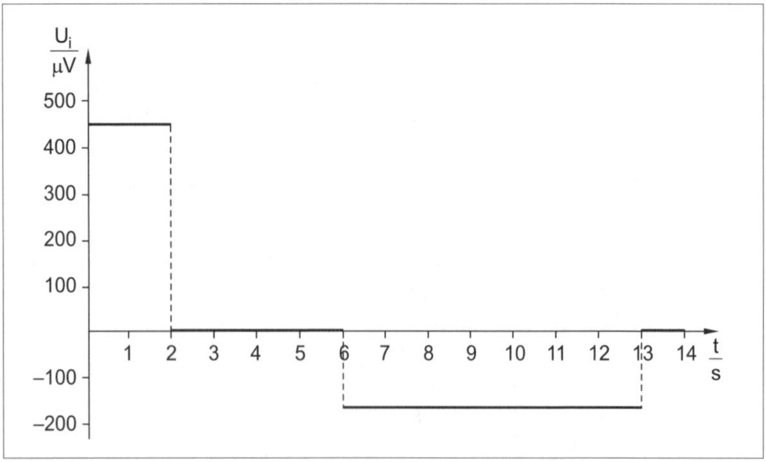

Abb. 4

Auch hier wird nicht gefordert, dass das Vorzeichen im Induktionsgesetz streng beachtet wird. Wichtig ist allerdings, dass das Vorzeichen der Spannung wechselt. Eine zur t-Achse spiegelsymmetrische Darstellung wird auch akzeptiert.

b) Zur Lösung dieser Aufgabe müssen Sie sich klar machen, dass die induzierte Spannung direkt von dem magnetischen Fluss Φ (also sozusagen „der Anzahl der Feldlinien"), der die Leiterschleife durchsetzt, abhängt. Φ ist maximal, wenn sich die Leiterschleife in der Ausgangsposition befindet, denn jetzt stehen Feldlinien und Fläche senkrecht zueinander.
Bei gegen die Vertikale gekippter Leiterschleife wird die induzierte Spannung umso kleiner, je größer der Kippwinkel wird. Bei 90° ist die induzierte Spannung null. Jetzt durchsetzt keine Feldlinie die Fläche, Φ ist null. Wird der Winkel größer, ändert sich das Vorzeichen der induzierten Spannung. Bis zu einem Winkel von 180° werden die Spannungsbeträge wieder größer, bei 180° ist wieder der maximale Betrag erreicht (bei gegenüber der Ausgangsposition umgekehrtem Vorzeichen).

Landesabitur Physik 2008 (Hessen) – Grundkurs
Aufgabe A2: Bewegung geladener Teilchen im elektromagnetischen Feld

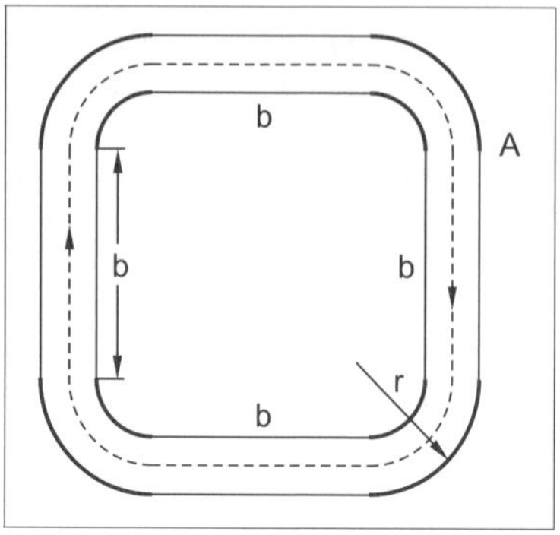

In einem Synchrotron werden Protonen bei A mit vernachlässigbar kleiner Anfangsgeschwindigkeit in eine erste Beschleunigungsstrecke b eingebracht (siehe Skizze) und dort durch ein elektrisches Feld gleichmäßig beschleunigt. Danach legen sie bei konstanter Bahngeschwindigkeit unter dem Einfluss eines senkrecht zur Bahnebene gerichteten homogenen Magnetfeldes einen Viertelkreis zurück, worauf sie wiederum längs einer weiteren Strecke b beschleunigt werden usw. Der Radius der Kreisbögen beträgt konstant $r = 100$ m. Längs ihrer gesamten Bahn befinden sich die Protonen im Vakuum.

1. Berechnen Sie die Beschleunigungsspannung U längs der Strecke b, wenn die Protonen aus der Ruhe auf eine erste Endgeschwindigkeit von $3 \cdot 10^6\ \text{ms}^{-1}$ beschleunigt werden sollen. (Zur Kontrolle: $U = 47$ kV) (4 BE)

2. Mit dieser Geschwindigkeit treten die Protonen in das erste homogene Magnetfeld ein und werden hier umgelenkt. Berechnen Sie die hierzu erforderliche magnetische Flussdichte[1] B_1 und geben Sie ihre Richtung an. (6 BE)

3. Begründen Sie, dass im Ablenkbereich die Protonen beschleunigt werden, ohne dass sich ihre Energie erhöht. (4 BE)

4. Deuteronen tragen die gleiche Ladung wie Protonen, haben aber eine doppelt so große Masse. Berechnen Sie den Faktor, um den man die magnetische Flussdichte B_1 korrigieren muss, um bei gleicher Beschleunigungsspannung die Deuteronen auf derselben Bahn wie die Protonen zu halten. (7 BE)

5. Die magnetische Flussdichte B muss „synchron" mit der Geschwindigkeit der Protonen erhöht werden, um sie auf der Bahn zu halten.
   a) Berechnen Sie die Geschwindigkeit der Protonen nach einem vollen Umlauf.
   b) Bestimmen Sie den Faktor, um den man die Flussdichte B nach 5 Umläufen der Protonen gegenüber der Flussdichte B_1 bei der ersten Ablenkung erhöht haben muss. (9 BE)

[1] Die magnetische Flussdichte wird in manchen Lehrbüchern auch als magnetische Feldstärke bezeichnet.

Tipps und Hinweise zur Lösung von Aufgabe A2

Tipp zu Teilaufgabe 1

- Wenden Sie den Energieerhaltungssatz zwischen elektrischer und kinetischer Energie an.

Tipps zu Teilaufgabe 2

- Für den Teil der Bahn im Magnetfeld gilt: „Die Lorentzkraft wirkt als Zentralkraft“. Stellen Sie einen entsprechenden Kräfteansatz auf.
- Bedenken Sie bei der Ermittlung der Richtung der Lorentzkraft, dass Protonen eine positive Ladung besitzen.

Tipps zu Teilaufgabe 3

- Beschleunigung bedeutet Geschwindigkeitsänderung.
- Geschwindigkeiten sind Vektoren und besitzen einen Betrag und eine Richtung.

Tipp zu Teilaufgabe 4

- Die veränderte Masse wirkt **auch** durch eine veränderte Geschwindigkeit (siehe Ansatz in 1) auf das geforderte Magnetfeld (siehe 2).

Tipps zu Teilaufgabe 5

- **a:** Beachten Sie, dass pro Umlauf vier Beschleunigungsstrecken durchlaufen werden. Jede trägt zur kinetischen Energie bei.
- **b:** Die Aussagen aus Teilaufgabe 5 a lassen sich verallgemeinern auf 20 Beschleunigungen bei fünf Umläufen.

Lösungen zu Aufgabe A2

1. Als Ansatz dient der Energieerhaltungssatz (nichtrelativistische Rechnung, da $v < 0{,}1\,c$):

$$E_{el} = E_{kin} \quad \Leftrightarrow \quad q \cdot U = \frac{1}{2} m_p \cdot v^2$$

Eine Umformung nach U und Einsetzen der in der Aufgabenstellung gegebenen Werte ergibt:

$$U = \frac{m_p \cdot v^2}{2q} = \frac{1{,}673 \cdot 10^{-27}\,\text{kg} \cdot \left(3 \cdot 10^6\,\frac{\text{m}}{\text{s}}\right)^2}{2 \cdot 1{,}602 \cdot 10^{-19}\,\text{As}} = 46\,994\ \text{V} \approx \underline{\underline{47\ \text{kV}}}$$

2. Geladene Teilchen, deren Bewegungsrichtung senkrecht zu einem herrschenden Magnetfeld ist, erfahren eine Lorentzkraft $\vec{F}_L$. $\vec{F}_L$ steht nach der Drei-Finger-Regel senkrecht zur Bewegungsrichtung und senkrecht zur Feldrichtung. Die Lorentzkraft wirkt als **Zentralkraft** $\vec{F}_Z$ und zwingt die geladenen Teilchen auf eine Kreisbahn mit dem Radius r. Ein Vergleich der Kraftbeträge liefert:

$$F_L = F_Z \quad \Leftrightarrow \quad q \cdot v \cdot B_1 = \frac{m_p \cdot v^2}{r}$$

Daraus folgt für die gesuchte magnetische Feldstärke B_1:

$$B_1 = \frac{m_p \cdot v^2}{r \cdot q \cdot v} = \frac{m_p \cdot v}{r \cdot q} = \frac{1{,}673 \cdot 10^{-27}\ \text{kg} \cdot 3 \cdot 10^{-6}\,\frac{\text{m}}{\text{s}}}{100\ \text{m} \cdot 1{,}6 \cdot 10^{-1}\ \text{As}} = \underline{\underline{3{,}13 \cdot 10^{-4}\ \text{T}}}$$

Die magnetischen Feldlinien zeigen aus der Blattebene heraus, wie sich mit der Drei-Finger-Regel der rechten Hand ermitteln lässt (Protonen besitzen eine positive Ladung).

Die Fußnote in der Aufgabenstellung weist darauf hin, dass die Begriffe „magnetische Feldstärke“ und „magnetische Flussdichte“ als gleichwertig zu betrachten sind. Der Unterschied ist eher historischer als fachlicher Natur.

3. Jede Änderung des Geschwindigkeitsvektors, sei es des Betrages oder der Richtung, ist eine Beschleunigung. Durch die Zentralkraft innerhalb des Ablenkungsbereiches werden die Protonen zum Zentrum des Kreises hin beschleunigt. Die beschleunigende Kraft $\vec{F}_Z$ steht immer senkrecht auf den Vektor der Bahngeschwindigkeit. Dadurch werden die Protonen zwar beschleunigt, in dem sie ihre Richtung ändern, allerdings auf ihrer Bahn nicht schneller. Also bleibt v konstant und damit auch die kinetische Energie $E_{kin} = \frac{1}{2} m_p \cdot v^2$.

4. Die Deuteronen erreichen bei gleicher Beschleunigungsspannung nach dem Ansatz in Teilaufgabe 1 eine geringere Geschwindigkeit v':

$$q \cdot U = \frac{1}{2} m \cdot v^2 \quad \Rightarrow \quad v = \sqrt{\frac{2q \cdot U}{m}}$$

Mit $m' = 2 \cdot m$ folgt:

$$v' = \sqrt{\frac{2q \cdot U}{m'}} = \sqrt{\frac{2q \cdot U}{2m}} = \frac{1}{\sqrt{2}} \cdot \sqrt{\frac{2q \cdot U}{m}} = \frac{1}{\sqrt{2}} \cdot v$$

Die um den Faktor $\frac{1}{\sqrt{2}}$ veränderte Geschwindigkeit und die um den Faktor 2 veränderte Masse haben Auswirkungen auf die Zentralkraft und die Lorentzkraft in dem Ansatz von Teilaufgabe 2:

$$B' = \frac{m' \cdot v'}{r \cdot q} = \frac{m \cdot v}{r \cdot q} \cdot \frac{2}{\sqrt{2}} = B_1 \cdot \frac{2}{\sqrt{2}} = B_1 \cdot \sqrt{2}$$

Der Korrekturfaktor für die Magnetfeldstärke ist damit $\sqrt{2}$.

Gleichwertig zu dieser exakten Rechnung mit Formeln ist eine entsprechende Rechnung mit den Zahlenwerten, die hier kurz dargestellt sei. Mit $m' = 2m$ ergibt sich:

$$v' = \sqrt{\frac{2q \cdot U}{m'}} = 2{,}12 \cdot 10^6 \, \frac{m}{s}$$

Für B' folgt:

$$B' = \frac{m' \cdot v'}{r \cdot q} = 4{,}43 \cdot 10^{-4} \, T$$

Der gesuchte Korrekturfaktor für die Magnetfeldstärke ist

$$\frac{B'}{B_1} = \frac{4{,}43 \cdot 10^{-4} \, T}{3{,}13 \cdot 10^{-4} \, T} \approx 1{,}42.$$

5. a) Auf jeder Beschleunigungsstrecke gewinnen die Protonen die Energie $E_{el} = q \cdot U$ hinzu. Pro Runde gibt es vier Beschleunigungsstrecken, sodass eine Energie $E_{el,\,1\,Runde} = 4q \cdot U$ aufgenommen wird. Diese Energie findet sich als kinetische Energie und damit in der Geschwindigkeit v' wieder:

$$E_{el} = E_{kin} \quad \Leftrightarrow \quad 4q \cdot U = \frac{1}{2} m_p \cdot v'^2 \quad \Rightarrow \quad v' = \sqrt{\frac{4 \cdot 2 \cdot q \cdot U}{m_p}}$$

In diese Formel können jetzt die bekannten Größen eingesetzt werden, oder man erkennt, dass gilt:

$$v' = \sqrt{\frac{4 \cdot 2 \cdot q \cdot U}{m_p}} = 2 \cdot \sqrt{\frac{2 \cdot q \cdot U}{m_p}} = 2v = \underline{\underline{6 \cdot 10^6 \, \frac{m}{s}}}$$

b) Verallgemeinert man die Betrachtungen aus Teilaufgabe 5 a, so kann man sagen, dass sich nach k Beschleunigungsstrecken für die Energie- und Geschwindigkeitsbetrachtung folgendes ergibt:

$$v_k = \sqrt{\frac{k \cdot 2q \cdot U}{m_p}} = \sqrt{k} \cdot \sqrt{\frac{2q \cdot U}{m_p}} = \sqrt{k} \cdot v$$

Nach Teilaufgabe 2 gilt für die Feldstärke:

$$B_k = \frac{m_p \cdot v_k}{r \cdot q} = \frac{m_p \cdot \sqrt{k} \cdot v}{r \cdot q} = \sqrt{k} \cdot B_1$$

Für $n = 5$ Umläufe ergeben sich $k = 20$ Beschleunigungen. Das Feld B_k muss dem gemäß um den Faktor $\sqrt{20}$ erhöht werden.

Auch hier ist das Rechnen mit konkreten Zahlenwerten erlaubt und sei kurz dargestellt:

Geschwindigkeit nach 5 Umläufen: $v' = \sqrt{\frac{2 \cdot 20 \cdot q \cdot U}{m_p}} = 1{,}34 \cdot 10^7 \frac{m}{s}$

Notwendige Feldstärke B': $B' = \frac{m_p \cdot v'}{r \cdot q} = 1{,}40 \cdot 10^{-3}$ T

Erhöhungsfaktor: $\frac{B'}{B_1} = \frac{1{,}40 \cdot 10^{-3} \text{ T}}{3{,}13 \cdot 10^{-4} \text{ T}} \approx 4{,}47$

Landesabitur Physik 2008 (Hessen) – Grundkurs
Aufgabe B1: Mechanische Schwingungen

1. In einem Experiment soll mittels einer Messreihe ein Wert für die Erdbeschleunigung g bestimmt werden. Hierzu misst man für verschiedene Fadenlängen ℓ eines Fadenpendels jeweils die Zeit t für 10 Schwingungen.

Fadenlänge ℓ in m	0,4	0,8	1,2	1,6	2,0
Zeit t in s	12,8	18,2	21,6	25,3	28,6

   Stellen Sie die Messwerte aus der Tabelle in einem Diagramm grafisch dar, in dem Sie das Quadrat der Schwingungsdauer T in Abhängigkeit von ℓ auftragen.

   Skalierung: 1. Achse: 1 cm $\hat{=}$ 0,2 m
   2. Achse: 1 cm $\hat{=}$ 1 s^2 (6 BE)

2. Begründen Sie ausgehend von der Formel für die Schwingungsdauer des Fadenpendels durch Rechnung, dass die Messwerte theoretisch auf einer Ursprungsgeraden mit der Steigung $\frac{4\pi^2}{g}$ liegen müssen. (4 BE)

3. Zeichnen Sie in das Diagramm aus Aufgabe 1 eine Ursprungsgerade ein, die die Messpunkte möglichst gut annähert, und ermitteln Sie deren Steigung. Bestimmen Sie damit den experimentellen Wert für g. (8 BE)

4. Erläutern Sie qualitativ die Energieumwandlung beim Fadenpendel im Laufe einer vollen Schwingungsperiode. Berechnen Sie die Geschwindigkeit beim Durchgang durch den tiefsten Punkt, wenn der Pendelkörper auf eine Höhe von h = 0,05 m ausgelenkt wird (siehe Abbildung).

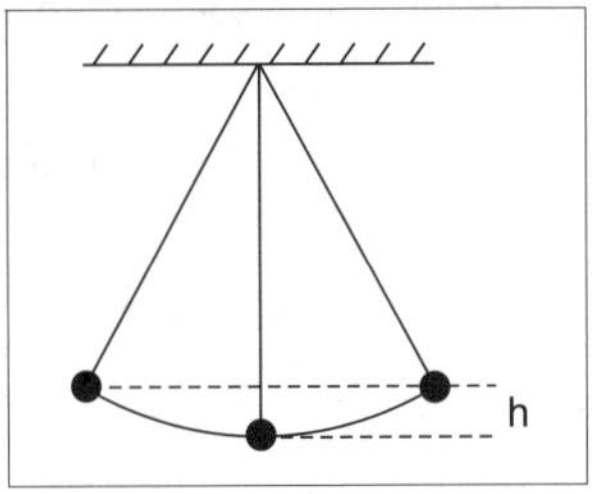

(8 BE)

5. Astronauten starten ins Weltall und verfügen dort über ein Federpendel und ein Fadenpendel. Die Periodendauern der Pendel auf der Erde sind bekannt, ebenso die Federkonstante. Erklären Sie, wie sich mit diesen Mitteln die Masse eines unbekannten Körpers im schwerelosen Raum bestimmen lässt.
(4 BE)

Tipps und Hinweise zur Lösung von Aufgabe B1

Tipps zu Teilaufgabe 1

- Ergänzen Sie die gegebene Tabelle um Zeilen mit den Inhalten T und T^2.
- Beachten Sie die angegebene Skalierung.

Tipps zu Teilaufgabe 2

- Formen Sie die angesprochene Gleichung in die Form $T^2 = m \cdot \ell$ um.
- Interpretieren Sie den Faktor m.

Tipps zu Teilaufgabe 3

- Eine Ausgleichsgerade versucht, die Punkte optimal zu verbinden. Dabei sollte sich die Zahl der Punkte über der Geraden mit der Zahl der Punkte unterhalb der Geraden die Waage halten.
- Steigungen von Geraden können mit einem Steigungsdreieck bestimmt werden.
- Stellen Sie die Gleichung aus Teilaufgabe 2 nach g um.

Tipps zu Teilaufgabe 4

- Die beteiligten Energien sind kinetische und potenzielle Energie.
- Betrachten Sie insbesondere die Zeitpunkte $t = 0$ s, $t = \frac{T}{4}$ und $t = \frac{T}{2}$ und deren Zwischenräume.
- Lösen Sie den Energieerhaltungssatz $E_{kin} = E_{pot}$ nach v auf.

Tipps zu Teilaufgabe 5

- Überlegen Sie, bei welchem Pendel die Masse des Pendelkörpers eine Rolle spielt.
- Formen Sie die Gleichung für die Schwingungsdauer nach m um.

Lösungen zu Aufgabe B1

1. Als erstes wird die Tabelle um zwei Zeilen für T und T^2 erweitert.

Fadenlänge ℓ in m	0,4	0,8	1,2	1,6	2,0
Zeit t in s	12,8	18,2	21,6	25,3	28,6
Schwingungsdauer T in s	1,28	1,82	2,16	2,53	2,86
T^2 in s^2	1,64	3,31	4,67	6,40	8,18

Das ergibt folgendes Diagramm:

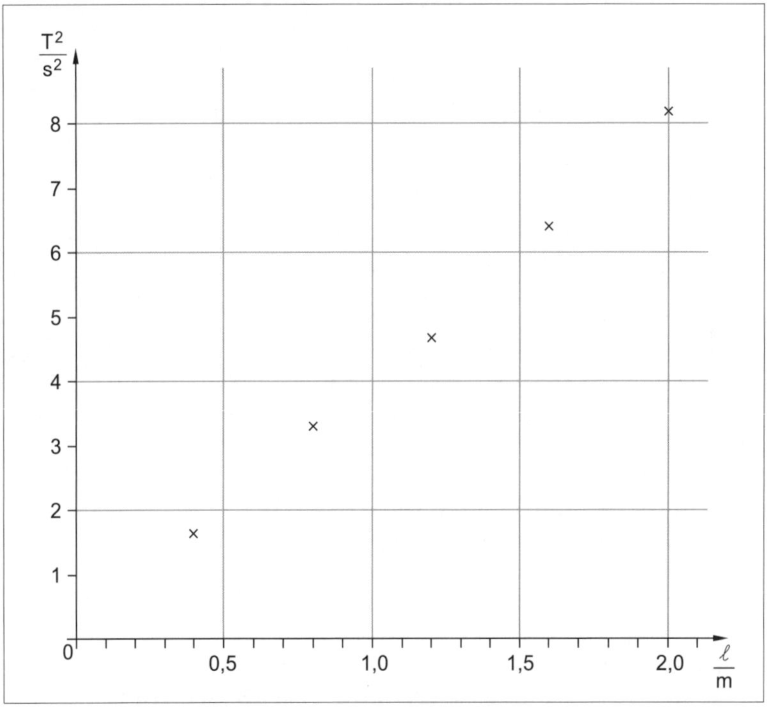

Abb. 1

Beachten Sie die geforderte Skalierung der Koordinatenachsen Ihrer Zeichnung. In diesem Buch kann das aus technischen Gründen nicht realisiert werden.

2. Die Formel für die Schwingungsdauer T eines Fadenpendels kann so umgeformt werden, dass der $T^2(\ell)$-Zusammenhang deutlich wird:

$$T = 2 \cdot \pi \cdot \sqrt{\frac{\ell}{g}} \quad \Rightarrow \quad T^2 = 4 \cdot \pi^2 \cdot \frac{\ell}{g} = \frac{4 \cdot \pi^2}{g} \cdot \ell$$

T^2 ist also direkt proportional zu ℓ. Der Graph dieser linearen Funktion $T^2(\ell)$ ist eine Ursprungsgerade mit der Steigung $m_{theo} = \frac{4\pi^2}{g}$.

3. Durch die Punkte des Diagramms wird mit einem Lineal eine Ausgleichsgerade durch den Ursprung gelegt.

Wie angegeben genügt es, wenn Sie die Ursprungsgerade in Ihr vorhandenes Diagramm einzeichnen.

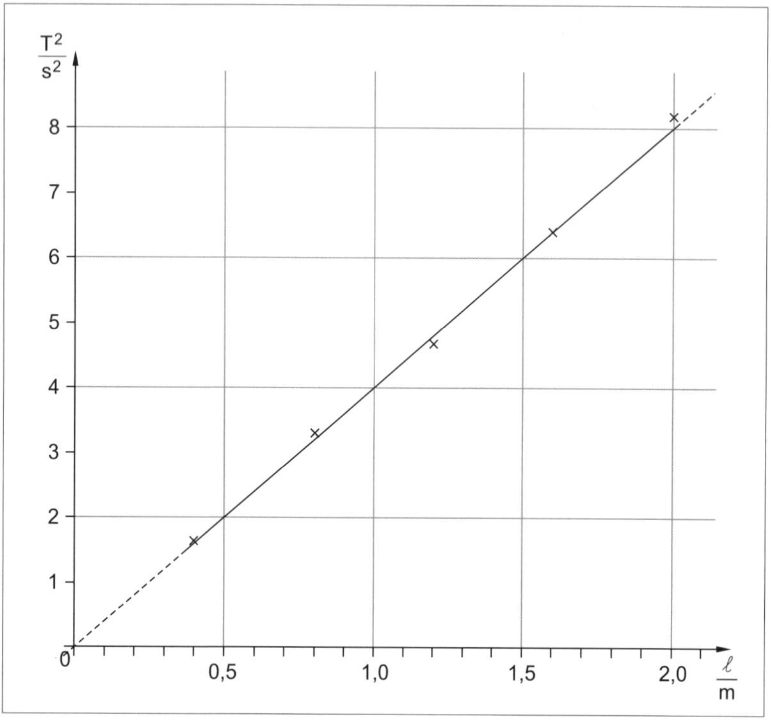

Abb. 2

Mithilfe eines Steigungsdreiecks lässt sich die Steigung bestimmen. Es bieten sich der Nullpunkt und der Punkt (2,0 m | 8 s^2) **auf der Geraden** an.

$$m_{exp} = \frac{\Delta(T^2)}{\Delta \ell} = \frac{8\,s^2}{2{,}0\,m} = 4{,}0\,\frac{s^2}{m}$$

Mit der Gleichung für m aus Teilaufgabe 2 können Sie den experimentell bestimmten Wert für g berechnen:

$$m_{exp} = \frac{4\pi^2}{g}$$

$$\Rightarrow \quad g = \frac{4\pi^2}{m_{exp}} = \frac{4\pi^2}{4{,}0\,\frac{s^2}{m}} \approx \underline{\underline{9{,}87\,\frac{m}{s^2}}}$$

4. Beim Fadenpendel wandeln sich die beiden Energieformen der potenziellen Energie $E_{pot} = m \cdot g \cdot h$ und der kinetischen Energie $E_{kin} = \frac{1}{2} m \cdot v^2$ ständig ineinander um.
Zunächst wird Hubarbeit verrichtet und das Pendel besitzt bei $t = 0$ s und maximaler Höhe h nur potenzielle Energie. Beginnt das Pendel, nachdem es losgelassen wurde zu schwingen, verwandelt sich diese potenzielle Energie in kinetische Energie. Am tiefsten Punkt bei $t = \frac{T}{4}$ (der Nulllage) ist die Höhe $h = 0$ und die Geschwindigkeit v maximal. Dementsprechend erreicht die kinetische Energie ihr Maximum und die potenzielle Energie ist null.
Danach wird die kinetische Energie wieder in potenzielle Energie umgewandelt, da das Pendel nach dem Nulldurchgang wieder an Höhe gewinnt. Bei $t = \frac{T}{2}$ erreicht das Pendel seinen größten Ausschlag auf der anderen Seite und die Höhe h und die potenzielle Energie werden maximal. Die kinetische Energie ist null, weil dort $v = 0$ ist. In der folgenden halben Schwingungsperiode ist die Richtung der Pendelschwingung umgekehrt, aber die Energieumwandlungen verhalten sich analog.
Mit dem Ansatz des Energieerhaltungssatzes $E_{pot} = m \cdot g \cdot h = E_{kin} = \frac{1}{2} m \cdot v^2$ folgt:

$$v = \sqrt{2g \cdot h} = \sqrt{2 \cdot 9{,}81 \frac{m}{s^2} \cdot 0{,}05\ m} \approx \underline{\underline{0{,}99\ \frac{m}{s}}}$$

5. Die Bestimmung erfolgt mit dem **Federpendel**, dessen Schwingungsdauer nur von der pendelnden Masse m (nicht von deren Gewichtskraft!) abhängt und dessen Federkonstante D von der Erde her bekannt ist. Die Schwingungsdauer T muss im All gemessen werden. Die Astronauten benötigen also streng genommen auch noch eine Uhr. Die Formel für die Schwingungsdauer des Federpendels lässt sich jetzt nach der Masse des unbekannten Körpers umstellen:

$$T = 2 \cdot \pi \cdot \sqrt{\frac{m}{D}} \quad \Rightarrow \quad m = \frac{D \cdot T^2}{4 \cdot \pi^2}$$

Hiermit ist die Frage beantwortet.

Das Fadenpendel scheidet zur Massenbestimmung aus. Die pendelnde Masse taucht nicht in der Schwingungsgleichung auf. Weiterhin ist der Ortsfaktor g im Weltall null und somit gibt es keine rücktreibenden Kräfte bei dem Pendel.

Landesabitur Physik 2008 (Hessen) – Grundkurs
Aufgabe B2: Interferenz an Doppelspalt und Gitter

1. Der Nachweis von Lichtinterferenzen am Doppelspalt lässt sich mithilfe einer ausgedehnten Lichtquelle (Glühlampe) oder eines Lasers führen.
   Erläutern Sie unter Verwendung beschrifteter Skizzen die Unterschiede der beiden Versuchsanordnungen. (8 BE)

2. Leiten Sie mittels einer Skizze her, unter welchen Winkeln zur optischen Achse konstruktive Interferenzerscheinungen zu beobachten sind. (7 BE)

3. Ein Doppelspalt (der Spaltabstand beträgt 0,1 mm) wird mit einem Laser unbekannter Wellenlänge senkrecht beleuchtet. 8 m hinter dem Spalt misst man auf einem Schirm den Abstand der Maxima verschiedener Ordnung zum nullten Maximum (siehe Messtabelle).

Ordnung (n)	1	2	3
Abstände in cm	4,0	7,8	11,8

   Bestimmen Sie die Wellenlänge des Lasers.
   Geben Sie anhand von Abbildung 1 die Farbe des Laserlichts an.

   Spektralfarben

Wellenlänge in nm	380–420	420–490	490–575	575–585	585–650	650–750
Farbton	Violett	Blau	Grün	Gelb	Orange	Rot

   Abb. 1

   (8 BE)

4. a) Nun wird der Doppelspalt durch ein Gitter mit dem gleichen Spaltabstand wie in Aufgabe 3 ersetzt. Als Lichtquelle wird ein Laser genutzt. Beschreiben Sie die Änderungen des auf dem Schirm entstehenden Bildes im Vergleich zum Doppelspaltversuch. (3 BE)

   b) Nun werden zwei Gitter, deren Spalte senkrecht zueinander stehen, in den Strahlengang des Lasers gebracht. Vergleichen Sie das auf dem Schirm entstehende Bild mit dem Bild, das entsteht, wenn nur ein Gitter verwendet wird. (4 BE)

Tipps und Hinweise zur Lösung von Aufgabe B2

Tipps zu Teilaufgabe 1

- Für die Skizze des Versuchsaufbaus mit der ausgedehnten Lichtquelle sind die folgenden Bauteile wichtig: Lampe, Spalt, Linse, Gitter und Schirm.
- Beim Laser fällt einiges weg, da der Laser mit sehr guter Näherung eine punktförmige, kohärente Lichtquelle darstellt.

Tipps zu Teilaufgabe 2

- Zur Herleitung der geforderten Winkelbeziehung ist eine Skizze notwendig, wie Sie sie auch in Ihrem Schulbuch finden.
- Nutzen Sie eine Winkelbeziehung in einem rechtwinkligen Dreieck.

Tipps zu Teilaufgabe 3

- Sie benötigen noch eine zweite Winkelbeziehung aus der Skizze in Teilaufgabe 2.
- Kombinieren Sie die beiden Beziehungen und stellen Sie dadurch eine Gleichung für λ auf.
- Halten Sie Übersicht! Erweitern Sie die gegebene Tabelle um eine Zeile für die Wellenlänge.

Tipps zu Teilaufgabe 4

- **a:** Gehen Sie auf die Veränderungen bei den Interferenzmaxima ein.
- Was passiert in den Zwischenräumen zwischen den Maxima?
- **b:** Überlegen Sie zuerst, was jedes der beiden Gitter allein für ein Bild auf dem Schirm erzeugen würde.
- Kombinieren Sie die beiden Bilder.

Lösungen zu Aufgabe B2

1. Die Bestandteile der Versuchsskizze für Interferenz mit einer **Glühlampe** sind: Glühlampe, Sammellinse als Kondensor, Kohärenzspalt, eine Abbildungslinse, der Doppelspalt bzw. das Gitter und der Schirm (Abbildung 2).

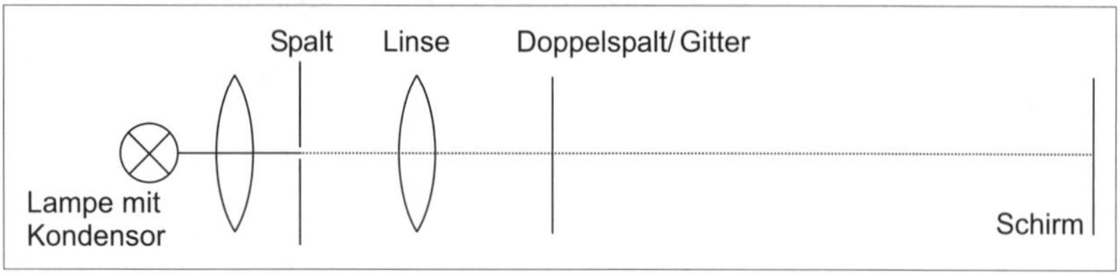

Abb. 2

Auch eine Lösung ohne Kondensor wird akzeptiert. Der Strahlengang ist an dieser Stelle nicht gefordert.

Bei der Anordnung mit einem **Laser** entfallen üblicherweise Kondensorlinse, Spalt und Abbildungslinse, da der Laser mit sehr guter Näherung eine punktförmige, kohärente Lichtquelle darstellt (Abbildung 3).

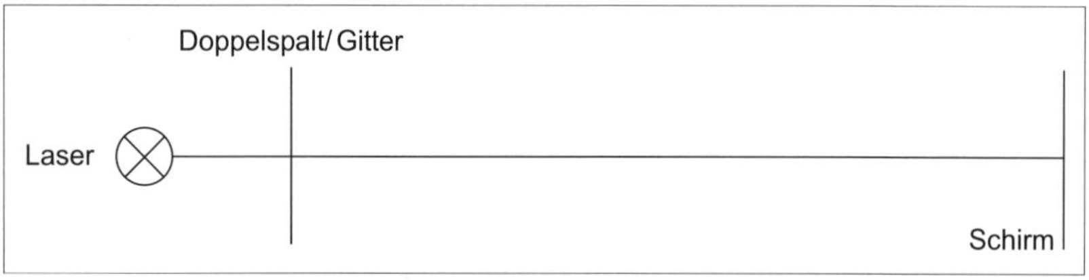

Abb. 3

2. Der Gangunterschied Δs der beiden Lichtwege $\overline{S_1E}$ bzw. $\overline{S_2E}$ vom Gitter zum Schirm muss ein ganzzahliges Vielfaches der Wellenlänge λ sein, damit auf dem Schirm ein Maximum zu sehen ist (konstruktive Interferenzbedingung):

$$\Delta s = n \cdot \lambda$$
$$(n = 1, 2, 3, \ldots)$$

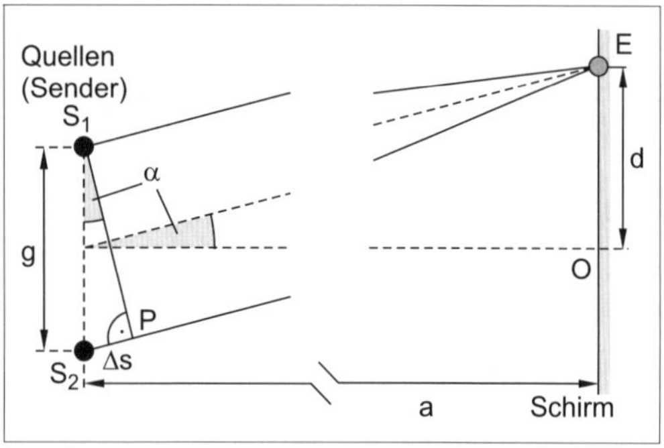

Abb. 4

Im rechtwinkligen Dreieck S_1S_2P gilt die Winkelbeziehung

$$\sin\alpha = \frac{\text{Gegenkathete}}{\text{Hypotenuse}} = \frac{\Delta s}{g}.$$

Für die Winkel α_n zu den Interferenzmaxima n-ter Ordnung erhält man durch Einsetzen von $\Delta s = n \cdot \lambda$:

$$\sin\alpha_n = \frac{n \cdot \lambda}{g} \quad (n = 1, 2, 3, \ldots)$$

3. Abbildung 4 begründet auch die Beziehung $\tan\alpha_n = \frac{d_n}{a}$, mit der sich die Beugungswinkel α_n zu den Interferenzmaxima n-ter Ordnung bestimmen lassen:

$$\alpha_n = \arctan\left(\frac{d_n}{a}\right) \quad (*)$$

Um die Wellenlänge zu ermitteln, wird die Formel aus Teilaufgabe 2 nach λ umgestellt und die Beziehung (*) eingesetzt werden. Für $n = 2$ ergibt sich z. B.:

$$\lambda = \frac{g}{n} \cdot \sin\alpha_n = \frac{g}{n} \cdot \sin\left(\arctan\left(\frac{d_n}{a}\right)\right) = \frac{0{,}1 \cdot 10^{-3}\,\text{m}}{2} \cdot \sin\left(\arctan\left(\frac{0{,}078\,\text{m}}{8\,\text{m}}\right)\right)$$

$$\approx 4{,}87 \cdot 10^{-7}\,\text{m} = 487\,\text{nm}$$

Das gesamte Ergebnis lautet:

Ordnung n	1	2	3
Abstände d in cm	4,0	7,8	11,8
Wellenlänge in nm	500	487	492

Als Mittelwert der gesamten Messung ergibt sich $\lambda = 493$ nm. Damit liegt nach Abbildung 1 die **Farbe an der Grenze zwischen blau und grün**.

Alternativ zu dieser Rechenweise lässt sich unter der Voraussetzung, dass die auftretenden Beugungswinkel klein sind (hier mit weit unter einem Grad sicher erfüllt), die Rechnung vereinfachen. Für kleine Winkel gilt annähernd $\sin\alpha \approx \tan\alpha$. Das ergibt für $n = 2$:

$$\sin\alpha = \frac{n \cdot \lambda}{g} = \tan\alpha_n = \frac{d_n}{a}$$

$$\Rightarrow \quad \lambda = \frac{d_n \cdot g}{a \cdot n} = \frac{0{,}078 \cdot 0{,}1 \cdot 10^{-3}\,\text{m}}{8\,\text{m} \cdot 2} = 488\,\text{nm}$$

Insgesamt ergeben sich für $n = 1, 2, 3$ bis auf Rundungsunterschiede die gleichen Ergebnisse wie bei der ersten Rechnung.

4. a) Die Maxima werden schärfer und heller. Die zwischen den Maxima liegenden Bereiche werden (nahezu) dunkel. Die Lage der Maxima verändert sich gegenüber der Lage der Maxima beim Doppelspalt-Versuch nicht.

   Eine Begründung für diesen Effekt, die in der großen Anzahl der an der Interferenz beteiligten Gitteröffnungen liegt, ist nicht gefordert.

   b) Da ein Laser benutzt wird, erzeugen beide Gitter senkrecht zueinander liegende punktförmige Beugungsmuster. Es entsteht also ein zweidimensionales Punktmuster auf dem Schirm.

Landesabitur Physik 2008 (Hessen) – Grundkurs
Aufgabe C1: Termschema des Wasserstoffatoms

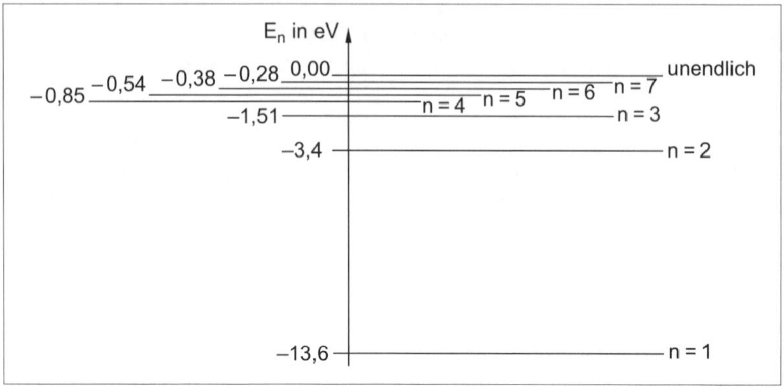

(Die Energieniveaus sind seitlich versetzt gezeichnet, damit die Beschriftung gut lesbar ist.)

1. Beschreiben Sie, was im abgebildeten Termschema des Wasserstoffatoms dargestellt ist. Erläutern Sie, welche Bedeutung das Termschema für Absorptions- und Emissionsvorgänge hat. (6 BE)

Im Folgenden treffen Elektronen mit der kinetischen Energie 8,0 eV auf Wasserstoffatome. Die meisten dieser Atome befinden sich im Grundzustand, die restlichen im ersten angeregten Zustand.

2. Begründen Sie, weshalb Wasserstoffatome im Grundzustand von diesen Elektronen nicht angeregt werden können. (4 BE)

3. Erklären Sie, was diese Elektronen an Wasserstoffatomen bewirken können, die sich im ersten angeregten Zustand befinden. (6 BE)

4. Man misst die kinetischen Energien der Elektronen nach der Wechselwirkung mit den Wasserstoffatomen und erhält die folgenden drei Werte: 8,0 eV, 6,11 eV und 5,45 eV. Erklären Sie das Zustandekommen dieser Werte. (8 BE)

5. Bei der Wiederabgabe der aufgenommenen Energie durch die Atome wird Licht der Wellenlänge 410,3 nm erzeugt. Bestimmen Sie, welchem Quantensprung diese Wellenlänge entspricht. (6 BE)

Tipps und Hinweise zur Lösung von Aufgabe C1

Tipps zu Teilaufgabe 1

- Das Energieniveauschema oder Termschema ist eine Modellvorstellung.
- Gehen Sie auf den Grundzustand und angeregte Zustände ein.
- Wählen Sie ein Beispiel aus und schildern Sie daran, wie das Atom Energie aufnimmt und wie es Energie abgibt.
- Diese Vorgänge haben auch etwas mit Lichtaussendung zu tun.

Tipps zu Teilaufgabe 2

- In diesem Modell sind Energiedifferenzen zwischen den einzelnen Stufen von entscheidener Bedeutung.
- Taucht 8,0 eV als Differenz auf?

Tipps zu Teilaufgabe 3

- In diesem Modell sind Energiedifferenzen zwischen den einzelnen Stufen von entscheidener Bedeutung.
- Beachten Sie, dass die Elektronen überschüssige Energie in Form von kinetischer Energie behalten können.

Tipps zu Teilaufgabe 4

- Betrachten Sie die drei Fälle separat.
- Gehen Sie ansonsten analog wie in Teilaufgabe 3 vor.

Tipps zu Teilaufgabe 5

- Berechnen Sie die Energie der Photonen des abgegebenen Lichts aus der Wellenlänge. Kombinieren Sie $E_{Photon} = h \cdot f$ und $c = \lambda \cdot f$.
- Finden Sie – mit etwas Geschick – diese Energie als Differenz im Termschema wieder.

Lösungen zu Aufgabe C1

1. Das Energieniveauschema oder Termschema ist eine **Modellvorstellung** für das Wasserstoffatom. Mit n = 1 wird der sog. Grundzustand des Atoms bezeichnet. In diesem Zustand befindet sich das Atom normalerweise. Diesem Niveau wird ein Energiewert von –13,6 eV zugeordnet, weil 13,6 eV notwendig sind, das Atom zu ionisieren und das Elektron zu entfernen. Dem Zustand „Ionisation" ordnet man die Energie 0 eV und die Quantenzahl „unendlich" zu. Dazwischen liegen andere diskrete Zustände, die festen Energiewerten entsprechen und mit n = 2, 3, 4, … durchnummeriert werden.
   In diesem Modell lassen sich sehr gut die Energieaufnahme (Absorption) und die Energieabgabe (Emission) des Wasserstoffatoms verstehen:
   - **Absorbiert** werden können nur solche Energiebeträge, die einen Quantensprung zwischen zwei Niveaus ermöglichen. Beispielsweise kann das Atom einen Energiebetrag von (–3,4 eV – (–13,6 eV)) = 10,2 eV aufnehmen, um vom Grundzustand n = 1 in den ersten „angeregten" Zustand n = 2 zu gelangen.
   - **Emittiert** werden können nur Energiebeträge eines angeregten Atoms, die einem Wechsel von einer höheren Quantenzahl zu einer niedrigen entsprechen. Befindet sich das Atom zum Beispiel durch vorherige Energiezufuhr im Zustand n = 3, so kann es, um in den Grundzustand zurückzukehren, einen Energiebetrag von $\Delta E_{3-1} = 12{,}09$ eV (Wechsel von n = 3 nach n = 1) in Form eines Lichtquants abgeben oder zwei Lichtquanten der Energie $\Delta E_{3-2} = 1{,}89$ eV und $\Delta E_{2-1} = 10{,}2$ eV.

   Diese für das Atom typischen Energieabgaben in Form von Lichtquanten führen bei einer spektralen Analyse des abgegebenen Lichts zu einem **Linienspektrum** des angeregten Atoms.

2. Wie in Teilaufgabe 1 ausgeführt benötigt das Atom zur Anregung aus dem Grundzustand mindestens einen Energiebetrag von (–3,4 eV – (–13,6 eV)) = 10,2 eV, um in das „benachbarte" Niveau n = 2 zu springen. Dafür reichen die zur Verfügung stehenden 8 eV kinetische Energie des Elektrons nicht aus. Zwischenwerte – also z. B. bei E = 5,6 eV – sind in diesem Modell für das Wasserstoffatom nicht erlaubt.

3. Befindet sich das Atom bereits im ersten angeregten Zustand (n = 2), so stellt sich die Sachlage anders dar.
   Da die zur Verfügung stehenden 8 eV kinetische Energie größer sind als 3,4 eV, reichen sie aus, jeden höher liegenden Zustand n > 2 – auch den der Ionisierung – zu erreichen. Alle Differenzbeträge ΔE_{2-n} sind kleiner als 8 eV. Den Restbetrag – also z. B. (8 eV – 3,4 eV) = 4,6 eV im Falle der Ionisierung – behält das Energie liefernde Elektron in Form von kinetischer Restenergie.

4. Hier ist eine Fallunterscheidung erforderlich. Für jeden der nachgewiesenen Energiewerte ist eine eigene Betrachtung notwendig.
   - $E_{kin} = 8$ eV: Da der Energiebetrag der Elektronen vorher und nachher derselbe ist, hat keine Wechselwirkung mit dem Wasserstoffatom stattgefunden.
   - $E_{kin} = 6{,}11$ eV: In diesem Fall ist der Betrag von $8\text{ eV} - 6{,}11\text{ eV} = 1{,}89$ eV an das Atom abgegeben worden. Dieser Betrag $\Delta E_{2-3} = (-1{,}51\text{ eV} - (-3{,}4\text{ eV})) = 1{,}89$ eV ermöglicht dem Wasserstoffatom, vom Niveau $n = 2$ zum nächsten Niveau $n = 3$ zu wechseln.
   - $E_{kin} = 5{,}45$ eV: Die Argumentation ist wie oben. In diesem Fall ist der Betrag von $8\text{ eV} - 5{,}45\text{ eV} = 2{,}55$ eV an das Atom abgegeben worden. Dieser Betrag $\Delta E_{2-4} = (-0{,}85\text{ eV} - (-3{,}4\text{ eV})) = 2{,}55$ eV ermöglicht dem Wasserstoffatom, vom Niveau $n = 2$ zum Niveau $n = 4$ zu wechseln.

5. *Lösungsweg 1: Energie der Photonen*
   Wie in Teilaufgabe 1 ausgeführt, versteht man die Energieabgabe der Wasserstoffatome derart, dass ein Quantensprung von einem höheren zu einem niedrigen Niveau stattgefunden hat. Die Energiedifferenz dieser beteiligten Niveaus ΔE findet sich als Lichtquant der Energie $E = h \cdot f$ wieder. Dabei ist „h" die Plancksche Konstante und „f" die Frequenz des nachgewiesenen Lichts. Aus der Wellenlänge λ des Lichts und der Gleichung für die Ausbreitungsgeschwindigkeit $c = \lambda \cdot f$ lässt sich diese Energie berechnen:

$$E = h \cdot f = h \cdot \frac{c}{\lambda} = 4{,}136 \cdot 10^{-15}\,\text{eVs} \cdot \frac{2{,}998 \cdot 10^{8}\,\frac{\text{m}}{\text{s}}}{410{,}3 \cdot 10^{-9}\,\text{m}} = 3{,}02\text{ eV}$$

   Mit etwas kombinatorischem Geschick erkennt man, dass dieser Energiebetrag gerade dem **Wechsel von n = 6 nach n = 2**, nämlich

$$\Delta E_{6-2} = (-0{,}38\text{ eV} - (-3{,}4\text{ eV})) = 3{,}02\text{ eV}$$

   entspricht.

   Bei dieser Rechnung ist es sehr zu empfehlen, mit dem Wert $h = 4{,}136 \cdot 10^{-15}$ eVs anstatt $h = 6{,}622 \cdot 10^{-34}$ Js zu rechnen, da sich sofort die passende Energieeinheit „eV" ergibt.

   Lösungsweg 2: Balmer-Formel
   Mithilfe der Balmer-Formel lassen sich die Frequenzen der vom Wasserstoffatom abgegebenen Spektrallinien berechnen:

$$f = R_H \cdot \left(\frac{1}{n^2} - \frac{1}{m^2}\right)$$

   Hierbei ist R_H die Rydbergfrequenz, m das höher gelegene „Startniveau" und n das tiefer liegende „Zielniveau". Letzteres muss im vorliegenden Fall $n = 2$ sein, da nur dann sichtbares Licht erzeugt wird (für $n = 1$, bzw. $n = 3$ wird UV bzw. Infrarot erzeugt).

Die Balmer-Formel muss also nach m umgestellt werden:

$$f = R_H \cdot \left(\frac{1}{n^2} - \frac{1}{m^2} \right) \Rightarrow \frac{1}{m^2} = \frac{1}{n^2} - \frac{f}{R_H}$$

Einsetzen der Werte für $n = 2$, R_H (aus der Formelsammlung) und f (wie oben aus der Gleichung $c = \lambda \cdot f$ gewonnen) liefert:

$$\frac{1}{m^2} = \frac{1}{n^2} - \frac{f}{R_H}$$

$$= \frac{1}{4} - \frac{7{,}311 \cdot 10^{14}\ \text{Hz}}{3{,}290 \cdot 10^{15}\ \text{Hz}} = 0{,}250 - 0{,}222 = 0{,}028$$

$$\Rightarrow \quad m = \sqrt{\frac{1}{0{,}028}} \approx 6$$

Der Wellenlänge 410,3 nm entspricht der **Elektronenübergang vom Niveau 6 auf das Niveau 2**.

Landesabitur Physik 2008 (Hessen) – Grundkurs
Aufgabe C2: Fotoeffekt

Mit seiner Deutung des Fotoeffektes erweiterte Einstein die Vorstellung über das Licht wesentlich.

1. Beschreiben Sie kurz, was man beim Fotoeffekt beobachtet; nennen Sie die Beobachtungen, die im Widerspruch zum klassischen Wellenmodell des Lichtes stehen. Nennen Sie eine Möglichkeit für den Nachweis des Fotoeffektes. Beschreiben Sie, wie Einstein diesen Effekt deutete. (8 BE)

2. Die Ergebnisse eines Versuchs, bei dem die maximale Energie der emittierten Elektronen in Abhängigkeit von der eingestrahlten Wellenlänge gemessen wurde, sind in unten stehender Tabelle wiedergegeben.

λ in 10^{-9} m	366	436	492	579
E in eV	1,48	0,93	0,62	0,24

   a) Berechnen Sie die zugehörigen Frequenzen, zeichnen Sie das E(f)-Diagramm. Bestimmen Sie aus der Messreihe die Planck'sche Konstante h. (11 BE)

   b) Erläutern Sie die physikalische Bedeutung der Schnittpunkte mit den Koordinatenachsen. (3 BE)

3. Berechnen Sie die Ablösearbeit der im Versuch verwendeten Fotokathode und untersuchen Sie, aus welchem Material diese besteht. Dazu sind in folgender Tabelle die Ablösearbeiten W_A einiger Materialien angegeben:

Material	W_A in eV
Cäsium	1,9
Natrium	2,3
Calcium	2,7
Aluminium	4,2
Silber	4,7

(5 BE)

4. Eine Fotokathode soll auf Licht der Wellenlänge $\lambda = 500$ nm ansprechen. Ermitteln Sie, welche der in Aufgabe 3 aufgelisteten Kathodenmaterialien dazu geeignet sind. (3 BE)

Tipps und Hinweise zur Lösung von Aufgabe C2

Tipps zu Teilaufgabe 1

- Beachten Sie, dass insgesamt vier Fragen gestellt werden, und gehen Sie auf jede einzeln ein.
- Erste Frage: Was bedeutet Fotoeffekt?
- Zweite Frage: Benutzen Sie u. a. die Stichworte Grenzfrequenz, Energie der Fotoelektronen, Intensität des einfallenden Lichts.
- Dritte Frage: Denken Sie an die Experimente zum Fotoeffekt im Unterricht.
- Vierte Frage: Einstein führte Lichtquanten ein.

Tipps zu Teilaufgabe 2

- **a:** Ergänzen Sie die Tabelle mit einer Zeile für die Lichtfrequenz mit der Formel $c = \lambda \cdot f$.
- Die Planck'sche Konstante steckt in der Steigung der Ausgleichsgeraden.
- Beachten Sie die Zehnerpotenzen!
- **b:** Ordnen Sie die Begriffe „Ablösearbeit" und „Grenzfrequenz" sinnvoll den Schnittpunkten der Achsen zu.

Tipps zu Teilaufgabe 3

- Die gesuchte Ablösearbeit steckt in der Gleichung $E_{kin,\,max} = h \cdot f - W_A$.
- Setzen Sie die Koordinaten eines Punktes ein und bestimmen Sie W_A.

Tipps zu Teilaufgabe 4

- Klären Sie zunächst den Begriff „geeignet". In welcher gegenseitigen Beziehung müssen Ablösearbeit und Photonenenergie bei einem geeigneten Material stehen?
- Berechnen Sie f und vergleichen Sie die errechnete Energie mit der Tabelle.

Lösungen zu Aufgabe C2

1. Die Tatsache, dass Licht fähig sein kann, aus Metalloberflächen Elektronen auszulösen, bezeichnet man als Fotoeffekt. Bei den Messungen zum Fotoeffekt ergaben sich **Beobachtungen**, die im Widerspruch zum klassischen Wellenmodell des Lichts standen.
   - Nur genügend kurzwelliges Licht, d. h. Licht mit einer Frequenz oberhalb einer für die Metallsorte spezifischen **Grenzfrequenz** kann Elektronen auslösen.
   - Die **Intensität** des auf die Metallschicht eingestrahlten Lichts beeinflusst nicht die maximale Energie der heraus gelösten Fotoelektronen (gemessen an der so genannten Fotospannung), sondern nur die **Stärke des Fotostroms** (und damit die Anzahl der Fotoelektronen).
   - Die Auslösung von Elektronen aus der Metallschicht erfolgt, sofern sie auftritt, **ohne messbare Verzögerung**.

   Zwei von den drei Beobachtungen reichen an dieser Stelle aus. Zum Nachweis kommen mehrere Möglichkeiten in Frage, von der Sie mindestens eine nennen sollten.

   Nachweis des Fotoeffekts:
   - Eine mit negativer Überschussladung geladenen Metallplatte wird mit Licht z. B. einer Quecksilber-Lampe mit UV-Anteil beleuchtet und entlädt sich dadurch.
   - Messung der auftretenden Fotospannung oder des Fotostromes an einer Fotozelle mit einem Messverstärker.
   - Bestimmung der Fotospannung als Maß der maximalen kinetischen Energie der Fotoelektronen mithilfe der Gegenfeldmethode (Gegenspannungsmethode).

   Einstein trennte sich von der Vorstellung der kontinuierlichen Verteilung der Lichtenergie und postulierte eine **diskrete Verteilung der Energie**. Er nahm an, dass Licht in Energieportionen, den so genannten **Lichtquanten**, transportiert wird. Er führte damit den „Teilchen"-Charakter von Licht in die Physik ein.

2. a) Aus $c = \lambda \cdot f$ lassen sich die Frequenzen der eingestrahlten Wellenlängen λ berechnen (c: Lichtgeschwindigkeit, siehe Formelsammlung):

   $$f = \frac{c}{\lambda}$$

   Zur besseren Übersicht wird die Tabelle um eine Zeile erweitert:

Wellenlänge λ in nm	366	436	492	579
Frequenz in 10^{14} Hz	8,20	6,88	6,10	5,18
Energie in eV	1,48	0,93	0,62	0,24

   Für das E(f)-Diagramm werden die Werte in ein Koordinatensystem übertragen (Abbildung 1).

Da die Frage 2 b die Bedeutung der Schnittpunkte mit den Koordinatenachsen angesprochen wird, sollten Sie darauf achten, das Koordinatensystem entsprechend zu dimensionieren.

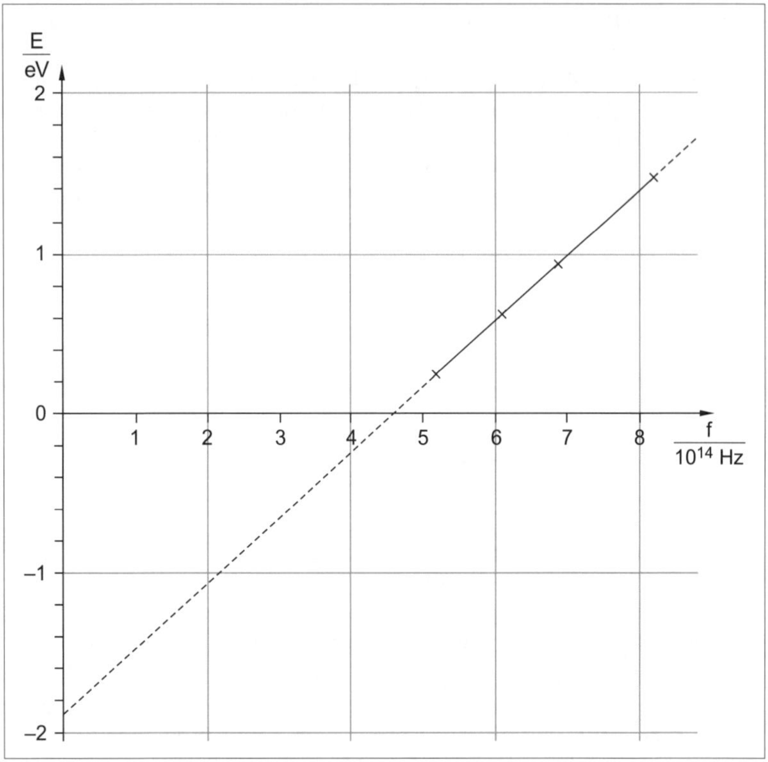

Abb. 1

Die Plank'sche Konstante h findet sich in der **Steigung** der Ausgleichsgeraden wieder.

Eine Begründung für diesen linearen Zusammenhang, der die Interpretation des Fotoeffekts durch Einstein zugrunde liegt, ist hier nicht verlangt. Einsteins Energieansatz besagt in Worten: „Die kinetische Energie der Fotoelektronen setzt sich aus der Photonenenergie abzüglich der Austrittsarbeit des Metalls zusammen." Ausgedrückt als Formel lautet er: $E_{kin,\,max} = h \cdot f - W_A$.

Da alle Punkte sehr gut auf der Ausgleichsgeraden liegen, kann die Steigung z. B. aus dem ersten und letzten Datenpunkt bestimmt werden:

$$h = \frac{\Delta E}{\Delta f} = \frac{1{,}48\ \text{eV} - 0{,}24\ \text{eV}}{(8{,}20 - 5{,}18) \cdot 10^{14}\ \frac{1}{s}} = 4{,}11 \cdot 10^{-15}\ \text{eVs} = \underline{\underline{6{,}57 \cdot 10^{-34}\ \text{Js}}}$$

Die Umrechnung der Energieeinheiten eV und J erfolgt mit der Formel:
$1\ \text{eV} = 1\ \text{e} \cdot \text{V} = 1{,}60 \cdot 10^{-19}\ \text{As} \cdot 1\ \text{V} = 1{,}60 \cdot 10^{-19}\ \text{J}$.

b) Die in Teilaufgabe 2 a in das angefertigte E(f)-Diagramm eingezeichnete Ausgleichsgerade besitzt einen Schnittpunkt mit der E-Achse und einen Schnittpunkt mit der f-Achse.

- E-Achse: Der Schnittpunkt liefert mit $-E_A = -W_A$ die **Ablösearbeit** pro Elektron aus der Fotoschicht der Fotokathode.
- f-Achse: Bei $E = 0$ eV, also dem Schnittpunkt mit der f-Achse, ist die so genannte **Grenzfrequenz** markiert. Für Frequenzen $f < f_{gr}$ setzt kein Fotoeffekt ein und es fließt kein Fotostrom. Nur für $f > f_{gr}$ findet Fotoeffekt statt und es fließt ein Fotostrom.

Achten Sie hier besonders auf eine fachsprachlich angemessene Beschreibung, d. h. benutzen Sie die Fachtermini Arbeit, Energie, Strom etc. richtig.

3. Die Ablösearbeit kann, wie in Teilaufgabe 2 b dargestellt, aus dem Schnittpunkt der Geraden aus Teilaufgabe 2 a mit der E-Achse ermittelt werden. Aus dem Einstein'schen Ansatz für den Fotoeffekt $E_{kin,\,max} = h \cdot f - W_A$ löst man nach W_A auf und erhält:

$$W_A = h \cdot f - E_{kin,\,max}$$

Da alle Punkte gut auf der Ausgleichsgeraden liegen, dürften auch die Koordinaten aller Punkte benutzt werden. Einer reicht aber. Für die Planck'sche Konstante dürfen Sie Ihren Wert aus Teilaufgabe 2 a oder aber auch einen Wert aus der Formelsammlung benutzen.

Mit den Koordinaten des ersten Tabellenwertes und dem Wert für h aus Teilaufgabe 2 a ergibt sich:

$$\begin{aligned} W_A &= h \cdot f - E_{kin,\,max} \\ &= 4{,}11 \cdot 10^{-15}\ \text{eVs} \cdot 8.20 \cdot 10^{14}\ \frac{1}{\text{s}} - 1{,}48\ \text{eV} = \underline{\underline{1{,}89\ \text{eV}}} \end{aligned}$$

Ein Vergleich mit der in der Aufgabenstellung gegebenen Materialien-Tabelle lässt nur den Schluss auf **Cäsium** zu.

Auch hier kann wieder in der Einheit Js und mit $h = 6{,}62 \cdot 10^{-34}$ Js gerechnet werden, wenn die entsprechende Umrechnung (siehe oben) berücksichtigt wird.

4. Ein Material ist geeignet, wenn seine Ablösearbeit W_A kleiner ist als die Energie eines Photons $E_{Ph} = h \cdot f$ des eingestrahlten Lichts der angegebenen Wellenlänge. Die Frequenz des Lichts beträgt

$$f = \frac{c}{\lambda} = \frac{3{,}0 \cdot 10^8\ \frac{\text{m}}{\text{s}}}{500 \cdot 10^{-9}\ \text{m}} = 6{,}0 \cdot 10^{14}\ \text{Hz}.$$

Die maximale Arbeit wird also aus der Photonenenergie $E_{Ph} = h \cdot f$ ermittelt:

$$E_{Ph} = h \cdot f$$

$$= 4{,}14 \cdot 10^{-15}\,\text{eVs} \cdot 6{,}0 \cdot 10^{14}\,\frac{1}{s} = 2{,}48\,\text{eV}$$

Natürlich dürfen Sie auch Ihren Wert für h aus Teilaufgabe 2 a benutzen.

Damit sind alle Materialen der Liste möglich, deren Austrittsarbeit kleiner als 2,48 eV ist. Es kommen **Natrium** oder **Cäsium** in Frage.

Eine Alternative in der Argumentation führt über Einsteins Gleichung

$$E_{kin,\,max} = h \cdot f - W_A$$

und der Idee, dass Fotoeffekt gerade noch auftritt, wenn die kinetische Energie $E_{kin,\,max}$ der Fotoelektronen null ist. Daraus folgt unmittelbar:

$$E_{kin,\,max} = 0 \quad \Rightarrow \quad h \cdot f - W_A = 0 \quad \Rightarrow \quad W_A = h \cdot f$$

Landesabitur Physik 2008 (Hessen) – Leistungskurs
Aufgabe A1: Elektrostatik

Ein Kondensator der Kapazität C wird auf die Spannung U_0 aufgeladen. Anschließend wird er über den Widerstand $R = 10\ k\Omega$ entladen. Mit einer geeigneten Messapparatur (Speicheroszilloskop, t-y-Schreiber, Computersystem, …) wird die Kondensatorspannung in Abhängigkeit von der Zeit aufgezeichnet. Dies soll nun betrachtet werden.

1. Skizzieren Sie eine geeignete Schaltung. (4 BE)

2. Leiten Sie die Differenzialgleichung für den Spannungsverlauf am Kondensator beim Entladen her und zeigen Sie, dass die Funktion

$$U_C(t) = U_0 \cdot e^{-\frac{1}{R \cdot C} \cdot t}$$

diese Gleichung löst.
Erläutern Sie anhand des Diagramms in Abbildung 1 den Begriff Halbwertszeit T_H und leiten Sie dafür die Formel $T_H = R \cdot C \cdot \ln 2$ her. (10 BE)

3. Folgende Skalierungseinstellungen wurden vorgenommen: Für die U-Achse gilt $2{,}0\ \frac{V}{cm}$, für die t-Achse gilt $0{,}5\ \frac{s}{cm}$.
Geben Sie mithilfe des Graphen aus Abbildung 1 folgende Größen an:
– die Aufladespannung U_0
– die Spannung am Widerstand U_R zum Zeitpunkt $t = 2\ s$
– die maximale Stromstärke I_{max} bei der Entladung
– die Kapazität C des Kondensators in μF

(13 BE)

4. Die Abbildung 2 zeigt eine Schaltung zur Bestimmung von Geschossgeschwindigkeiten. Der Kondensator besitzt die Kapazität $C = 0{,}4\ \mu F$, für den Widerstand gilt $R = 50\ k\Omega$. Ein Geschoss durchschlägt zuerst den Draht D_1, dann den Draht D_2 und bleibt danach im Kugelfang stecken. Der Abstand der beiden Drähte ist $s = 0{,}27\ m$. Das hochohmige Voltmeter zeigt zu Beginn die Spannung $U_0 = 205\ V$ an, am Ende nur noch $U_1 = 193\ V$.
– Erläutern Sie das Funktionsprinzip der Messung.
– Begründen Sie, dass für die Geschwindigkeit des Geschosses gilt:

$$v = \frac{s}{R \cdot C \cdot \ln\left(\frac{U_0}{U_1}\right)}$$

– Berechnen Sie die Geschwindigkeit des Geschosses. (13 BE)

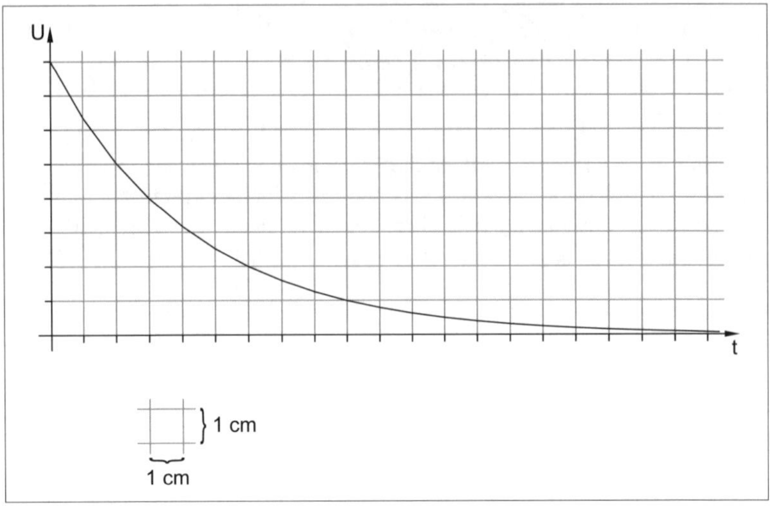

Abb. 1

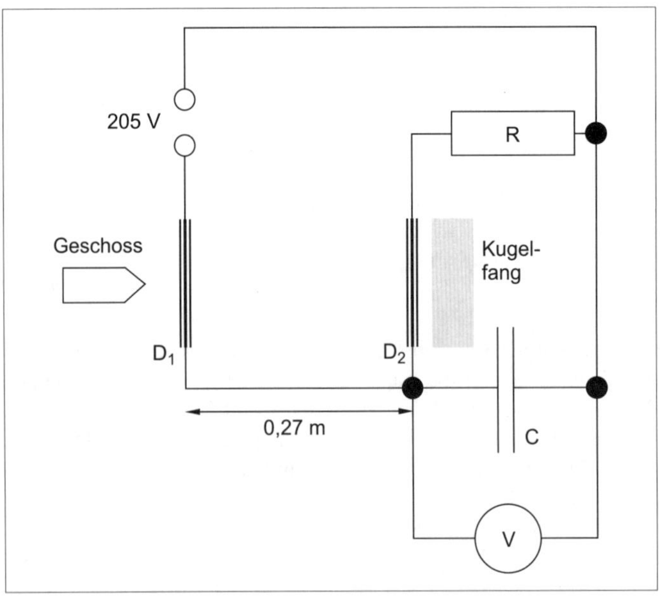

Abb. 2

Tipps und Hinweise zur Lösung von Aufgabe A1

Tipps zu Teilaufgabe 1

- In einer vollständigen Schaltskizze sollten die folgenden Bauteile berücksichtigt werden: Spannungsquelle, Kondensator, Widerstand, Spannungsmesser (z. B. Oszilloskop) und evtl. ein Schalter.
- Um die Spannung aufzunehmen, muss der Spannungsmesser parallel zum Widerstand geschaltet werden.

Tipps zu Teilaufgabe 2

- Wenden Sie das 2. Kirchhoff'sche Gesetz (Maschenregel) auf diese Schaltung an und ersetzen Sie dort die Spannungen U_R (am Widerstand) und U_C (am Kondensator).
- Durch Ableiten nach der Zeit und unter Verwendung der Beziehung $I = \dot{Q}$ erhalten Sie eine Differenzialgleichung für U_C. Der Nachweis, dass die gegebene Funktion die DGL löst, erfolgt durch Einsetzen.
- Überlegen Sie, was der Begriff Halbwertszeit bedeutet. Schlagen Sie gegebenenfalls in Ihrer Formelsammlung nach. Zeichnen Sie die Halbwertszeit in den Graphen ein und erläutern Sie daran den Begriff.
- Zur Herleitung der angegebenen Formel verwenden Sie den Ansatz $U(T_H) = 0{,}5 \cdot U_0$. Überlegen Sie, was dieser Ansatz aussagt.

Tipps zu Teilaufgabe 3

- Beschriften Sie zunächst den Graphen. Achten Sie dabei auf die unterschiedliche Skalierung der beiden Achsen.
- Die Aufladespannung ist die Spannung am Kondensator zu Beginn der Aufzeichnung. Die Spannung am Widerstand ist betragsgleich der Spannung am Kondensator zu jedem Zeitpunkt.
- Zur Berechnung der Maximalstromstärke verwenden Sie die Formel $U_{max} = R \cdot I_{max}$.
- Zur Berechnung der Kapazität des Kondensators setzen Sie die aus dem Graphen durch Ablesen ermittelte Halbwertszeit in die Formel $T_H = R \cdot C \cdot \ln 2$ ein.

Tipp zu Teilaufgabe 4

- Klären Sie anhand der Skizze, was diese Schaltung bewirkt, wenn sich das Geschoss (a) vor Draht 1; (b) zwischen Draht 1 und Draht 2; (c) nach Draht 2 befindet.
- Zu (a): Der Kondensator ist mit der Spannungsquelle verbunden.
- Zu (b): Der Kondensator wird von der Spannungsquelle getrennt und entlädt sich.
- Zu (c): Der Entladevorgang wird gestoppt, da der Stromkreis unterbrochen wird.
- Zur Berechnung der Geschwindigkeit: Das Geschoss bewegt sich mit konstanter Geschwindigkeit, d. h. es gilt $v = \frac{s}{t}$.

Lösungen von Aufgabe A1

1. Die Schaltung besteht aus einer Spannungsquelle zum Aufladen des Kondensators, einem Kondensator, einem Widerstand und einem Messgerät (hier ein Oszilloskop) zur Aufnahme der Kondensatorspannung. Zusätzlich sollten Sie noch einen Schalter einbauen, um den Kondensator nach dem Aufladen von der Spannungsquelle trennen und mit dem Spannungsmesser verbinden zu können (Abbildung 3).

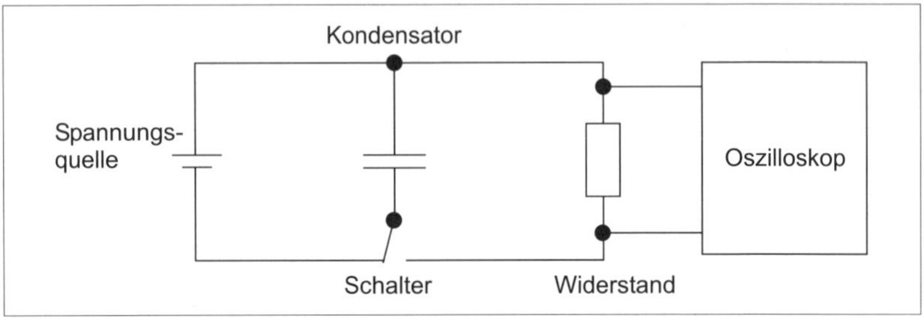

Abb. 3

2. Für den Entladevorgang wird der Kondensator mit dem Widerstand kurzgeschlossen. Allgemein gilt bei Auf- und Entladevorgängen die Gleichung $U_0 = U_R + U_C$. Dabei ist U_0 die Ladespannung des Kondensators, U_R ist die Spannung am Widerstand und U_C die Spannung am Kondensator.

   Die Gleichung ergibt sich aus dem 2. Kirchhoff'schen Gesetz, der sogenannten **Maschenregel**: Verfolgt man einen Stromweg von dem einen Pol zum anderen Pol, so ist die Summe der Teilspannungen gleich der Spannung der Quelle.

   In unserem Fall gilt
   - $U_0 = 0$ (es handelt sich hier um einen Entladevorgang);
   - $U_R = R \cdot I$ (Ohm'sches Gesetz);
   - $U_C = \frac{Q}{C}$.

   Zusätzlich gilt $I = \dot{Q}$. Durch Einsetzen und Umformen ergibt sich daraus eine **Differenzialgleichung (DGL) für $U_C(t)$**:

$$U_0 = U_R(t) + U_C(t)$$

$$0 = R \cdot I(t) + \frac{1}{C} \cdot Q(t)$$

$$0 = R \cdot \dot{I}(t) + \frac{1}{C} \cdot I(t) \qquad \text{Ableiten nach t und } \dot{Q} = I$$

$$0 = \dot{U}_R(t) + \frac{1}{R \cdot C} \cdot U_R(t) \qquad U_R = R \cdot I\text{; Erweitern des Bruchs mit R}$$

$$0 = \dot{U}_C(t) + \frac{1}{R \cdot C} \cdot U_C(t) \qquad U_R = -U_C$$

Zum Nachweis, dass die gegebene Funktion $U_C(t)$ diese DGL löst, setzt man in die rechte Seite ein:

$$U_0 \cdot e^{-\frac{1}{R \cdot C} \cdot t} \cdot \left(-\frac{1}{R \cdot C}\right) + \frac{1}{R \cdot C} \cdot U_0 \cdot e^{-\frac{1}{R \cdot C} \cdot t} = -\frac{U_C(t)}{R \cdot C} + \frac{U_C(t)}{R \cdot C} = 0$$

Die **Halbwertszeit T_H** gibt die Zeit an, nach der jeweils die Spannung am Widerstand auf die Hälfte des aktuellen Wertes gesunken ist. Der Ansatz $U(T_H) = \frac{1}{2} U_0$ liefert die Gleichung

$$\frac{U_0}{2} = U_0 \cdot e^{-\frac{1}{R \cdot C} \cdot t} \quad \Leftrightarrow \quad \frac{1}{2} = e^{-\frac{1}{R \cdot C} \cdot t}$$

Logarithmieren und Umstellen ergibt:

$$-\frac{1}{R \cdot C} \cdot T_H = -\ln 2 \quad \Leftrightarrow \quad \underline{\underline{T_H = R \cdot C \cdot \ln 2}}$$

3. Die Aufladespannung U_0 und die Spannung am Widerstand nach $t = 2$ s lassen sich am Graphen direkt ablesen (Abbildung 4).

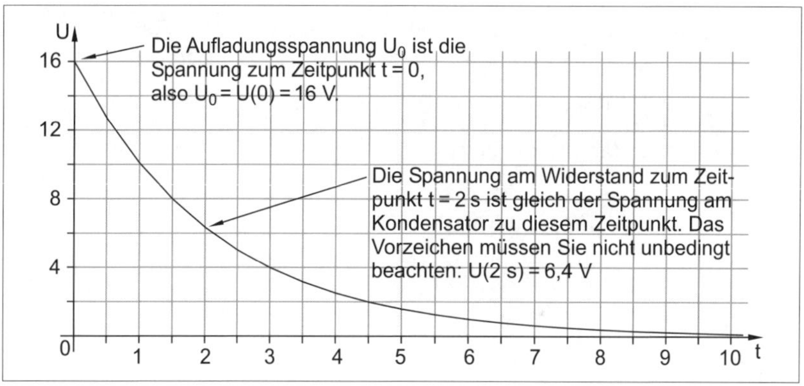

Abb. 4

Die maximale Stromstärke berechnet sich aus der maximalen Spannung U_0:

$$I_0 = \frac{U_0}{R} = \frac{16\,\text{V}}{10\,000\,\Omega} = \underline{\underline{1{,}6\,\text{mA}}}$$

Um die Kapazität C des Kondensators zu bestimmen, entnehmen Sie die Halbwertszeit dem Graphen und setzen diese in die in Teilaufgabe 2 hergeleitete Formel $T_H = R \cdot C \cdot \ln 2$ ein:

$$C = \frac{T_H}{R \cdot \ln 2} \approx \frac{1{,}5\,\text{s}}{10\,000\,\Omega \cdot \ln 2} \approx 2{,}16 \cdot 10^{-4}\,\text{F} = \underline{\underline{216\,\mu\text{F}}}$$

Beim Ablesen des Wertes der Halbwertszeit müssen Sie auf die Skalierung der t-Achse achten.

4. **Funktionsprinzip**

Nachdem das Geschoss den Draht D_1 durchschlagen hat, entlädt sich der Kondensator über den Widerstand R. Sobald das Geschoss den Draht D_2 durchschlägt, wird die Entladung gestoppt. Mithilfe der Formel für den Spannungsverlauf aus Aufgabenteil 2 und den Spannungen vor und nach der Entladung kann die Flugzeit für die Strecke $\overline{D_1D_2}$ und damit bei bekannter Flugstrecke die Geschwindigkeit des Geschosses berechnet werden.

Geschossgeschwindigkeit

Allgemein ist die des Geschosses gegeben durch die Formel $v = \frac{s}{t}$, da es sich um eine geradlinige gleichförmige Bewegung mit konstanter Geschwindigkeit handelt. Die Zeit t in dieser Formel können Sie durch Umstellen der Formel

$$U_1(t) = U_0 \cdot e^{-\frac{1}{R \cdot C} \cdot t}$$

nach der Zeit t gewinnen:

$$\ln\left(\frac{U_1}{U_0}\right) = -\frac{1}{R \cdot C} \cdot t \quad \Leftrightarrow \quad t = -R \cdot C \cdot \ln\left(\frac{U_1}{U_0}\right) = R \cdot C \cdot \ln\left(\frac{U_0}{U_1}\right)$$

Damit erhält man für die Geschwindigkeit v die angegebene Formel:

$$v = \frac{s}{t} = \frac{s}{R \cdot C \cdot \ln\left(\frac{U_0}{U_1}\right)}$$

Einsetzen der Zahlenwerte liefert:

$$v = \frac{0{,}27\ \text{m}}{50 \cdot 10^3\ \Omega \cdot 0{,}4 \cdot 10^{-6}\ \text{F} \cdot \ln\left(\frac{205\ \text{V}}{193\ \text{V}}\right)} \approx \underline{\underline{224\ \frac{\text{m}}{\text{s}}}}$$

Landesabitur Physik 2008 (Hessen) – Leistungskurs
Aufgabe A2: Elektromagnetische Induktion

Auf eine Papprröhre der Länge 60 cm mit einer quadratischen Querschnittsfläche von 9 cm Kantenlänge sind 2 Spulen mit je 2400 Windungen aufgebracht (vgl. Abbildung 1). Im Inneren der Anordnung befindet sich eine weitere Spule (Induktionsspule) mit einer quadratischen Querschnittsfläche von 3 cm Kantenlänge und der Windungszahl 20. Alle Spulenachsen liegen auf einer gemeinsamen Linie. Die magnetischen Felder der äußeren Spulen 1 und 2 sollen als homogene Felder angesehen werden. Beide äußeren Spulen sind an programmierbare Stromquellen angeschlossen. (Beachten Sie die unterschiedliche Polarität der beiden Stromquellen.) In den Diagrammen (Abbildung 2) sind die Stromverläufe dargestellt.

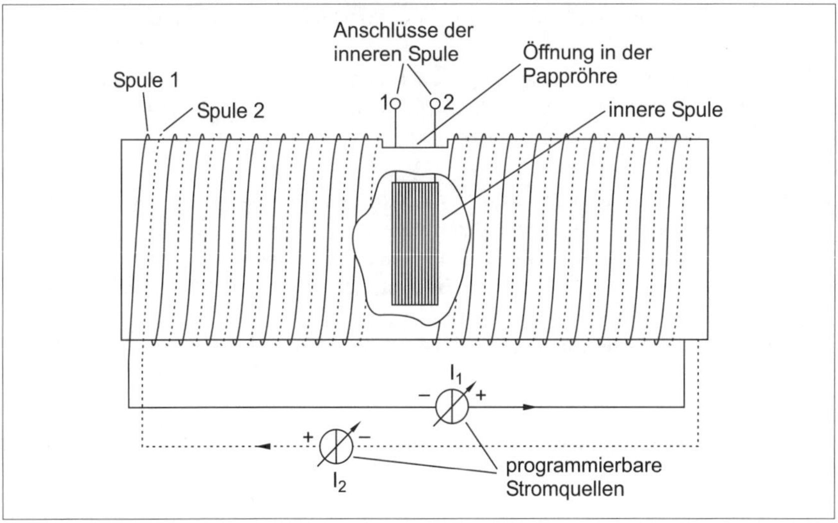

Abb. 1

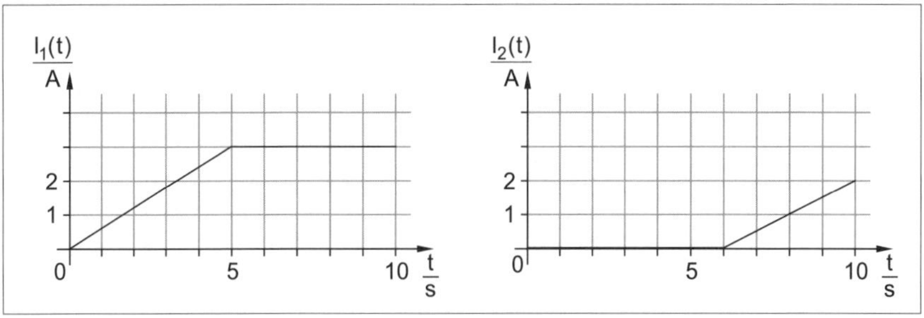

Abb. 2

1. Berechnen Sie die in der inneren Spule induzierte Spannung und zeichnen Sie ihren zeitlichen Verlauf. (10 BE)

2. Im Zeitintervall [10 s; 15 s] steigen beide Ströme mit $\frac{\Delta I}{\Delta t} = 1\,\frac{A}{s}$ an.
   Berechnen Sie die Spannung, die dann in der Induktionsspule induziert wird. Begründen Sie Ihre Antwort. (4 BE)

Für alle folgenden Überlegungen gelten fest eingestellte Ströme: $I_1 = 3$ A, $I_2 = 2$ A

3. Berechnen Sie den Betrag der magnetischen Flussdichte[1] am Ort der Induktionsspule.
   [Zur Kontrolle: $B \approx 5$ mT] (6 BE)

4. Die innere Spule wird ausgehend von ihrer ursprünglichen Position durch eine Öffnung in der äußeren Pappröhre mit der konstanten Geschwindigkeit
   $$v = 1{,}5 \cdot 10^{-2}\,\text{ms}^{-1}$$
   aus dem Magnetfeld herausgezogen. Das Ziehen beginnt zum Zeitpunkt $t = 0$ s.
   Ermitteln Sie den Spannungsverlauf $U_i(t)$ an der inneren Spule und zeichnen Sie das Diagramm im Zeitintervall [0 s; 5 s]. (11 BE)

5. Die innere Spule wird wieder in ihre Ausgangsposition gebracht. Die Anschlüsse 1 und 2 der Induktionsspule werden miteinander verbunden. Die Geschwindigkeit beim Herausziehen bleibt so wie in Aufgabe 4 angegeben.
   Erläutern und begründen Sie, wann im Zeitintervall [0 s; 5 s] zusätzlich zur Gewichtskraft eine weitere Kraft auftritt.
   Berechnen Sie diese, wenn der Widerstand der Spule 0,1 Ω beträgt. (9 BE)

[1] Die magnetische Flussdichte wird in manchen Lehrbüchern auch als magnetische Feldstärke bezeichnet.

Tipps und Hinweise zur Lösung von Aufgabe A2

Tipps zu Teilaufgabe 1

- Die Formel zur Berechnung der Induktionsspannung finden Sie in Ihrer Formelsammlung.
- Beachten Sie, dass in diesem Fall die Induktionsspannung durch die sich ändernde magnetische Flussdichte hervorgerufen wird.
- Ersetzen Sie in der Formel die magnetische Flussdichte durch den entsprechenden Ausdruck für eine lange Spule.
- Teilen Sie das Intervall $0 \leq t \leq 10\,s$ in drei passende Teilintervalle ein.
- Die zeitliche Änderung der Stromstärke entspricht im Diagramm der Steigung des Graphen. Beachten Sie die unterschiedlichen Stromrichtungen.

Tipps zu Teilaufgabe 2

- Beachten Sie die Überlagerung der beiden magnetischen Flussdichten und die Tatsache, dass die beiden großen Spulen entgegengesetz gewickelt sind.
- Eine Rechnung ist in diesem Teil der Aufgabe nicht erforderlich.

Tipps zu Teilaufgabe 3

- Im Gegensatz zu Teilaufgabe 2 muss hier gerechnet werden.
- Die resultierende magnetische Flussdichte ergibt sich als Differenz der beiden einzelnen Flussdichten.
- Verwenden Sie die aus dem Unterricht bekannte Formel für die magnetische Flussdichte einer langen Spule.

Tipps zu Teilaufgabe 4

- Die Bewegung kann in drei Intervalle unterteilt werden.
- Im ersten Intervall befindet sich die innere Spule noch komplett im homogenen Magnetfeld der beiden äußeren Spulen. Im zweiten Intervall bewegt sich die Spule aus dem Magnetfeld der äußeren Spulen heraus und im dritten Intervall befindet sich die innere Spule außerhalb der beiden Magnetfelder der felderzeugenden Spulen.
- Relevant ist das zweite Intervall, da sich hier eine Induktionsspannung aufgrund der Änderung der wirksamen Fläche der inneren Spule einstellt.

Tipps zu Teilaufgabe 5

- Die zusätzliche Kraft ist die Lorentzkraft, also eine Kraft auf einen stromdurchflossenen Leiter im Magnetfeld.
- Diese Kraft wird hervorgerufen durch einen Induktionsstrom in der inneren kurzgeschlossenen Spule.

Lösungen von Aufgabe A2

1. Induktion tritt nicht nur auf, wenn sich elektrische Leiter in einem Magnetfeld bewegen, sondern auch, wenn sich das magnetische Feld verändert. Dies ist hier der Fall. Um die in der inneren Spule induzierten Spannung U_{ind} (in der Aufgabenstellung wird die Bezeichnung U_i verwendet) zu berechnen, verwendet man das elektromagnetische Induktionsgesetz (n: Windungszahl der inneren Spule):

$$U_{ind}(t) = -n \cdot \dot{\Phi} = -n \cdot \frac{\Delta\Phi}{\Delta t}$$

Dabei ist $\Phi = A \cdot B$ der magnetische Fluss, A die Querschnittsfläche der Spule und B die magnetische Flussdichte durch die Spule (diese wird häufig auch als magnetische Feldstärke bezeichnet). Da sich in diesem Versuch nur die magnetische Flussdichte verändert, die Querschnittsfläche der Spule aber konstant bleibt, gilt mit $B = \frac{\mu_0 \cdot N \cdot I}{\ell}$ (magnetische Flussdichte einer langen Spule; N: Windungszahl der äußeren Spulen):

$$U_{ind}(t) = -n \cdot A \cdot \frac{\Delta B}{\Delta t} = -n \cdot A \cdot \frac{\mu_0 \cdot N}{\ell} \cdot \frac{\Delta I}{\Delta t}$$

Die Änderung der magnetischen Flussdichte hängt nur noch von der Änderung des Stroms I ab. Diese Änderungen sind in Abbildung 2 der Aufgabenstellung grafisch angegeben. Wir betrachten drei Intervalle:

$0 \le t \le 5$ s: Die Stromstärke der Spule 1 steigt von $t=0$ bis $t=5$ gleichförmig an, die Stromstärke der Spule 2 ist in diesem Intervall null. Die Änderung der Stromstärke entspricht der Steigung m des Graphen im t-I-Diagramm:

$$\frac{\Delta I}{\Delta t} = m = \frac{3\text{ A}}{5\text{ s}}$$

Jetzt lässt sich die Induktionsspannung im ersten Intervall durch Einsetzen der Werte berechnen:

$$U_{ind}(0 \le t \le 5\text{ s}) = -20 \cdot (3 \cdot 10^{-2}\text{ m})^2 \cdot \frac{4\pi \cdot 10^{-7}\,\frac{\text{Vs}}{\text{Am}} \cdot 2\,400}{0{,}6\text{ m}} \cdot \frac{3\text{ A}}{5\text{ s}}$$
$$\approx \underline{\underline{-5{,}43 \cdot 10^{-5}\text{ V}}}$$

$5\text{ s} \le t \le 6$ s: Sowohl die Stromstärke der Spule 1 als auch die der Spule 2 verändern ihren Wert nicht. Das heißt, die Änderung der beiden Stromstärken ist null und somit auch die Induktionsspannung:

$$U_{ind}(5\text{ s} \le t \le 6\text{ s}) = \underline{\underline{0}}$$

$6\text{ s} \le t \le 10$ s: Die Änderung der Stromstärke der Spule 1 ist in diesem Intervall null. Die Änderung der Stromstärke der Spule 2 ergibt sich analog zum ersten Intervall aus der Steigung des Graphen; die im Vergleich zur Stromrichtung durch Spule 1 entgegengesetzte Richtung des Stroms durch Spule 2 wird durch ein Minuszeichen berücksichtigt:

$$\frac{\Delta I}{\Delta t} = \frac{-2\text{ A}}{4\text{ s}}$$

Für die Induktionsspannung folgt:

$$U_{ind}(6\,s \le t \le 10\,s) = -20 \cdot (3 \cdot 10^{-2}\,m)^2 \cdot \frac{4 \cdot \pi \cdot 10^{-7}\,\frac{Vs}{Am} \cdot 2\,400}{0{,}6\,m} \cdot \frac{-2\,A}{4\,s}$$
$$\approx \underline{\underline{4{,}52 \cdot 10^{-5}\,V}}$$

Abbildung 3 zeigt das resultierende t-U_{ind}-Diagramm:

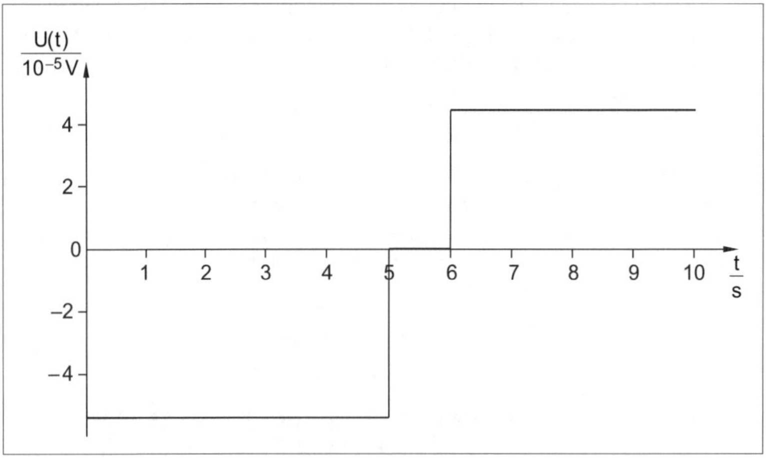

Abb. 3

Eine zur t-Achse spiegelbildliche Darstellung wird ebenfalls als richtig akzeptiert. Diese Änderung in der Darstellung hängt nur von der Wahl der positiven Stromrichtung ab.

2. Die gleichen Stromänderungen in den beiden Spulen führen zu gleichen Flussänderungen, da sich die beiden Spulen nur in ihrer Wicklungsrichtung unterscheiden. Da die magnetischen Flüsse aber einander entgegengerichtet sind, ist die gesamte Flussänderung und damit die induzierte Spannung null.

3. Beide magnetischen Flussdichten überlagern sich am Ort der Induktionsspule. Sie sind dort entgegengesetzt gerichtet. Die resultierende magnetische Flussdichte ergibt sich als Differenz der beiden einzelnen Flussdichten ($N = N_1 = N_2$):

$$B = B_1 - B_2 = \frac{\mu_0}{\ell} \cdot N \cdot I_1 - \frac{\mu_0}{\ell} \cdot N \cdot I_2 = \frac{\mu_0}{\ell} \cdot N \cdot (I_1 - I_2)$$

Das Einsetzen der Werte liefert die resultierende Flussdichte:

$$B = \frac{4\pi \cdot 10^{-7}\,\frac{Vs}{Am}}{0{,}6\,m} \cdot 2\,400 \cdot (3\,A - 2\,A) \approx 5{,}03 \cdot 10^{-3}\,T = \underline{\underline{5{,}03\,mT}}$$

4. Die Bewegung kann in drei Streckenintervalle unterteilt werden. Im **ersten** Intervall ($0 \le s \le 3\,\text{cm}$) befindet sich die innere Spule komplett im homogenen Magnetfeld der beiden großen Spulen. Somit ist die Änderung der magnetischen Flussdichte null, $\frac{\Delta\Phi}{\Delta t} = 0$. Für die Induktionsspannung in diesem Intervall gilt daher:

$$U_{ind,1} = 0$$

Um das Diagramm des Spannungsverlaufs im angegebenen Zeitintervall zeichnen zu können, muss man die Zeit bestimmen, die die innere Spule benötigt, um den Rand des homogenen Magnetfeldes zu erreichen. Dieser Zeitpunkt ist erreicht, wenn die kleine Spule 3 cm zurückgelegt hat. Für diese Strecke benötigt sie

$$\Delta t_1 = \frac{s_1}{v} = \frac{3\,\text{cm}}{1{,}5 \cdot 10^{-2}\,\frac{\text{m}}{\text{s}}} = 2\,\text{s}.$$

Im **zweiten** Intervall ($3\,\text{cm} \le s \le 6\,\text{cm}$) befindet sich die innere Spule zum Teil außerhalb des Magnetfeldes. Damit ändert sich die wirksame Spulenquerschnittsfläche (Teil der Querschnittsfläche der Spule, der sich im Magnetfeld befindet). Für die Induktionsspannung in diesem Intervall gilt:

$$U_{ind,2} = -n \cdot \frac{\Delta\Phi}{\Delta t} = -n \cdot B \cdot \frac{\Delta A}{\Delta t} = -n \cdot B \cdot b \cdot v$$

mit $\frac{\Delta A}{\Delta t} = \frac{b \cdot \Delta s}{\Delta t} = b \cdot v$. Das Einsetzen der Werte liefert:

$$U_{ind,2} = -20 \cdot 5{,}03 \cdot 10^{-3}\,\text{T} \cdot 0{,}03\,\text{m} \cdot 1{,}5 \cdot 10^{-2}\,\frac{\text{m}}{\text{s}} \approx -4{,}53 \cdot 10^{-5}\,\text{V}$$

Das sich die innere Spule mit konstanter Geschwindigkeit bewegt, beträgt die Zeit für das Zurücklegen der zweiten Strecke $s_2 = 3$ cm ebenfalls 2 s.

Im **dritten** Intervall ($6\,\text{cm} \le s \le s_{max}$) befindet sich die innere Spule komplett außerhalb der großen Spulen. Daher ist dort die Änderung der magnetischen Flussdichte null. Für die Induktionsspannung in diesem Intervall gilt deshalb:

$$U_{ind,3} = 0$$

Das zugehörige Zeitintervall lautet $4\,\text{s} \le t \le 5\,\text{s}$. Trägt man die Induktionsspannungen in Abhängigkeit der Zeit in einem Diagramm auf, ergibt sich der Graph der Abbildung 4.

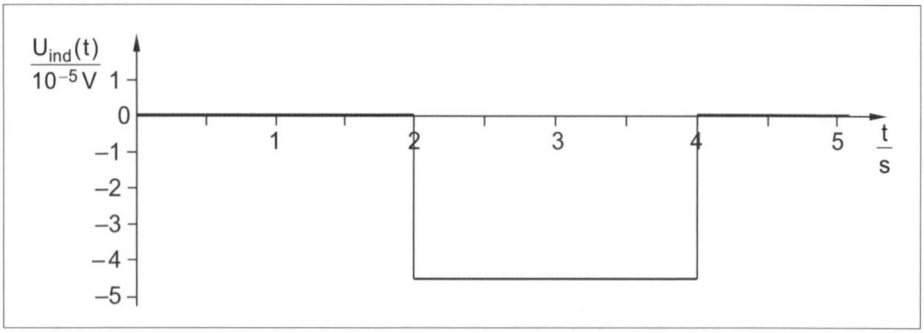

Abb. 4

Eine zur t-Achse spiegelbildliche Darstellung wird ebenfalls als richtig akzeptiert.

5. **Begründung er Zusatzkraft**

Da die beiden Anschlüsse der inneren Spule nun verbunden sind, kann unter bestimmten Bedingungen ein Strom fließen. Auf die nach oben herausgezogene innere Spule wirkt während ihrer Bewegung eine **Lorentzkraft**. Diese Lorentzkraft bewirkt einen Stromfluss, wenn sich die Kräfte innerhalb einer Leiterschleife nicht ausgleichen. Das passiert, wenn die Spulenoberseite außerhalb des magnetischen Feldes und die Spulenunterseite innerhalb des magnetischen Feldes der beiden großen Spulen sind. Demzufolge tritt der Stromfluss nur im Intervall $2\,s \le t \le 4\,s$ auf (vgl. Teilaufgabe 4).Während dieser Zeit befindet sich also ein stromdurchflossener Leiter in einem Magnetfeld. Die Folge ist die Lorentzkraft, der entgegengewirkt werden muss.

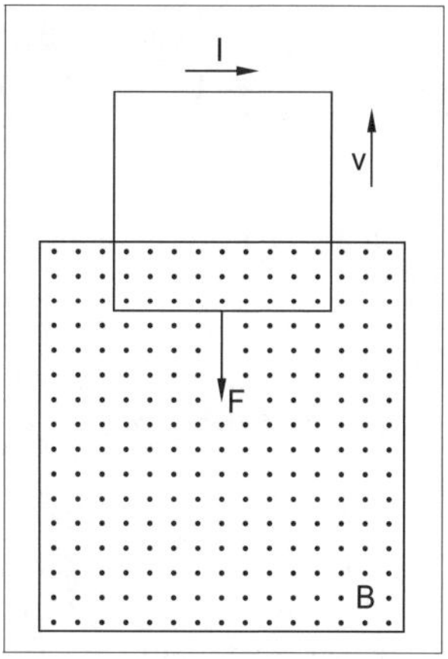

Abb. 5

In Abbildung 5 zeigt das Magnetfeld aus der Zeichenebene heraus. Folglich wirkt nach der Linke-Hand-Regel die Lorentzkraft auf die bewegten Ladungsträger in der Leiterschleife nach unten, also der Bewegung entgegengesetzt.

Beachten Sie, dass aufgrund der Lenz'schen Regel die Lorentzkraft **stets entgegen** der Bewegungsrichtung wirkt. Zeigt etwa das Magnetfeld der äußeren Spulen in die Zeichenebene hinein, ist auch die Richtung des Induktionsstroms gegenüber Abbildung 5 umgedreht. Die Erklärung kann auch über Energiebetrachtungen erfolgen.

Berechnung der Lorentzkraft

Laut Teilaufgabe 4 beträgt die Induktionsspannung im Intervall $2\,s \le t \le 4\,s$ $U_{ind,2} \approx 4{,}53 \cdot 10^{-5}\,V$. Somit ergibt sich mit dem angegebenen Widerstand eine Stromstärke von

$$I_{ind} = \frac{U_{ind,2}}{R} = \frac{4{,}53 \cdot 10^{-5}\,V}{0{,}1\,\Omega} = 4{,}53 \cdot 10^{-4}\,A.$$

Die Lorentzkraft hat einen Wert von:

$$F_L = n \cdot B \cdot I \cdot \ell = 20 \cdot 5{,}03 \cdot 10^{-3}\,T \cdot 4{,}53 \cdot 10^{-4}\,A \cdot 0{,}03\,m \approx \underline{\underline{1{,}37 \cdot 10^{-6}\,N}}$$

Landesabitur Physik 2008 (Hessen) – Leistungskurs
Aufgabe B1: Interferenz an Gitter und Doppelspalt

Die Spektralanalyse ist eine wichtige Analysemethode der Naturwissenschaftler.

1. Skizzieren Sie den Versuchsaufbau, mit dem man das Licht einer ausgedehnten Lichtquelle mithilfe eines Gitters spektral analysieren kann. Beschreiben Sie die Funktion der einzelnen Bauteile. (8 BE)

2. Gitterspektren nahm man früher auf Fotoplatten auf. Die folgende Abbildung zeigt dunkel (Fotonegativ) die hellen Streifen des aufgenommenen Spektrums einer unbekannten Lichtquelle, die ein Linienspektrum erzeugt. (Die Fotoplatte endet bei 0,55 m.)

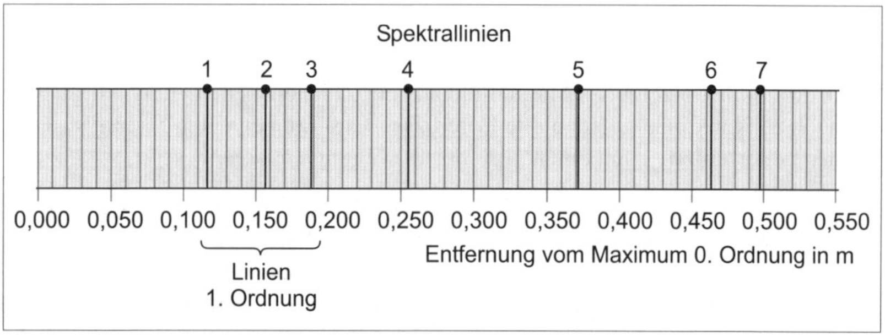

In der 1. Ordnung erscheinen nur die drei Linien 1, 2 und 3. Das Gitter hat eine Gitterkonstante von $2 \cdot 10^{-6}$ m und die Fotoplatte ist 0,5 m vom Gitter entfernt.

a) Ermitteln Sie die Wellenlängen, die zu Linie 1 bzw. Linie 3 gehören.
Geben Sie anhand der nachfolgenden Tabelle an, welche Farben diese Linien haben.

Spektralfarben

Wellenlänge in nm	380–420	420–490	490–575	575–585	585–650	650–750
Farbton	Violett	Blau	Grün	Gelb	Orange	Rot

(10 BE)

b) Bestimmen Sie die höchste Ordnung, unter der man die zur Linie 1 gehörige Wellenlänge auf der Fotoplatte beobachten kann. (6 BE)

c) Ermitteln Sie, ob die Linie 6 bzw. die Linie 7 jeweils zum Spektrum zweiter oder dritter Ordnung gehört. (6 BE)

3. Wichtig für die Güte der Spektralanalyse ist ein hohes Auflösungsvermögen A, das folgendermaßen definiert ist: $A = \frac{\lambda}{\Delta\lambda}$.

Ein Doppelspalt kann zwei Wellenlängen λ und $\lambda' = \lambda + \Delta\lambda$ noch auflösen, wenn das Minimum n-ter Ordnung der Wellenlänge λ in Blickrichtung des Maximums n-ter Ordnung der Wellenlänge λ' liegt.

(Hinweis: In dieser Zählweise gilt für das 1. Minimum: $n = 0$.)

Dies soll am Beispiel des Doppelspaltes näher untersucht werden.

a) Leiten Sie den Term $\frac{\lambda}{\Delta\lambda} = 2n$ für das Auflösungsvermögen eines Doppelspalts her. (5 BE)

b) Verwendet man statt des Doppelspalts ein Gitter, so ergibt sich für das Auflösungsvermögen in Abhängigkeit von der Anzahl N der durchleuchteten Spalte der folgende Ausdruck: $\frac{\lambda}{\Delta\lambda} = n \cdot N$

Das Licht einer Natriumdampflampe enthält nur zwei sehr eng beieinander liegende gelbe Linien und zwar $\lambda_{D1} = 589{,}59$ nm und $\lambda_{D2} = 589{,}99$ nm.

Ermitteln Sie, ob die beiden Linien in 2. Ordnung getrennt werden können, wenn das Gitter auf einer Breite von 5 mm durchleuchtet wird (Gitterkonstante $2 \cdot 10^{-6}$ m). (5 BE)

Tipps und Hinweise zur Lösung von Aufgabe B1

Tipps zu Teilaufgabe 1

- Beginnen Sie Ihre Skizze auf der linken Seite mit der ausgedehnten Lichtquelle und enden Sie rechts mit dem Schirm.
- Machen Sie sich klar, welche Komponenten nötig sind, um das Interferenzbild auf dem Schirm scharf abzubilden.
- Vergessen Sie nicht, die Funktion der einzelnen Bauteile zu beschreiben.

Tipps zu Teilaufgabe 2

- **a:** In Ihrer Formelsammlung finden Sie unter dem Stichwort Wellenoptik/Interferenz am Doppelspalt Formeln zur Berechnung der Wellenlängen.
- Die Formeln lauten $\tan\alpha_n = \frac{d_n}{a}$ und $\sin\alpha_n = \frac{n \cdot \lambda}{g}$, mit $n = 1, 2, 3, \ldots$
- **b:** Da die Fotoplatte nur eine begrenzte Breite von 55 cm besitzt, können nicht alle Interferenzmaxima auf ihr abgebildet werden.
- Bestimmen Sie zunächst den maximalen Winkel, unter dem ein Interferenzmaxima noch auf der Platte abgebildet wird.
- Bestimmen Sie anschließend mithilfe der Formel $\sin\alpha_n = \frac{n \cdot \lambda}{g}$ die maximale Ordnung, die zu dem zuvor berechneten maximalen Winkel gehört.
- **c:** Diesen Aufgabenteil können Sie durch einfaches aber zeitaufwendiges Ausprobieren oder durch einige Überlegungen lösen.
- Ausprobieren: Verwenden Sie die unter Teilaufgabe 2 a beschriebenen Formeln.
- Überlegung: Welche der abgebildeten Linien auf der Fotoplatte gehören zu den Maxima 2. Ordnung? Versuchen Sie, aus Ihren ersten Vermutungen evtl. einen Widerspruch zu erzeugen.

Tipps zu Teilaufgabe 3

- **a:** Schreiben Sie den Satz aus der Aufgabenstellung: „Ein Doppelspalt kann …“ in eine mathematische Formel um.
- Damit die im Text beschriebene Bedingung eintritt, muss eine bestimmte Phasenverschiebung zwischen den beiden Wellenlängen λ und λ' vorliegen.
- **b:** Vergleichen Sie die Spaltenanzahl, die auf dem Gitter beleuchtet wird, mit der Spaltenanzahl N, die nötig ist um die beiden Linien optisch voneinander zu trennen.
- N lässt sich mit der angegebenen Formel berechnen.

Lösungen von Aufgabe B1

1. Bestandteile der Skizze sind (in der Reihenfolge bei der ausgedehnten Lichtquelle beginnend) die Lichtquelle selbst, ggf. die Kondensorlinse, der Kohärenzspalt, die Abbildungslinse, das Gitter und der Schirm (Abbildung 1).

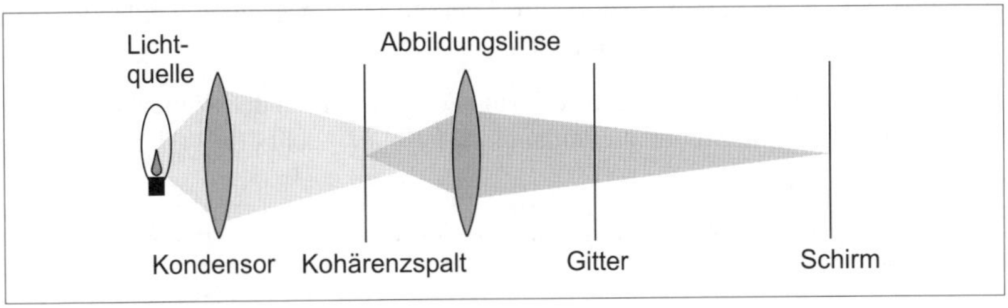

Abb. 1

Der schmale Spalt dient als Kohärenzspalt und damit als eigentliche Lichtquelle zur Erzeugung der Interferenz. (Der Kondensor sorgt für die vollständige Ausleuchtung des Spalts.) Dieser Kohärenzspalt wird mithilfe der Abbildungslinse auf den Schirm abgebildet. Hinter dem Gitter entsteht durch Überlagerung der in den Spalten erzeugten Elementarwellen das Interferenzbild. Auf dem Schirm sieht man die durch Interferenz erzeugten Bilder des Kohärenzspaltes.

2. a) In der Abbildung der Aufgabenstellung sind die Entfernungen der Linien vom Maximum 0. Ordnung aufgetragen. Für die Linie 1. Ordnung ergibt sich durch Ablesen eine Entfernung von ca. 0,116 m und für die Linie 3. Ordnung etwa eine Entfernung von 0,188 m.

Beachten Sie bei Ihrer Rechnung, dass Sie die Kleinwinkelnäherung nicht verwenden dürfen. Dies wird sofort ersichtlich, wenn man bedenkt, dass der Schirm nur 0,5 m vom Gitter entfernt ist und damit die Winkel sicher größer als 10° sind.

Für die Berechnung der Wellenlängen verwenden Sie die aus dem Unterricht bekannten Formeln für die konstruktive Interferenz am Gitter:

$$\tan\alpha_n = \frac{d_n}{a} \quad \text{und} \quad \sin\alpha_n = \frac{n\cdot\lambda}{g}, \quad \text{mit } n = 1, 2, 3, \ldots$$

Dabei sind α_n der Winkel zum n-ten Maximum, d_n der Abstand vom Maximum 0. zum Maximum n-ter Ordnung, λ die Wellenlänge des verwendeten Lichts und g die Gitterkonstante des verwendeten Gitters. Für die beiden Winkel $\alpha_{1,1}$ (1,1 bedeutet 1. Ordnung 1. Linie) und $\alpha_{1,3}$ ergeben sich die Werte:

$$\tan\alpha_{1,1} = \frac{0{,}116\text{ m}}{0{,}5\text{ m}} = 0{,}232 \quad \Rightarrow \quad \alpha_{1,1} \approx 13{,}06° \quad \text{und}$$

$$\tan\alpha_{1,3} = \frac{0{,}188\text{ m}}{0{,}5\text{ m}} = 0{,}376 \quad \Rightarrow \quad \alpha_{1,3} \approx 20{,}61°$$

Für die Wellenlängen erhält man daraus:

$$\lambda_1 = 2 \cdot 10^{-6}\,\text{m} \cdot \sin(13{,}06°) \approx 4{,}52 \cdot 10^{-7}\,\text{m} = \underline{\underline{452\,\text{nm}}}$$

$$\lambda_3 = 2 \cdot 10^{-6}\,\text{m} \cdot \sin(20{,}61°) \approx 7{,}04 \cdot 10^{-7}\,\text{m} = \underline{\underline{704\,\text{nm}}}$$

Beachten Sie, dass Ihr Taschenrechner auf DEG geschaltet werden muss, um die Winkel korrekt auszurechnen.

Anhand der Tabelle können die zugehörigen Farben der Wellenlängen ermittelt werden: Licht der Wellenlänge λ_1 ist **blau**, Licht der Wellenlänge λ_3 ist **rot**.

Abweichungen bei den Ergebnissen im Rahmen der üblichen Rundungsfehler sind zulässig.

b) Die Fotoplatte hat eine Breite von 0,55 m. Das bedeutet, dass die maximale Entfernung der Linie 1 vom Maximum 0. Ordnung 0,55 m betragen darf. Der maximale Winkel ergibt sich nach der Formel $\tan \alpha_n = \frac{d_n}{a}$ zu

$$\alpha_{n,\,\max} = \arctan\left(\frac{0{,}55}{0{,}5}\right) \approx 47{,}73°$$

Daraus ergibt sich als Bedingung für die Beugungsordnungen der beobachtbaren Maxima:

$$\sin(47{,}73°) \geq \frac{n \cdot \lambda_1}{g}$$

$$\Rightarrow \quad n \leq \frac{\sin(47{,}73°) \cdot g}{\lambda_1} = \frac{\sin(47{,}73°) \cdot 2 \cdot 10^{-6}\,\text{m}}{452 \cdot 10^{-9}\,\text{m}} \approx 3{,}27$$

Die Ordnung des Maximums muss also kleiner als 3,27 sein. Da die Ordnung eine ganze Zahl sein muss, kann man nur Interferenzmaxima der Linie 1 bis zur 3. Ordnung beobachten (vorausgesetzt, die Lichtstärke ist aufgrund der Beugung nicht zu gering).

c) Auf den ersten Blick müssten die Linien 4 bis 6 die Linien der drei vorhandenen Spektrallinien der 2. Ordnung sein. Aber dann wäre der Abstand zur ersten Linie der 3. Ordnung (Linie 7) kleiner als der Abstand zwischen den Linien 3 (langwelligste Linie 1. Ordnung) und 4 (kurzwelligste Linie 2. Ordnung), was nicht sein kann.
Man kann also annehmen, dass sich die Spektren überlappen. Dann wäre – hier greift man die Fragestellung auf – die Linie 6 die Spektrallinie zu λ_1 in 3. Ordnung und die Linie 7 die Spektrallinie zu λ_3 in 2. Ordnung. Dies kann auch rechnerisch überprüft werden:

$$\tan \alpha_{3,1} = \frac{0{,}465\,\text{m}}{0{,}5\,\text{m}} = 0{,}930 \quad \Rightarrow \quad \alpha_{3,1} \approx 42{,}92°$$

$$\tan \alpha_{2,3} = \frac{0{,}497\,\text{m}}{0{,}5\,\text{m}} = 0{,}994 \quad \Rightarrow \quad \alpha_{2,3} \approx 44{,}83°$$

Für die Wellenlängen ergeben sich:

$$\lambda_1 = 2 \cdot 10^{-6}\,\text{m} \cdot \frac{\sin(42{,}92°)}{3} \approx 4{,}54 \cdot 10^{-7}\,\text{m} = 454\,\text{nm}$$

$$\lambda_3 = 2 \cdot 10^{-6}\,\text{m} \cdot \frac{\sin(44{,}83°)}{2} \approx 7{,}05 \cdot 10^{-7}\,\text{m} = 705\,\text{nm}$$

Dies stimmt gut mit den Ergebnissen aus Aufgabenteil 2 a überein.

Alternativ zum gezeigten Lösungsweg sieht die Fragestellung ein einfaches Ausprobieren der infrage kommenden Möglichkeiten vor.

3. a) Das Minimum n-ter Ordnung der einen Wellenlänge λ soll gleich dem Maximum n-ter Ordnung der anderen Wellenlänge λ' sein. Das bedeutet, dass die Wellenlänge λ' eine halbe Wellenlänge phasenverschoben gegenüber der Wellenlänge λ sein muss. Für den Gangunterschied beim Doppelspalt ergibt sich daraus die Bedingung:

$$n \cdot \lambda' = n \cdot \lambda + \frac{1}{2}\lambda$$

Mit $\lambda' = \lambda + \Delta\lambda$ folgt daraus:

$$n \cdot (\lambda + \Delta\lambda) = n \cdot \lambda + \frac{1}{2}\lambda \quad \Leftrightarrow \quad n \cdot \lambda + n \cdot \Delta\lambda = n \cdot \lambda + \frac{1}{2}\lambda \quad \Leftrightarrow \quad \Delta\lambda = \frac{\lambda}{2n}$$

Für das Auflösungsvermögen gilt somit:

$$\underline{\underline{A = \frac{\lambda}{\Delta\lambda} = 2n}}$$

b) Die Frage ist, ob die Spaltenanzahl N, die durchleuchtet wird, ausreicht, um die beiden Linien auf dem Schirm optisch voneinander zu trennen. Aus der in der Aufgabenstellung angegebenen Bedingung lässt sich die Anzahl der dazu notwendigen Spalten berechnen:

$$N_{D1} = \frac{\lambda_{D1}}{n \cdot \Delta\lambda} = \frac{559{,}99\,\text{nm}}{2 \cdot 0{,}4\,\text{nm}} \approx 737{,}0$$

$$N_{D2} = \frac{\lambda_{D2}}{n \cdot \Delta\lambda} = \frac{589{,}99\,\text{nm}}{2 \cdot 0{,}4\,\text{nm}} \approx 737{,}5$$

Es müssen also mindestens 738 Spalte durchleuchtet werden. Auf einem 5 mm breiten Abschnitt des Gitters (mit der angegebenen Gitterkonstanten $g = 2 \cdot 10^{-6}\,\text{m}$) befinden sich rund

$$\frac{5 \cdot 10^{-3}\,\text{m}}{2 \cdot 10^{-6}\,\text{m}} = 2\,500\,\text{Spalte.}$$

Die beiden Linien werden also aufgelöst.

Landesabitur Physik 2008 (Hessen) – Leistungskurs
Aufgabe B2: Mechanische Schwingungen

In den untenstehenden Tabellen sind Messungen über die Schwingungsdauer einer Flüssigkeitssäule in einem U-Rohr (Abbildung 1) angegeben.
In den Aufgabenteilen soll bei den Schwingungen von Reibung abgesehen werden.

1. Messung: s_0 und ℓ sind konstant

ρ in $\frac{g}{cm^3}$	0,789	0,880	1,000	13,550
T in s	1,001	1,005	1,001	1,002

2. Messung: s_0 und ρ sind konstant

ℓ in m	0,40	0,60	0,80	1,00
T in s	0,897	1,101	1,261	1,413

3. Messung: ℓ und ρ sind konstant

s_0 in m	0,01	0,02	0,03	0,04
T in s	1,004	1,000	1,003	1,001

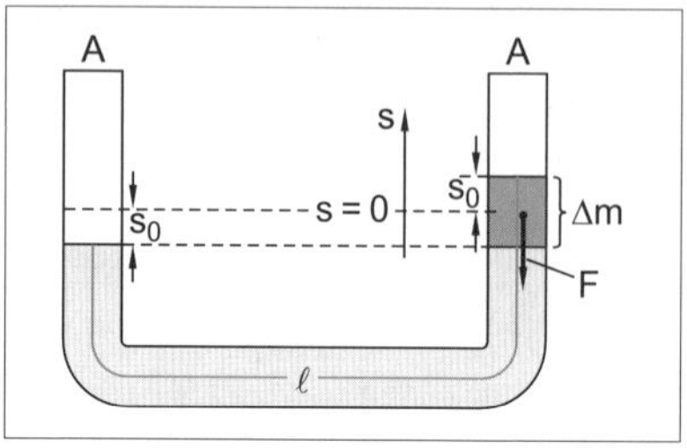

Abb. 1: A = Querschnittsfläche
ℓ = Länge der Flüssigkeitssäule
s = Auslenkung
s_0 = Anfangsauslenkung
Δm = Masse der überstehenden Flüssigkeitssäule

1. Zeichnen Sie zur 2. Messung ein ℓ-T^2-Diagramm in geeignetem Maßstab. Untersuchen Sie, welche Aussagen für die Abhängigkeit der Schwingungsdauer in Bezug auf die Dichte ρ, die Länge ℓ und die Anfangsauslenkung s_0 aus den 3 Messungen gezogen werden können. (12 BE)

2. Bestimmen Sie einen Term für die Rückstellkraft F der schwingenden Flüssigkeitssäule in Abhängigkeit von der Auslenkung s und leiten Sie daraus die Schwingungsdauer

$$T = 2\pi\sqrt{\frac{\ell}{2g}}$$

her. (11 BE)

3. Berechnen Sie mithilfe der Messreihe 2 die Fallbeschleunigung g auf 2 Nachkommastellen genau. Beurteilen Sie, ob die Angabe von 2 Nachkommastellen sinnvoll ist. Berechnen Sie mit dem errechneten Wert von g die Länge ℓ in der 3. Messung. (12 BE)

4. Nun füllt man die Flüssigkeit aus dem abgebildeten U-Rohr in ein zweites U-Rohr mit geringerem Querschnitt (ausreichendes Fassungsvermögen sei vorhanden). Erläutern Sie, was sich bei einer Schwingung gleicher Amplitude ändert, und begründen Sie diese Änderungen. (5 BE)

Tipps und Hinweise zur Lösung von Aufgabe B2

Tipps zu Teilaufgabe 1

- Berechnen Sie zunächst eine weitere Zeile in der Tabelle der 2. Messung mit den Werten für T^2.
- Zeichnen Sie dann ein geeignetes Diagramm mit der Länge ℓ auf der x-Achse und der Größe T^2 auf der y-Achse.
- Legen Sie eine geeignete Ausgleichsfunktion durch die Werte und schließen Sie auf deren Grundlage auf eine Proportionalität zwischen den beiden Werten T und ℓ.
- Welche Proportinalitäten können Sie aus den Tabellen der 1. und 3. Messung herauslesen? Vergleichen Sie die Werte der Schwingungsdauern in den beiden Messungen.

Tipps zu Teilaufgabe 2

- Betrachten Sie den momentanen Zustand der Flüssigkeitssäule in Abbildung 1.
- Verantwortlich für die Schwingung in diesem Moment ist die Gewichtskraft der grauen Flüssigkeitssäule im rechten Teil des U-Rohres.
- Bestimmen Sie dessen Gewichtskraft und drücken Sie die Masse mithilfe der Dichte und des Volumens aus.
- Wenn Sie ein lineares Kraftgesetz gefunden haben, so können Sie das Rückstellmoment D (oft auch als Richtgröße oder im Spezialfall als Federkonstante bekannt) in die allgemeine Formel für die Schwingungsdauer T eines harmonischen Oszillators einsetzen.

Tipps zu Teilaufgabe 3

- Lösen Sie die unter Aufgabenstellung 2 angegebene Formel für die Schwingungsdauer T nach g auf.
- Berechnen Sie für alle Wertepaare der 2. Messung die Erdbeschleunigung und führen Sie eine Fehlerrechnung durch.
- Zur Berechnung der Länge ℓ lösen Sie die unter Aufgabenstellung 2 angegebene Formel für die Schwingungsdauer T nach ℓ auf.
- Ersetzen Sie die Schwingungsdauer T durch den Mittelwert der Schwingungsdauern der 3. Messung.

Tipps zu Teilaufgabe 4

- Überlegen Sie, welche der Größen gleich bleiben und welche sich verändern.
- Argumentieren Sie mithilfe der Formel für die Schwingungsdauer T aus Teilaufgabe 2.

Lösungen von Aufgabe B2

1. Um ein ℓ-T^2-Diagramm (Abbildung 2) zeichnen zu können, ist es sinnvoll, zunächst eine Spalte für T^2 in der Messreihe zu ergänzen:

   2. Messung: s_0 und ρ sind konstant

ℓ in m	0,40	0,60	0,80	1,00
T in s	0,897	1,101	1,261	1,413
T^2 in s^2	0,805	1,212	1,590	1,997

Der Verlauf des Graphen lässt sich sehr gut durch eine **Ursprungsgerade** beschreiben. Daher ist ℓ proportional zu T^2 oder anders ausgedrückt: T ist proportional zu $\sqrt{\ell}$. Aus den beiden anderen Messungen lassen sich keine weiteren Proportionalitäten finden. Daher gilt:

$$T \sim \sqrt{\ell}$$

T ist unabhängig von ρ und s_0.

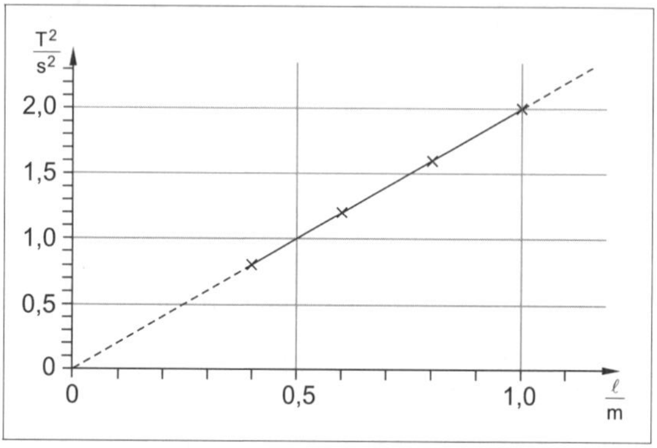

Abb. 2

2. Lenkt man die Flüssigkeitssäule im U-Rohr aus, so stellt sich eine Schwingung um ihre Ruhelage ein. Wenn die Flüssigkeitssäule auf der einen Seite um s steigt, so sinkt sie auf der anderen Seite um die gleiche Strecke. Die rücktreibende Kraft ist daher die Gewichtskraft der überstehenden Flüssigkeitssäule mit der Höhe 2s und der Querschnittsfläche A. Sie besitzt die Masse $m_s = \rho \cdot V_s = \rho \cdot A \cdot 2s$. Die Kraft berechnet sich daher zu:

$$F = -G = -m_s \cdot g = -\rho \cdot A \cdot 2s \cdot g \qquad (*)$$

Es handelt sich hier um ein **lineares** Kraftgesetz, da die Kraft F proportional zur Elongation s (momentane Auslenkung) ist. Die Schwingung des Flüssigkeitspendels ist daher **harmonisch**. Vergleicht man die Gleichung (*) mit dem allgemeinen Kraftgesetz $F = -D \cdot s$ für harmonische Schwingungen, ergibt sich für das Rückstellmoment D (auch als Richtgröße oder im Spezialfall als Federkonstante bekannt) folgender Ausdruck:

$$D = 2\rho \cdot g \cdot A$$

Einsetzen dieser Richtgröße D in die allgemeine Formel für die Schwingungsdauer eines harmonischen Oszillators liefert:

$$T = 2\pi\sqrt{\frac{m}{D}} = 2\pi\sqrt{\frac{m}{2\rho \cdot g \cdot A}} = 2\pi\sqrt{\frac{\rho \cdot A \cdot \ell}{2\rho \cdot g \cdot A}} = \underline{\underline{2\pi\sqrt{\frac{\ell}{2g}}}}$$

Dabei wurde die Masse m der gesamten Flüssigkeitssäule ersetzt durch das Produkt aus Dichte ρ, Querschnittsfläche A und Säulenlänge ℓ.

3. Die in Teilaufgabe 2 hergeleitete Formel für die Schwingungsdauer T des Flüssigkeitspendels wird nach der Erdbeschleunigung g umgestellt:

$$T = 2\pi\sqrt{\frac{\ell}{2g}} \quad \Leftrightarrow \quad g = \frac{2\pi^2 \cdot \ell}{T^2}$$

Zu jedem Wertepaar der 2. Messreihe wird die **Erdbeschleunigung g** berechnet:

2. Messung: s_0 und ρ sind konstant

ℓ in m	0,40	0,60	0,80	1,00
T in s	0,897	1,101	1,261	1,413
T^2 in s^2	0,805	1,212	1,590	1,997
g in $\frac{m}{s^2}$	9,808	9,772	9,932	9,884

Der Mittelwert beträgt

$$\underline{\underline{\overline{g} = 9{,}85\,\frac{m}{s^2}}}.$$

Fehlerrechnung: Die größte Abweichung zeigt der Wert Nr. 3. Somit folgt:

$$\text{Fehler} = \frac{\text{größte Abweichung vom Mittelwert}}{\text{Mittelwert}} \cdot 100\,\%$$

$$= \frac{9{,}932\,\frac{m}{s^2} - 9{,}849\,\frac{m}{s^2}}{9{,}849\,\frac{m}{s^2}} \cdot 100\,\% \approx 0{,}84\,\%$$

Beurteilung der Genauigkeit: Die Streuung liegt im Bereich der 2. Kommastelle, deshalb ist eine Angabe mit 2 Kommastellen sinnvoll.

Zur **Berechnung der Länge ℓ** der Flüssigkeitssäule stellt man die allgemeine Formel der Schwingungsdauer des Flüssigkeitspendels nach ℓ um und setzt die errechnete Erdbeschleunigung g und den Mittelwert der Schwingungsdauern aus Messung 3 ($\overline{T} = 1{,}002$ s) ein:

$$T = 2\pi\sqrt{\frac{\ell}{2g}} \quad \Leftrightarrow \quad \ell = \frac{T^2 \cdot g}{2\pi^2} = \frac{(1{,}002\,s)^2 \cdot 9{,}849\,\frac{m}{s^2}}{2\pi^2} \approx \underline{\underline{0{,}50\,m}}$$

4. Die Masse m der Flüssigkeitssäule bleibt gleich, die Querschnittsfläche A wird kleiner. Demzufolge wird die Länge ℓ der Flüssigkeitssäule größer. Wenn ℓ größer wird, so wird nach der Formel

$$T = 2\pi\sqrt{\frac{\ell}{2g}}$$

auch die Schwingungsdauer T größer.

Landesabitur Physik 2008 (Hessen) – Leistungskurs
Aufgabe C1: Röntgenspektrum und Comptoneffekt

1. Die Abbildung zeigt das bei einer bestimmten Betriebsspannung gemessene Röntgenspektrum einer Röntgenröhre.

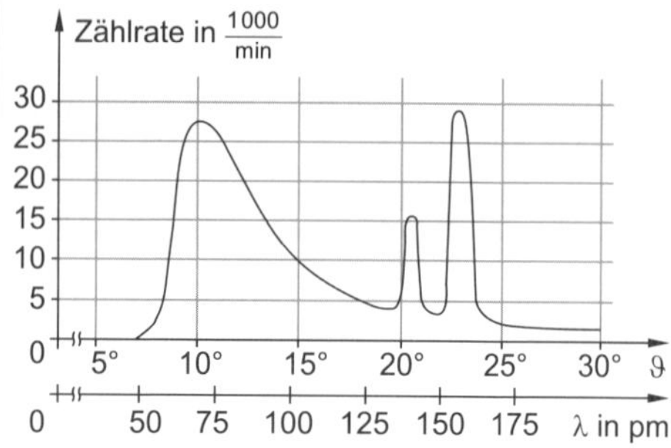

Abbildung (bearbeitet) aus:
Metzler Physik, JoachimGrehn/Joachim Krause,
Schroedel, Braumschweig, 4. Auflage 2006

   a) Berechnen Sie die zugehörige Beschleunigungsspannung U_A und ermitteln Sie die Ordnungszahl Z des verwendeten Kathodenmaterials.

   [Formel von Moseley:

   $f = R_H (Z-1)^2 \left(\frac{1}{n^2} - \frac{1}{m^2}\right);$

   $R_H = 3{,}29 \cdot 10^{15}$ Hz] (8 BE)

   b) Beschreiben und erläutern Sie, wie sich eine Erhöhung der angelegten Beschleunigungsspannung U_a bzw. eine Erhöhung der Heizspannung auswirkt. (8 BE)

   c) Die von der Anode emittierte Strahlung wurde mithilfe einer Bragg-Apparatur analysiert. Bestimmen Sie den Netzebenenabstand des verwendeten Kristalls. (4 BE)

2. Monochromatische Gammastrahlung trifft auf einen Streukörper. Compton entdeckte, dass in der Streustrahlung stets zwei Komponenten auftreten.

   a) Bei diesem Experiment erscheint neben der Primärstrahlung mit der Wellenlänge λ_1 unter dem Streuwinkel φ stets eine Sekundärstrahlung mit der Wellenlänge λ_2. Deuten Sie dieses Phänomen mithilfe eines geeigneten Modells. (6 BE)

   b) Erklären Sie, wie die Beobachtbarkeit des Comptoneffekts von der Wellenlänge der verwendeten Strahlung abhängt. (6 BE)

   c) Bestimmen Sie die Bedingung für den maximalen Energieübertrag vom Photon auf das Elektron. Berechnen Sie die maximale Energie gestreuter Elektronen, die mit γ-Quanten der Energie 130 keV in Wechselwirkung getreten sind. (8 BE)

Tipps und Hinweise zur Lösung von Aufgabe C1

Tipps zu Teilaufgabe 1

- **a:** Die Beschleunigungsspannung bestimmen Sie aus der kurzwelligen Grenze des Röntgenspektrums.
- Dort wird die maximale Energie der in der Röntgenröhre beschleunigten Elektronen komplett in Energie der Röntgenquanten umgewandelt.
- Verwenden Sie einen Energieansatz zur Lösung der Aufgabe.
- Verwenden Sie die in der Aufgabenstellung angegebene Formel zur Berechnung der Ordnungszahl des Kathodenmaterials.
- Setzen Sie in die Moseley-Formel für f die Frequenz der K_α-Linie ein und berücksichtigen Sie, dass diese Linie durch einen Übergang eines Elektrons von der zweiten (L-Schale) in die erste (K-Schale) entsteht.
- **b:** Durch die höhere Beschleunigungsspannung bekommen die Elektronen in der Röntgenröhre eine höhere Geschwindigkeit, bevor sie auf die Anode treffen.
- Wie wirkt sich diese höhere Energie auf das Bremsspektrum der Röntgenstrahlung aus?
- Durch eine höhere Heizspannung sind an der Glühkathode mehr freie Elektronen vorhanden, die in Richtung Anode beschleunigt werden.
- Welche Folgen ergeben sich daraus für das Röntgenspektrum?
- **c:** Sie benötigen die Bragg-Bedingung für die Beugung von Röntgenstrahlen.
- Entnehmen Sie die nötigen Daten zur Bestimmung der Netzebenenabstands dem Diagramm.

Tipps zu Teilaufgabe 2

- **a:** Fassen Sie den Comptoneffekt als einen Stoßprozess zweier Teilchen auf.
- Argumentieren Sie mit dem Impuls- und Energieerhaltungssatz.
- Fertigen Sie evtl. eine Skizze des Stoßprozesses an.
- **b:** Betrachten Sie zunächst den Wellenlängenunterschied $\Delta\lambda$ (Formelsammlung).
- Ähnlich wie beim Auftreten von Interferenzerscheinungen kann man bezüglich der Beobachtung von Comptonstreuung eine Aussage über die Größenordnung der Wellenlänge des eintreffenden Photons formulieren.
- **c:** Der maximale Energieübertrag erfolgt, wenn der Wellenlängenunterschied $\Delta\lambda$ am größten ist.
- Zur Berechnung der maximalen Energie der gestreuten Photonen verwenden Sie den folgenden Energieansatz: $E_{Ph,vorher} = E_{Ph,\,nachher} + E_{Elektron}$

Lösungen von Aufgabe C1

1. a) Um die **Beschleunigungsspannung U_A** zu berechnen, betrachtet man den Beginn des Röntgenspektrums. Das Spektrum beginnt bei einer Wellenlänge von ca. 50 pm. Diese Röntgenquanten besitzen die kleinste Wellenlänge, die sogenannte **Grenzwellenlänge λ_G**, und damit die größte Frequenz f_G, also auch die maximale Energie. Diese Quanten entstehen, wenn die Elektronen in der Röntgenröhre nach der Beschleunigung mit der Spannung U_A ihre komplette Energie an ein Röntgenquant der Energie $E_{Qu} = h \cdot f_G$ abgeben. Es findet ein idealer Stoßprozess statt. Mit dem Energieansatz $E_{beschl} = E_{Qu}$ folgt:

$$e \cdot U_A = h \cdot f_G \quad \Leftrightarrow \quad U_A = \frac{h \cdot f_G}{e} = \frac{h \cdot \frac{c}{\lambda_G}}{e} = \frac{h \cdot c}{e \cdot \lambda_G}$$

Das Einsetzen der Werte liefert die Beschleunigungsspannung U_A:

$$U_A = \frac{6{,}626 \cdot 10^{-34}\,\text{Js} \cdot 3 \cdot 10^8\,\frac{\text{m}}{\text{s}}}{1{,}602 \cdot 10^{-19}\,\text{C} \cdot 50 \cdot 10^{-12}\,\text{m}} \approx \underline{\underline{24{,}8\,\text{kV}}}$$

Zur Bestimmung der Ordnungszahl Z des verwendeten Kathodenmaterials betrachtet man den Elektronenübergang von der L- in die K-Schale ($m = 2$; $n = 1$). Die Wellenlänge der zugehörigen K_α-Linie lässt sich gut dem Diagramm entnehmen (2. Peak bei ca. 155 pm). Nach Auflösen des Gesetzes von Moseley nach Z und Einsetzen der Zahlenwerte erhält man:

$$f_{K_\alpha} = R_H \cdot (Z-1)^2 \cdot \left(\frac{1}{1^2} - \frac{1}{2^2}\right) = \frac{3}{4} R_H \cdot (Z-1)^2$$

$$\Leftrightarrow \quad Z = \sqrt{\frac{4 f_{K_\alpha}}{3 R_H}} + 1 = \sqrt{\frac{4 \frac{c}{f_{K_\alpha}}}{3 R_H}} + 1 = \sqrt{\frac{4c}{3 R_H \cdot f_{K_\alpha}}} + 1$$

$$= \sqrt{\frac{4 \cdot 3 \cdot 10^8\,\frac{\text{m}}{\text{s}}}{3 \cdot 3{,}29 \cdot 10^{15}\,\text{Hz} \cdot 155 \cdot 10^{-12}\,\text{m}}} + 1 \approx \underline{\underline{29}}$$

Das Anodenmaterial ist also **Kupfer**.

Alternativ können Sie auch die K_β-Linie wählen (2. Peak). Sie erhalten dann für $m = 3$, $n = 1$ und $\lambda_\beta \approx 140$ pm die Ordnungszahl $Z \approx 28{,}3$.

b) Wenn die **Anodenspannung** erhöht wird, verschiebt sich die kurzwellige Grenze der Röntgenstrahlung nach links in Richtung kürzerer Wellenlängen. Diese höhere Beschleunigungsspannung sorgt für eine größere kinetische Energie der auf die Anode auftreffenden Elektronen. Wenn die gesamte Energie eines solchen energiereicheren Elektrons in ein Röntgenquant umgewandelt wird, steigt damit die Maximalenergie $E = h \cdot f$, was wegen $\lambda = \frac{c}{f}$ zu kürzeren Wellenlängen führt.
Die Erhöhung der **Heizspannung** bewirkt eine höhere Anzahl von emittierten Elektronen, sodass die Anzahl der Röntgenquanten steigt, die beim Bremsvorgang entstehen.

c) Zur Bestimmung des Netzebenenabstandes verwendet man die Formel von Bragg:

$$n \cdot \lambda = 2d \cdot \sin\vartheta.$$

Die Glanzwinkel ϑ und die zugehörigen Wellenlängen λ sind auf der x-Achse des Diagramms aufgetragen. Die oben genannte Gleichung liefert für das Maximum 1. Ordnung ($n = 1$) z. B. bei einem Glanzwinkel $\vartheta = 25°$ und einer Wellenlänge von $\lambda \approx 170$ pm den folgenden Netzebenenabstand:

$$d = \frac{n \cdot \lambda}{2\sin\vartheta} = \frac{1 \cdot 170 \cdot 10^{-12}\ \text{m}}{2 \cdot \sin 25°} \approx 2{,}01 \cdot 10^{-12}\ \text{m} = \underline{\underline{201\ \text{pm}}}$$

Denken Sie daran, den Taschenrechner auf DEG zu schalten. Es kann auch ein anderes geeignetes Zahlenpaar aus der Abbildung verwendet werden.

2. a) Man kann den Comptoneffekt wie einen elastischen Stoß zwischen einem Photon mit der Wellenlänge λ_1 und einem anfangs ruhenden freien Elektron betrachten (siehe Abbildung 1). Sowohl Energie- als auch Impulssatz müssen dabei erfüllt sein. Vor dem Stoß sind Impuls und kinetische Energie des Elektrons praktisch gleich null. Bei der Streuung gibt das Photon Energie an das Elektron ab und hat folglich nach der Streuung eine größere Wellenlänge, genauer: Nach dem Stoß besitzt das gestreute Photon eine geringere Energie $h \cdot f_2$, was in der Streustrahlung zu einer Sekundärkomponente λ_2 mit $\lambda_2 > \lambda_1$ führt. Das Elektron erhält diesen Energiebetrag $h \cdot \Delta f = h \cdot (f_1 - f_2)$.
Die Primärstrahlung mit der Wellenlänge λ_1 bleibt erhalten, wenn das Photon ohne Energieabgabe nur gestreut wird.

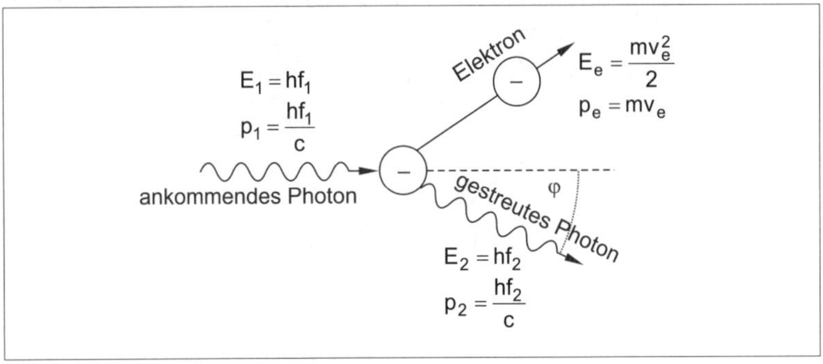

Abb. 1

b) Der Wellenlängenunterschied

$$\Delta\lambda = \lambda_2 - \lambda_1 = \frac{h}{m_e \cdot c} \cdot (1 - \cos\varphi) = \lambda_C \cdot (1 - \cos\varphi)$$

hängt nicht von der Wellenlänge λ der verwendeten Strahlung ab, sondern nur von der Größe des Streuwinkels φ. Der Comptoneffekt ist allerdings nur beobachtbar, wenn die verwendete Wellenlänge in der Größenordnung der Comptonwellenlänge λ_C liegt. Comptonstreuung tritt immer dann auf, wenn die Energie des Photons vergleichbar ist mit der Ruheenergie des Elektrons, d. h. Comptonstreuung ist der dominierende Wechselwirkungsprozess in Materie für Photonenenergien zwischen ca. 100 keV bis ca. 10 MeV, wobei der tatsächliche Bereich vom Streumaterial abhängt.

c) Der maximale Energieübertrag vom Photon auf das Elektron erfolgt, wenn der Wellenlängenunterschied $\Delta\lambda$ maximal ist. Mathematisch tritt dies ein, wenn der Winkel φ einen Wert 180° annimmt, denn dann wird der Faktor in der Klammer maximal groß:

$$(1-\cos\varphi) = (1-\cos 180°) = (1-(-1)) = 2$$

Somit ergibt sich ein maximaler Wellenlängenunterschied von $\Delta\lambda = 2\lambda_C$.
Die Energie der einfallenden Photonen teilt sich auf in einen Energieanteil der gestreuten Photonen nach dem Stoß und einen Energieanteil der gestreuten Elektronen nach dem Stoß:

$$E_{Ph,vorher} = E_{Ph,\,nachher} + E_{Elektron}$$

$$E_{Ph,vorher} = h \cdot f_{Ph,\,nachher} + E_{Elektron}$$

$$\Leftrightarrow \quad E_{Elektron} = E_{Ph,vorher} - \frac{h \cdot c}{\lambda_{Ph,\,nachher}}$$

Für $\lambda_{Ph,\,nachher}$ gilt:

$$\Delta\lambda = \lambda_{Ph,\,nachher} - \lambda_{Ph,vorher} = 2\lambda_C \quad \Leftrightarrow \quad \lambda_{Ph,\,nachher} = \lambda_{Ph,vorher} + 2\lambda_C$$

Die Wellenlänge des Photons vor dem Zusammenstoß lässt sich mit der angegebenen Photonenenergie von 130 keV berechnen:

$$E_{Ph,vorher} = h \cdot f_{Ph,vorher} = h \cdot \frac{c}{\lambda_{Ph,vorher}}$$

$$\Rightarrow \quad \lambda_{Ph,vorher} = h \cdot \frac{c}{E_{Ph,vorher}} = 4{,}136 \cdot 10^{-15}\,\text{eVs} \cdot \frac{3 \cdot 10^8\,\frac{\text{m}}{\text{s}}}{130 \cdot 10^3\,\text{eV}} \approx 9{,}54\,\text{pm}$$

Mit der Comptonwellenlänge $\lambda_C = 2{,}43\,\text{pm}$ ergibt sich für die maximale Energie der Elektronen:

$$E_{Elektron} = E_{Ph,vorher} - \frac{h \cdot c}{\lambda_{Ph,vorher} + 2\lambda_C}$$

$$= 130\,\text{keV} - \frac{4{,}136 \cdot 10^{-15}\,\text{eVs} \cdot 3 \cdot 10^8\,\frac{\text{m}}{\text{s}}}{9{,}54 \cdot 10^{-12}\,\text{m} + 2 \cdot 2{,}43 \cdot 10^{-12}\,\text{m}} \approx \underline{\underline{43{,}8\,\text{keV}}}$$

Landesabitur Physik 2008 (Hessen) – Leistungskurs
Aufgabe C2: Potenzialtopf

Ein Elektron der Masse m_e befinde sich in einem eindimensionalen Potenzialtopf der Breite L mit unendlich hohen Wänden. In diesem gilt für die Energieniveaus eines Teilchens:

$$E_n = \frac{h^2}{8m_e \cdot L^2} \cdot n^2$$

(Zum Vergleich: Im Bohr'schen Atommodell erhält man für die Energieniveaus des Elektrons im Wasserstoffatom: $E_n = -13{,}6\,\text{eV} \cdot \frac{1}{n^2}$)

1. Leiten Sie die Formel für die Energieniveaus im eindimensionalen Potenzialtopf unter Verwendung der Wellenvorstellung für Elektronen her. (10 BE)

2. Wir betrachten nun das Wasserstoffatom als einen linearen Potenzialtopf der Breite 0,333 nm.
Berechnen Sie die Energie (in eV) der Linie des Spektrums, die man für den Übergang des Elektrons vom ersten angeregten Zustand E_2 in den Grundzustand E_1 erhält. (8 BE)

3. a) Berechnen Sie zum Vergleich den Wert, der sich für diesen Übergang aus dem Bohr'schen Atommodell für Wasserstoff ergibt. (4 BE)
   b) Das Bohr'sche Atommodell gibt die Spektrallinien des H-Atoms recht genau wieder.
   Vergleichen Sie die Termschemata des linearen Potenzialtopfes und des Bohr'schen Atommodells.
   Begründen Sie, warum der lineare Potenzialtopf nicht als Modell für das Wasserstoffatom geeignet ist, obwohl beide Modelle vergleichbare Werte für den Übergang $E_2 \rightarrow E_1$ liefern. (6 BE)

4. a) Stellen wir uns das Elektron als Teilchen vor. Berechnen Sie seine Geschwindigkeit, wenn es sich im Grundzustand des linearen Potenzialtopfes befindet. (Hinweis: Im Potenzialtopf ist generell $E_{pot} = 0$.) (5 BE)
   b) Durch das Einsperren des Elektrons zwischen den unendlich hohen Wänden ist sein Aufenthaltsort bis auf die Hälfte der Breite des Potenzialtopfes festgelegt. Berechnen Sie daraus die Impulsunschärfe des Elektrons. (3 BE)
   c) Berechnen Sie die prozentuale Unschärfe, die sich daraus für die Geschwindigkeit ergibt. Interpretieren Sie Ihre Ergebnisse mithilfe des Unschärfeprinzips. (4 BE)

Tipps und Hinweise zur Lösung von Aufgabe C2

Tipps zu Teilaufgabe 1

- Berechnen Sie den Impuls des Elektrons mithilfe der de-Broglie-Gleichung und berücksichtigen Sie, dass sich im linearen Potenzialtopf der Breite L stehende Wellen ausbilden können, wenn eine bestimmte Bedingung erfüllt ist.
- Zusammen mit der Formel für die kinetische Energie eines Teilchens lässt sich die angegebene Formel für die Energieniveaus eines Teilchens im lineare Potenzialtopf bestimmen.

Tipps zu Teilaufgabe 2

- Die Energie des Übergangs berechnet sich aus der Differenz der beiden Energien der beiden Zustände.
- Setzen Sie die benötigten Größen in die in Teilaufgabe 1 hergeleitete Formel ein.

Tipps zu Teilaufgabe 3

- **a:** Die Berechnung der Werte erfolgt analog zur Berechnung in Teilaufgabe 2.
- **b:** Hier sind viele Antwortmöglichkeiten denkbar und werden auch als richtig angesehen.
- Die Nennung und Erklärung eines Widerspruchs genügt.

Tipps zu Teilaufgabe 4

- **a:** Betrachtet man das Elektron als Teilchen, so steckt die gesamte Energie des Elektrons im Grundzustand in der kinetischen Energie $E_{kin} = \frac{1}{2} m \cdot v^2$.
- **b:** Sie brauchen nur die Formel für die Unschärfe nach Heisenberg nach der Impulsunschärfe aufzulösen.
- Alle benötigten Größen sind angegeben. Die Ortsunschärfe entnehmen Sie Teilaufgabe 2.
- **c:** Mithilfe der Gleichung für den Impuls $p = m \cdot v$ können Sie die Geschwindigkeitsunschärfe berechnen.
- Bestimmen Sie mit dem Term $\frac{\Delta v}{v}$ die prozentuale Unschärfe der Geschwindigkeit und interpretieren Sie den hohen Prozentwert.

Lösungen von Aufgabe C2

1. In einem Potenzialtopf ist das Elektron in einem linearen Raumbereich der Breite L eingesperrt. Es sollen keine Kräfte auf das Elektron wirken, deshalb ist seine potenzielle Energie in diesem Bereich gleich null. Dabei wird sich das Elektron nur dann ausschließlich auf der Strecke $0 < x < L$ bewegen, wenn allen $x < 0$ und $x > L$ die potenzielle Energie $E_{pot}(x < 0) = E_{pot}(x > L) = \infty$ zugeordnet wird. Betrachten wir das Elektron nun als Welle. Wenn ein ganzzahliges Vielfaches n der halben de-Broglie-Wellenlänge auf diese eingegrenzte Strecke passt, bilden sich wie in der klassischen Mechanik **stehende Wellen** aus, d. h. es gilt:

$$L = n \cdot \frac{\lambda}{2} = \frac{n \cdot h}{2 \cdot p}$$

Dabei ist $\lambda = \frac{h}{p}$ die de-Broglie-Wellenlänge des Elektrons. Für den Impuls des Elektrons folgt somit:

$$p = \frac{n \cdot h}{2L}$$

Daraus ergeben sich die möglichen Energiewerte des Elektrons durch Einsetzen des Impulses in die Formel für die kinetische Energie eines Teilchens in Verbindung mit der Beziehung $p = m \cdot v$:

$$E = \frac{m \cdot v^2}{2} = \frac{p^2}{2m} = \frac{n^2 \cdot h^2}{8m \cdot L^2} = \underline{\underline{\frac{h^2}{8m \cdot L^2} \cdot n^2}}$$

2. Zur Berechnung der Energie der Linie des Spektrums im linearen Potenzialtopf verwendet man die in Teilaufgabe 1 hergeleitete Formel. Zunächst berechnet man die Energie E_1 des Elektrons im ersten angeregten Zustand, danach die Energie E_2 des Elektrons im zweiten angeregten Zustand:

$$E_1 = \frac{(6{,}626 \cdot 10^{-34}\,\text{Js})^2}{8 \cdot 9{,}109 \cdot 10^{-31}\,\text{kg} \cdot (0{,}333 \cdot 10^{-9}\,\text{m})^2} \cdot 1^2 \approx 5{,}433 \cdot 10^{-19}\,\text{J} \approx 3{,}39\,\text{eV}$$

$$E_2 = 4 \cdot E_1 \approx 21{,}732 \cdot 10^{-19}\,\text{J} \approx 13{,}6\,\text{eV}$$

Die Energie ΔE des Übergangs ist die Differenz der beiden Energien E_1 und E_2:

$$\Delta E = E_2 - E_1 = 3 \cdot E_1 \approx \underline{\underline{10{,}2\,\text{eV}}}$$

3. a) Mit der angegebenen Formel

$$E_n = -13{,}6\,\text{eV} \cdot \frac{1}{n^2}$$

für die Energiestufen des Wasserstoffatoms im Bohr'schen Atommodell lässt sich ΔE analog zu Teilaufgabe 2 berechnen:

$$E_1 = -13{,}6\,\text{eV} \cdot \frac{1}{1^2} = -13{,}6\,\text{eV} \qquad E_2 = \frac{E_1}{4} \approx -3{,}40\,\text{eV}$$

Daraus erhält man für die Übergangsenergie ΔE:

$$\Delta E = E_2 - E_1 = -\frac{3}{4} \cdot E_1 \approx \underline{\underline{10{,}2\,\text{eV}}}$$

b) Mögliche Argumente sind:
- Im Bohr'schen Modell werden die Abstände der Energieniveaus zu größeren Energien hin immer kleiner, im linearen Potenzialtopf immer größer.
- Es genügt nicht, wenn das Modell für eine Linie (hier: $2 \rightarrow 1$) den korrekten Wert liefert, es muss dies für alle Linien tun.
- Im Bohr'schen Modell sind die Energien der gebundenen Niveaus negativ. Es folgt ein Kontinuum (im positiven Bereich) für ungebundene Elektronen. Wegen der unendlich hohen Potenzialwände gibt es im Potenzialtopf nur gebundene Zustände (d. h. außerhalb des „Atoms" kann nichts existieren, eine Ionisation ist nicht möglich).

Sinngemäße Antworten werden auch akzeptiert. Die Nennung und Erklärung eines Widerspruchs genügt.

4. a) Die Geschwindigkeit des Elektrons berechnet man mithilfe der kinetischen Energie des Elektrons. Stellt man sich das Elektron als Teilchen vor, so steckt die Energie E_1 des Elektrons im Grundzustand komplett in kinetischer Energie. Das Auflösen nach v und Einsetzen der benötigten Werte (E_1 aus Teilaufgabe 2) liefert die gesuchte Geschwindigkeit:

$$E_1 = E_e = \frac{m_e \cdot v^2}{2} \quad \Rightarrow \quad v = \sqrt{\frac{2E_1}{m_e}} = \sqrt{\frac{2 \cdot 5{,}433 \cdot 10^{-19}\,\mathrm{J}}{9{,}109 \cdot 10^{-31}\,\mathrm{kg}}} \approx \underline{\underline{1{,}09 \cdot 10^6\,\frac{\mathrm{m}}{\mathrm{s}}}}$$

b) Die Formel für die Unschärfe nach Heisenberg lautet:

$$\Delta x \cdot \Delta p \geq \hbar = \frac{h}{2\pi}$$

Dabei ist Δx die Orts- und Δp die Impulsunschärfe. Laut Aufgabenstellung ist die Unschärfe für den Ort die halbe Breite des Potenzialtopfes. Daraus ergibt sich für die Impulsunschärfe:

$$\Delta p \geq \frac{h}{2\pi \cdot \Delta x} = \frac{6{,}626 \cdot 10^{-34}\,\mathrm{Js}}{2\pi \cdot \frac{1}{2} \cdot 0{,}333 \cdot 10^{-9}\,\mathrm{m}} \approx \underline{\underline{6{,}33 \cdot 10^{-25}\,\frac{\mathrm{kg} \cdot \mathrm{m}}{\mathrm{s}}}}$$

c) Aus der Formel für den Impuls p folgt für die Unschärfe der Geschwindigkeit:

$$p = m_e \cdot v \quad \Rightarrow \quad \Delta v = \frac{\Delta p}{m_e} = \frac{6{,}33 \cdot 10^{-25}\,\frac{\mathrm{kg} \cdot \mathrm{m}}{\mathrm{s}}}{9{,}109 \cdot 10^{-31}\,\mathrm{kg}} \approx 0{,}695 \cdot 10^6\,\frac{\mathrm{m}}{\mathrm{s}}$$

Für die prozentuale Unschärfe ergibt sich:

$$\frac{\Delta v}{v} = \frac{0{,}695 \cdot 10^6\,\frac{\mathrm{m}}{\mathrm{s}}}{1{,}09 \cdot 10^6\,\frac{\mathrm{m}}{\mathrm{s}}} \approx 0{,}64 = \underline{\underline{64\,\%}}$$

An den Zahlenwerten dieses Beispiels wird deutlich, dass eine genaue Ortsangabe (hier konkret: Lokalisierung des Elektrons auf die Ausdehnung eines Wasserstoffatoms) eine erhebliche Ungenauigkeit der Geschwindigkeit zur Folge hat.